线性代数

（第3版）

XIANXING DAISHU

主　编 / 王新长　吴高翔
副主编 / 胡　琳　黄　璇

U0240118

重庆大学出版社

内容简介

本书根据理工科和经管类专业线性代数课程的基本要求编写而成. 全书共 6 章,即行列式、矩阵、矩阵的初等变换与线性方程组、向量组的线性相关性、相似矩阵、二次型. 各章均配有一定数量的习题,书末附有习题答案,供学生参考使用.

本书可作为高等院校非数学类各专业线性代数课程的教材,也可作为工程技术人员的参考书.

图书在版编目(CIP)数据

线性代数 / 王新长, 吴高翔主编. -- 3 版.
重庆 : 重庆大学出版社, 2024. 7. -- (本科公共课系列教材). -- ISBN 978-7-5689-4640-7

Ⅰ. O151.2

中国国家版本馆 CIP 数据核字第 2024LY3404 号

线性代数
(第 3 版)
主　编　王新长　吴高翔
副主编　胡　琳　黄　璇
策划编辑:杨粮菊
责任编辑:杨粮菊　　版式设计:杨粮菊
责任校对:刘志刚　　责任印制:张　策
*
重庆大学出版社出版发行
出版人:陈晓阳
社址:重庆市沙坪坝区大学城西路 21 号
邮编:401331
电话:(023) 88617190　88617185(中小学)
传真:(023) 88617186　88617166
网址:http://www.cqup.com.cn
邮箱:fxk@cqup.com.cn (营销中心)
全国新华书店经销
重庆市正前方彩色印刷有限公司印刷
*
开本:720mm×960mm　1/16　印张:12　字数:204 千
2015 年 5 月第 1 版　2024 年 7 月第 3 版　2024 年 7 月第 10 次印刷
印数:20 001—23 000
ISBN 978-7-5689-4640-7　定价:36.00 元

第3版前言

本次修订的主要工作是：

（1）对第2版中的一些错误和疏漏之处进行了修改，进一步规范统一了符号的使用；

（2）为贯彻落实立德树人根本任务，发挥课程育人功能，积极推进课程思政改革，教材每章最后都会介绍古今中外优秀数学家生平及伟大数学成就，不仅体现了数学家的科学家精神、学术贡献及人格魅力，而且有利于培养学生实事求是、追求真理、勇攀科学高峰的责任感和使命感.

（3）在每章的定义、定理、例题等内容中选取重点、难点，单独录制微课，同时每章还设置了章首导学内容，介绍本章学习目标和重难点，学生扫描书中相应位置的二维码即可观看. 配套微课可以有效地支撑各院校开展线上教学，帮助学生提高自学效果.

本次修订工作由王新长、吴高翔、胡琳、黄璇4位老师共同完成.

由于编者水平有限，本书难免会有不妥之处，恳请广大读者批评指正.

编　者

2024年2月

第2版前言

我们根据教学实践中积累的一些经验，以及在使用本书的过程中，同行们提出的宝贵意见，秉承宜教易学、简洁清晰的特点，对原书部分内容作了适当修订.

这次修订，首先修改了第一版中的一些错误之处，规范统一了符号的使用. 另外，为了便于学生学习，在每一章中添加了内容小结，归纳梳理每一章的主要知识点，使得本书更加适宜学生自学.

本次修订工作由黄璇、吴高翔、罗贤强、刘忠东四位老师完成.

建议本书教学 32 ~ 36 学时.

由于编者水平有限，书中难免会有不妥之处，恳请广大读者批评指正.

编　者

2018 年 5 月

前言

线性代数是高等院校理工科和经管类专业的一门重要基础课程，其理论和方法广泛应用于工程技术、化学生物、经济管理等各个领域，是解决许多实际问题的有力工具.

我们根据教育部21世纪大学数学(理工类和经管类)线性代数课程的基本要求，并参照教育部考试中心制订的“全国硕士研究生入学统一考试数学考试大纲”，在吸收同类教材优点的基础上，结合编者多年课堂教学实践经验，编写了这本教材. 本书的内容编写，符合普通高等院校的办学定位和人才培养目标.

本书具有以下两个特点:

1. 以线性方程组为主线，以矩阵和向量为工具，阐述线性代数课程中的基本概念、基本理论和方法.

2. 在保持内容的系统性、严谨性的同时，适当简化或略去了某些性质和定理的证明. 行文通俗易懂，简洁清晰，例题丰富，便于学生自学.

由于编者水平有限，书中不妥之处，恳请广大读者批评指正.

编　者

2015年1月

目录

第 1 章　行列式 …… 1
1.1　二阶与三阶行列式 …… 1
1.2　n 阶行列式 …… 5
1.3　行列式的性质 …… 12
1.4　行列式按行(列)展开 …… 18
1.5　克莱姆(Cramer)法则 …… 24
小结 …… 27
习题 1 …… 30
第 2 章　矩　阵 …… 34
2.1　矩阵 …… 34
2.2　矩阵的运算 …… 36
2.3　逆矩阵 …… 45
2.4　矩阵的分块 …… 51
小结 …… 58
习题 2 …… 62
第 3 章　矩阵的初等变换与线性方程组 …… 66
3.1　矩阵的初等变换 …… 66
3.2　初等矩阵 …… 69
3.3　矩阵的秩 …… 73
3.4　线性方程组的解 …… 79
小结 …… 93
习题 3 …… 94

第 4 章　向量组的线性相关性 …………… 98
4.1　向量组及其线性组合 ………………… 98
4.2　向量组的线性相关性 ………………… 103
4.3　向量组的秩 ………………………… 107
4.4　线性方程组的解的结构 ……………… 110
4.5　向量空间 …………………………… 118
小结 ……………………………………… 121
习题4 …………………………………… 124

第 5 章　相似矩阵 ……………………… 129
5.1　向量的内积及正交性 ………………… 129
5.2　方阵的特征值与特征向量 …………… 135
5.3　相似矩阵 …………………………… 143
5.4　实对称矩阵的对角化 ………………… 150
小结 ……………………………………… 153
习题5 …………………………………… 157

第 6 章　二次型 ………………………… 159
6.1　二次型及其标准形 …………………… 159
6.2　配方法化二次型为标准形 …………… 164
6.3　正定二次型 ………………………… 166
小结 ……………………………………… 168
习题6 …………………………………… 170

部分习题参考答案 ……………………… 171

参考文献 ……………………………… 183

第 1 章
行列式

本章导学

在解决有关工程和经济等实际应用问题时，常需要求解方程组. 而线性方程组是这些方程组中最简单和最常见的类型. 在中学的代数课程中，学习过二元一次方程组和三元一次方程组. 在线性代数中，主要讨论一般的 n 元一次方程组，即 n 元线性方程组. 在研究线性方程组及其相关知识理论时，最重要的两个工具就是行列式和矩阵. 本章主要介绍行列式的定义、性质及其计算方法.

1.1 二阶与三阶行列式

1.1.1 二阶行列式

求解二元线性方程组

$$\begin{cases} a_{11}x_1 + a_{12}x_2 = b_1, \\ a_{21}x_1 + a_{22}x_2 = b_2, \end{cases} \tag{1.1}$$

利用消元法，分别消去未知数 x_1,x_2，得

$$\begin{cases} (a_{11}a_{22} - a_{12}a_{21})x_1 = b_1a_{22} - a_{12}b_2, \\ (a_{11}a_{22} - a_{12}a_{21})x_2 = a_{11}b_2 - b_1a_{21}, \end{cases} \tag{1.2}$$

若 $a_{11}a_{22} - a_{12}a_{21} \neq 0$，则方程组(1.1)有唯一解

$$x_1=\frac{b_1a_{22}-a_{12}b_2}{a_{11}a_{22}-a_{12}a_{21}},x_2=\frac{a_{11}b_2-b_1a_{21}}{a_{11}a_{22}-a_{12}a_{21}},\tag{1.3}$$

观察式(1.3)的结构,发现式(1.3)的两个分母都是 $a_{11}a_{22}-a_{12}a_{21}$,它是由方程组(1.1)的4个系数确定.把这4个系数按它们在方程组(1.1)中的位置,排成二行二列的数表

$$\begin{matrix} a_{11} & a_{12} \\ a_{21} & a_{22} \end{matrix}\tag{1.4}$$

则表达式 $a_{11}a_{22}-a_{12}a_{21}$ 称为数表(1.4)所确定的二阶行列式,记作

$$\begin{vmatrix} a_{11} & a_{12} \\ a_{21} & a_{22} \end{vmatrix},\tag{1.5}$$

其中,数 $a_{ij}(i,j=1,2)$ 称为行列式(1.5)的元素.横排称为行,竖排称为列.元素 a_{ij} 中第一个下标 i 称为行标,第二个下标 j 称为列标,分别表示元素 a_{ij} 在行列式(1.5)中所处的行数和列数.例如,元素 a_{21} 在行列式(1.5)中位于第二行第一列.

二阶行列式的定义可以用对角线法则来表示:参看图1.1,行列式的主对角线(从左上角到右下角的实连线)上的两元素 a_{11},a_{22} 的乘积,减去行列式副对角线(从右上角到左下角的虚连线)上两元素 a_{12},a_{21} 的乘积.

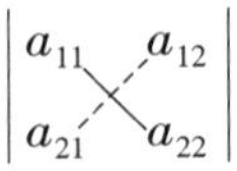

图1.1

即

$$\begin{vmatrix} a_{11} & a_{12} \\ a_{21} & a_{22} \end{vmatrix}=a_{11}a_{22}-a_{12}a_{21}.$$

利用二阶行列式的概念,式(1.3)中分子部分也可用二阶行列式表示,即

$$b_1a_{22}-a_{12}b_2=\begin{vmatrix} b_1 & a_{12} \\ b_2 & a_{22} \end{vmatrix},a_{11}b_2-b_1a_{21}=\begin{vmatrix} a_{11} & b_1 \\ a_{21} & b_2 \end{vmatrix}.$$

设

$$D = \begin{vmatrix} a_{11} & a_{12} \\ a_{21} & a_{22} \end{vmatrix},\ D_1 = \begin{vmatrix} b_1 & a_{12} \\ b_2 & a_{22} \end{vmatrix},\ D_2 = \begin{vmatrix} a_{11} & b_1 \\ a_{21} & b_2 \end{vmatrix},$$

则方程组(1.1)的解可表示为

$$x_1 = \frac{D_1}{D},\ x_2 = \frac{D_2}{D}.$$

其中,分母 D 是由方程组(1.1)的系数所确定的二阶行列式(称为系数行列式),而 D_1,D_2 分别是用方程组(1.1)右端的常数列来代替 D 中的第一列和第二列所得的二阶行列式.

例 1.1　计算二阶行列式

$$D = \begin{vmatrix} 2 & 1 \\ -1 & 3 \end{vmatrix}.$$

解　按对角线法则,有

$$D = 2 \times 3 - 1 \times (-1) = 7.$$

例 1.2　求解二元线性方程组

$$\begin{cases} 2x_1 + 3x_2 = -1, \\ x_1 + 2x_2 = 4. \end{cases}$$

解　由于

$$D = \begin{vmatrix} 2 & 3 \\ 1 & 2 \end{vmatrix} = 4 - 3 = 1,$$

$$D_1 = \begin{vmatrix} -1 & 3 \\ 4 & 2 \end{vmatrix} = -2 - 12 = -14,$$

$$D_2 = \begin{vmatrix} 2 & -1 \\ 1 & 4 \end{vmatrix} = 8 + 1 = 9,$$

所以

$$x_1 = \frac{D_1}{D} = \frac{-14}{1} = -14,\ x_2 = \frac{D_2}{D} = \frac{9}{1} = 9.$$

1.1.2　三阶行列式

类似地,在用消元法求解三元线性方程组

$$\begin{cases} a_{11}x_1 + a_{12}x_2 + a_{13}x_3 = b_1, \\ a_{21}x_1 + a_{22}x_2 + a_{23}x_3 = b_2, \\ a_{31}x_1 + a_{32}x_2 + a_{33}x_3 = b_3, \end{cases} \tag{1.6}$$

时,可引入三阶行列式的定义:9 个元素 $a_{ij}(i,j=1,2,3)$ 排成三行三列的数表

$$\begin{matrix} a_{11} & a_{12} & a_{13} \\ a_{21} & a_{22} & a_{23} \\ a_{31} & a_{32} & a_{33} \end{matrix} \tag{1.7}$$

记

$$\begin{vmatrix} a_{11} & a_{12} & a_{13} \\ a_{21} & a_{22} & a_{23} \\ a_{31} & a_{32} & a_{33} \end{vmatrix} = a_{11}a_{22}a_{33} + a_{12}a_{23}a_{31} + a_{13}a_{21}a_{32} - a_{11}a_{23}a_{32} - a_{12}a_{21}a_{33} - a_{13}a_{22}a_{31} \tag{1.8}$$

式(1.8)称为由式(1.7)所确定的三阶行列式.

从上述定义可知,三阶行列式是 6 项的代数和,每项都是由不同行不同列的 3 个元素的乘积再冠以正负号所得,其规律可以用图 1.2 所示的对角线法则来描述:图中将三条实线看成平行于主对角线的连线,将三条虚线看成平行于副对角线的连线,实线上三元素的乘积冠以正号,虚线上三元素的乘积冠以负号.

微课:三阶行列式的计算——对角线法则

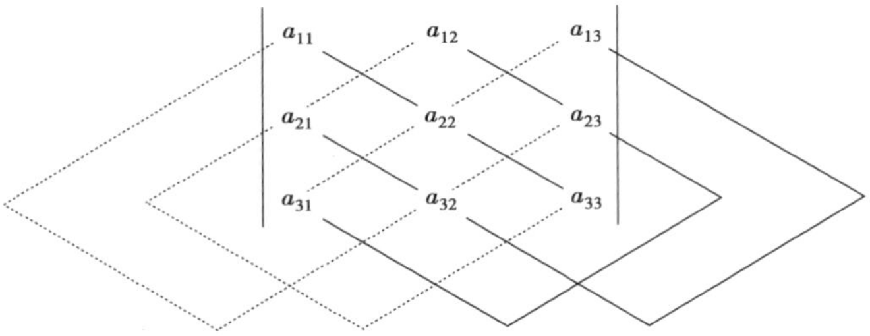

图 1.2

例 1.3 计算三阶行列式

$$D = \begin{vmatrix} 1 & 2 & 0 \\ 3 & 4 & -3 \\ -2 & 1 & 5 \end{vmatrix}.$$

解 按对角线法则,有

$$D=1\times4\times5+2\times(-3)\times(-2)+0\times3\times1-1\times(-3)\times1-2\times3\times5-0\times4\times(-2)$$
$$=20+12+0+3-30-0=5.$$

需指出,对角线法则只适用于二阶与三阶行列式,四阶及以上的行列式不再具有对角线法则. 将在1.2节中根据二阶、三阶行列式的规律引出 n 阶行列式的定义.

1.2 n 阶行列式

在1.1节,介绍了二阶、三阶行列式的定义. 在1.2节中,将根据二阶、三阶行列式的规律引出 n 阶行列式的定义. 首先,介绍全排列的相关知识.

1.2.1 全排列与逆序数

把 n 个不同的元素排成一列,称为这 n 个元素的全排列(也简称排列). n 个不同的元素所有可能的排列种数,称为全排列数,通常用 A_n^n 表示. 下面来给出 A_n^n 的计算公式.

从 n 个不同元素中任取一个放在第一个位置上,有 n 种取法;从剩下的 $n-1$ 个元素中任取一个放在第二个位置上,有 $n-1$ 种取法;这样递推下去,直到最后只剩下一个元素放在第 n 个位置上,只有1种取法. 于是

$$A_n^n = n\cdot(n-1)\cdots3\cdot2\cdot1 = n!. \tag{1.9}$$

因此,n 个不同元素的全排列数为 $A_n^n=n!$.

例如,用1,2,3三个数字,可以组成多少个没有重复数字的三位数?

这个问题相当于把3个数字分别放在百位、十位与个位上,有几种不同的放法? 由式(1.9)可知,共有 $A_3^3=3!=6$ 种放法. 事实上,百位上可以从1,2,3三个数字中任选一个,所以有3种放法;十位上只能从剩下的两个数字中选一个,所以有两种放法;而个位上只能放最后剩下的一个数字,所以只有1种放法. 因此,共有 $3\times2\times1=6$ 种放法.

这6个不同的三位数分别是:

$$123,132,213,231,312,321.$$

对于 n 个不同的元素,先规定各元素之间有一个标准次序(例如 n 个不同

的自然数,可规定由小到大为标准次序),于是在这 n 个元素的任一排列中,当某两个元素的排列次序与标准次序不同时,就称为有一个逆序. 一个排列中所有逆序的总数称为这个排列的逆序数.

一般地,n 个自然数 $1,2,\cdots,n$ 的一个任意排列记作 $p_1p_2\cdots p_n$,如果比 p_i 大且排在 p_i 前面的元素有 τ_i 个,就说元素 p_i 的逆序数是 τ_i. 全体元素的逆序数之和

$$\tau = \tau_1 + \tau_2 + \cdots + \tau_n = \sum_{i=1}^{n} \tau_i$$

即是这个排列的逆序数.

例 1.4　求排列 43512 的逆序数.

解　在排列 43512 中,4 排在首位,逆序数为 0;3 的前面比 3 大的数有一个"4",故逆序数为 1;5 是最大的数,逆序数为 0;1 的前面比 1 大的数有 3 个,为"4,3,5",故逆序数为 3;2 的前面比 2 大的数有 3 个,为"4,3,5",故逆序数为 3;于是这个排列的逆序数为

$$\tau = 0 + 1 + 0 + 3 + 3 = 7.$$

逆序数为奇数的排列称为奇排列,逆序数为偶数的排列称为偶排列. 如例 1.4 中的排列 43512 就是一个奇排列.

1.2.2　对换

为研究 n 阶行列式的需要,我们再来讨论对换的概念以及其与排列奇偶性的关系.

将一个排列中任意两个元素的位置对调,其余元素不动,而得到一个新排列的过程称为对换. 若对换的是相邻的两个元素,则称为相邻对换.

排列 43512 可由排列 34512 进行一次相邻对换得到,也可由排列 13542 进行一次不相邻的对换得到. 可知排列 34512 和排列 13542 都是偶排列,而排列 43512 是一个奇排列,可见进行一次对换(无论相邻与否)将改变排列的奇偶性. 可得出下面的基本事实:

定理 1　一个排列进行一次对换,排列改变奇偶性一次.

证　先证相邻对换的情形.

设排列为 $a_1\cdots a_l abb_1\cdots b_m$,对换元素 a,b,变为 $a_1\cdots a_l bab_1\cdots b_m$. 显然,$a_1\cdots a_l;b_1\cdots b_m$ 这些元素的逆序数经过 a,b 对换后并不改变,改变的只是元素 a,b

的逆序数，当 $a<b$ 时，经对换后 a 的逆序数增加 1，而 b 的逆序数不变；当 $a>b$ 时，经对换后 a 的逆序数不变，而 b 的逆序数减少 1. 因此，不论是增加 1 还是减少 1，排列 $a_1\cdots a_l abb_1\cdots b_m$ 与排列 $a_1\cdots a_l bab_1\cdots b_m$ 的奇偶性不同.

再证一般对换情形.

设排列为 $a_1\cdots a_l ab_1\cdots b_m bc_1\cdots c_n$，将元素 b 作 m 次相邻对换，变成排列 $a_1\cdots a_l abb_1\cdots b_m c_1\cdots c_n$，再将元素 a 作 $m+1$ 次相邻对换，变成排列 $a_1\cdots a_l bb_1\cdots b_m ac_1\cdots c_n$. 于是可知排列 $a_1\cdots a_l ab_1\cdots b_m bc_1\cdots c_n$ 经 $2m+1$ 次相邻对换变成排列 $a_1\cdots a_l bb_1\cdots b_m ac_1\cdots c_n$，所以这两个排列的奇偶性相反.

推论　奇排列变成标准排列的对换次数为奇数，偶排列变成标准排列的对换次数为偶数.

证　由定理 1 知，对换的次数就是排列奇偶性的变化次数，而标准排列是偶排列（逆序数为 0），因此，可知推论成立.

1.2.3　n 阶行列式

为了给出 n 阶行列式的定义，先来回顾一下三阶行列式的结构. 三阶行列式的定义为式(1.8)，即

$$\begin{vmatrix} a_{11} & a_{12} & a_{13} \\ a_{21} & a_{22} & a_{23} \\ a_{31} & a_{32} & a_{33} \end{vmatrix} = a_{11}a_{22}a_{33}+a_{12}a_{23}a_{31}+a_{13}a_{21}a_{32}-a_{11}a_{23}a_{32}-a_{12}a_{21}a_{33}-a_{13}a_{22}a_{31}$$

容易看出：

(i)式(1.8)右边的每一项都恰是位于不同行、不同列的 3 个元素的乘积. 因此，式(1.8)右边的任一项除正负号外可以写成 $a_{1p_1}a_{2p_2}a_{3p_3}$. 这里第一个下标（行标）排成标准次序 123，而第二个下标（列标）排成 $p_1p_2p_3$，它是 1，2，3 这 3 个数的一个全排列，这样的排列共有 $3!=6$ 种，对应式(1.8)右边共有 $3!=6$ 项.

(ii)各项的正负号与列标排列的对应情况：

取正号的三项列标排列是：123，231，312；

取负号的三项列标排列是：132，213，321.

易知前 3 个排列都是偶排列，而后 3 个排列都是奇排列. 因此各项所取的正负号可以表示为 $(-1)^{\tau}$，其中，τ 为列标排列 $p_1p_2p_3$ 的逆序数.

于是，三阶行列式可以写成

$$\begin{vmatrix} a_{11} & a_{12} & a_{13} \\ a_{21} & a_{22} & a_{23} \\ a_{31} & a_{32} & a_{33} \end{vmatrix} = \sum (-1)^{\tau} a_{1p_1} a_{2p_2} a_{3p_3},$$

其中,τ 为列标排列 $p_1p_2p_3$ 的逆序数, $\sum$ 表示对 1,2,3 这 3 个数的所有排列 $p_1p_2p_3$ 对应的项求和.

以此类推,可把行列式推广到 n 阶的情形.

定义 1 设有 n^2 个数,排成 n 行 n 列的数表

$$\begin{matrix} a_{11} & a_{12} & \cdots & a_{1n} \\ a_{21} & a_{22} & \cdots & a_{2n} \\ \vdots & \vdots & & \vdots \\ a_{n1} & a_{n2} & \cdots & a_{nn} \end{matrix}$$

作出表中位于不同行不同列的 n 个数的乘积 $a_{1p_1} a_{2p_2} \cdots a_{np_n}$,并冠以符号 $(-1)^{\tau}$,得到的项形如

$$(-1)^{\tau} a_{1p_1} a_{2p_2} \cdots a_{np_n} \tag{1.10}$$

其中,$p_1p_2\cdots p_n$ 为自然数 $1,2,\cdots,n$ 的一个全排列,τ 为这个排列的逆序数. 由于这样的排列共有 $n!$ 个,因而形如式(1.10)的项共有 $n!$ 项. 所有这 $n!$ 项的代数和

$$\sum (-1)^{\tau} a_{1p_1} a_{2p_2} \cdots a_{np_n}$$

称为 n 阶行列式,记作

$$D = \begin{vmatrix} a_{11} & a_{12} & \cdots & a_{1n} \\ a_{21} & a_{22} & \cdots & a_{2n} \\ \vdots & \vdots & & \vdots \\ a_{n1} & a_{n2} & \cdots & a_{nn} \end{vmatrix},$$

也简记作 $\det(a_{ij})$,其中 a_{ij} 称为行列式 D 的 (i,j) 元,即

$$\begin{vmatrix} a_{11} & a_{12} & \cdots & a_{1n} \\ a_{21} & a_{22} & \cdots & a_{2n} \\ \vdots & \vdots & & \vdots \\ a_{n1} & a_{n2} & \cdots & a_{nn} \end{vmatrix} = \sum (-1)^{\tau} a_{1p_1} a_{2p_2} \cdots a_{np_n}.$$

按此定义的二阶、三阶行列式,与1.1节中所用的对角线法则定义的二阶、三阶行列式是一致的.特别当$n=1$时,一阶行列式$|a|=a$,注意不要与绝对值记号相混淆.

例1.5　计算下三角行列式:$D=\begin{vmatrix} a_{11} & & & \\ a_{21} & a_{22} & & \\ \vdots & \vdots & \ddots & \\ a_{n1} & a_{n2} & \cdots & a_{nn} \end{vmatrix}$,

其中,未写出的元素全为零(以后均如此).

解　在这个行列式中,当$j>i$时,$a_{ij}=0$,故D中可能不为0的元素a_{ip_i},其下标应满足$p_i \leqslant i$,即$p_1 \leqslant 1, p_2 \leqslant 2, \cdots, p_n \leqslant n$.

在所有排列$p_1 p_2 \cdots p_n$中,能满足上述关系的排列只有一个自然排列$1\ 2 \cdots n$,所以D中可能不为0的项只有一项$(-1)^{\tau} a_{11} a_{22} \cdots a_{nn}$.此项的符号$(-1)^{\tau}=(-1)^{0}=1$,所以

$$D = a_{11} a_{22} \cdots a_{nn},$$

即D等于主对角线上元素的乘积.

同理可得上三角行列式

$$\begin{vmatrix} a_{11} & a_{12} & \cdots & a_{1n} \\ & a_{22} & \cdots & a_{2n} \\ & & \ddots & \vdots \\ & & & a_{nn} \end{vmatrix} = a_{11} a_{22} \cdots a_{nn}.$$

作为三角行列式特例的对角行列式(除主对角线上的元素外,其他元素都为0,在行列式中未写出来)也有,

$$\begin{vmatrix} a_{11} & & & \\ & a_{22} & & \\ & & \ddots & \\ & & & a_{nn} \end{vmatrix} = a_{11}a_{22}\cdots a_{nn}.$$

例 1.6　证明行列式

$$\begin{vmatrix} & & & \lambda_1 \\ & & \lambda_2 & \\ & \iddots & & \\ \lambda_n & & & \end{vmatrix} = (-1)^{\frac{n(n-1)}{2}}\lambda_1\lambda_2\cdots\lambda_n.$$

证　令 $\lambda_i = a_{i,n-i+1}$，则由行列式的定义

$$\begin{vmatrix} & & & \lambda_1 \\ & & \lambda_2 & \\ & \iddots & & \\ \lambda_n & & & \end{vmatrix} = \begin{vmatrix} & & & a_{1n} \\ & & a_{2,n-1} & \\ & \iddots & & \\ a_{n1} & & & \end{vmatrix}$$

$$= (-1)^{\tau}a_{1n}a_{2,n-1}\cdots a_{n1} = (-1)^{\tau}\lambda_1\lambda_2\cdots\lambda_n,$$

其中，τ 为排列 $n(n-1)\cdots21$ 的逆序数，则 $\tau = 0+1+2+\cdots+(n-1) = n(n-1)/2$，故结论得以证明.

1.2.4　n 阶行列式的其他定义形式

利用定理 1，我们来讨论 n 阶行列式定义的其他表示法.

对于行列式的任一项

$$(-1)^{\tau}a_{1p_1}\cdots a_{ip_i}\cdots a_{jp_j}\cdots a_{np_n},$$

其中，$1\cdots i\cdots j\cdots n$ 为自然排列，τ 为排列 $p_1\cdots p_i\cdots p_j\cdots p_n$ 的逆序数，对换元素 a_{ip_i} 与 a_{jp_j} 得

$$(-1)^{\tau}a_{1p_1}\cdots a_{jp_j}\cdots a_{ip_i}\cdots a_{np_n},$$

这时，这一项的值不变，而行标排列与列标排列同时作了一次相应的对换. 设新的行标排列 $1\cdots j\cdots i\cdots n$ 的逆序数为 τ_1，则 τ_1 为奇数；设新的列标排列

$p_1\cdots p_j\cdots p_i\cdots p_n$ 的逆序数为 τ_2，则

$$(-1)^{\tau_2}=-(-1)^{\tau},\text{故}(-1)^{\tau}=(-1)^{\tau_1+\tau_2},$$

于是

$$(-1)^{\tau}a_{1p_1}\cdots a_{ip_i}\cdots a_{jp_j}\cdots a_{np_n}=(-1)^{\tau_1+\tau_2}a_{1p_1}\cdots a_{jp_j}\cdots a_{ip_i}\cdots a_{np_n}.$$

这说明，对换乘积中两元素的次序，从而行标排列与列标排列同时作了一次对换，因此，行标排列与列标排列的逆序数之和并不改变奇偶性. 经过一次对换如此，经过多次对换亦如此. 于是经过若干次对换，使列标排列 $p_1p_2\cdots p_n$（逆序数为 τ）变为自然排列（逆序数为 0）；行标排列则相应地从自然排列变为某个新的排列，设此新排列为 $q_1q_2\cdots q_n$，其逆序数为 s，则有

$$(-1)^{\tau}a_{1p_1}a_{2p_2}\cdots a_{np_n}=(-1)^{s}a_{q_1 1}a_{q_2 2}\cdots a_{q_n n}.$$

又若 $p_i=j$，则 $q_j=i$（即 $a_{ip_i}=a_{ij}=a_{q_j j}$），可见排列 $q_1q_2\cdots q_n$ 由排列 $p_1p_2\cdots p_n$ 所唯一确定.

由此可得 n 阶行列式的定义如下：

定理 2　n 阶行列式也可定义为

$$D=\sum(-1)^{\tau}a_{p_1 1}a_{p_2 2}\cdots a_{p_n n},$$

其中，τ 为行标排列 $p_1p_2\cdots p_n$ 的逆序数.

证　按行列式定义有

$$D=\sum(-1)^{\tau}a_{1p_1}a_{2p_2}\cdots a_{np_n},$$

记

$$D_1=\sum(-1)^{\tau}a_{p_1 1}a_{p_2 2}\cdots a_{p_n n}.$$

按上面的讨论可知：对于 D 中任一项 $(-1)^{\tau}a_{1p_1}a_{2p_2}\cdots a_{np_n}$，总有 D_1 中唯一的一项 $(-1)^{s}a_{q_1 1}a_{q_2 2}\cdots a_{q_n n}$ 与之对应并相等；反之，对于 D_1 中的任一项 $(-1)^{\tau}a_{p_1 1}a_{p_2 2}\cdots a_{p_n n}$，也总有 D 中唯一的一项 $(-1)^{s}a_{1q_1}a_{2q_2}\cdots a_{nq_n}$ 与之对应并相等，于是 D 与 D_1 中的项可以一一对应并相等，所以 $D=D_1$.

更一般的有：

定理 3　n 阶行列式可定义为

$$D=\sum(-1)^{\tau_1+\tau_2}a_{p_1q_1}a_{p_2q_2}\cdots a_{p_nq_n},\tag{1.11}$$

其中，$p_1p_2\cdots p_n$，$q_1q_2\cdots q_n$ 分别为行标排列和列标排列，它们的逆序数分别为 τ_1，τ_2.

例 1.7 判断在四阶行列式中，$a_{21}a_{32}a_{14}a_{43}$ 应取什么符号？

解 (1) 按定义 1 计算.

因为 $a_{21}a_{32}a_{14}a_{43}=a_{14}a_{21}a_{32}a_{43}$，而 4123 的逆序数为

$$\tau = 0+1+1+1=3,$$

所以，$a_{21}a_{32}a_{14}a_{43}$ 的前面应取负号.

(2) 按定理 3 计算.

因为 $a_{21}a_{32}a_{14}a_{43}$ 的行标排列 2314 的逆序数为

$$\tau_1 = 0+0+2+0=2,$$

列标排列 1243 的逆序数为

$$\tau_2 = 0+0+0+1=1,$$

$\tau_1+\tau_2=3$，为奇数，所以 $a_{21}a_{32}a_{14}a_{43}$ 的前面应取负号.

1.3 行列式的性质

在 1.2 节中，引入了 n 阶行列式的定义，并利用定义计算了一些特殊行列式（如上三角行列式等）. 然而，对于一般的 n 阶行列式，当 n 较大时，直接利用定义计算非常烦琐，因此必须进一步研究行列式的性质，以便利用它来简化行列式的计算.

记

$$D=\begin{vmatrix} a_{11} & a_{12} & \cdots & a_{1n} \\ a_{21} & a_{22} & \cdots & a_{2n} \\ \vdots & \vdots & & \vdots \\ a_{n1} & a_{n2} & \cdots & a_{nn} \end{vmatrix},$$

将其中的行与列互换，即把行列式中的各行换成相应的列，得到行列式

$$\begin{vmatrix} a_{11} & a_{21} & \cdots & a_{n1} \\ a_{12} & a_{22} & \cdots & a_{n2} \\ \vdots & \vdots & & \vdots \\ a_{1n} & a_{2n} & \cdots & a_{nn} \end{vmatrix},$$

上式称为行列式 D 的转置行列式,记作 D^{T}.

性质1　行列式与它的转置行列式相等,即 $D=D^{\mathrm{T}}$.

证　记 $D=\det(a_{ij})$ 的转置行列式

$$D^{\mathrm{T}} = \begin{vmatrix} b_{11} & b_{12} & \cdots & b_{1n} \\ b_{21} & b_{22} & \cdots & b_{2n} \\ \vdots & \vdots & & \vdots \\ b_{n1} & b_{n2} & \cdots & b_{nn} \end{vmatrix},$$

则 $b_{ij}=a_{ji}(i,j=1,2,\cdots,n)$,按行列式的定义

$$D^{\mathrm{T}} = \sum(-1)^{\tau} b_{1p_1} b_{2p_2} \cdots b_{np_n} = \sum(-1)^{\tau} a_{p_1 1} a_{p_2 2} \cdots a_{p_n n},$$

由定理2知 $D^{\mathrm{T}}=D$.

此性质表明,在行列式中,行与列有相同的地位,凡是有关行的性质对列同样成立,反之亦然.

性质2　互换行列式的两行(列),行列式改变符号.

证　设行列式

$$D_1 = \begin{vmatrix} b_{11} & b_{12} & \cdots & b_{1n} \\ b_{21} & b_{22} & \cdots & b_{2n} \\ \vdots & \vdots & & \vdots \\ b_{n1} & b_{n2} & \cdots & b_{nn} \end{vmatrix}$$

是由行列式 $D=\det(a_{ij})$ 交换第 i 和第 j 两行得到的,当 $k\neq i,j$ 时,$b_{kp}=a_{kp}$;当 $k=i$ 或 j 时,$b_{ip}=a_{jp}$,$b_{jp}=a_{ip}$,于是

$$\begin{aligned} D_1 &= \sum(-1)^{\tau} b_{1p_1} \cdots b_{ip_i} \cdots b_{jp_j} \cdots b_{np_n}, \\ &= \sum(-1)^{\tau} a_{1p_1} \cdots a_{jp_i} \cdots a_{ip_j} \cdots b_{np_n}, \\ &= \sum(-1)^{\tau} a_{1p_1} \cdots a_{ip_j} \cdots a_{jp_i} \cdots a_{np_n}, \end{aligned}$$

其中,$1\cdots i\cdots j\cdots n$ 为自然排列,τ 为排列 $p_1\cdots p_i\cdots p_j\cdots p_n$ 的逆序数.

设排列 $p_1\cdots p_j\cdots p_i\cdots p_n$ 的逆序数为 τ_1,则 $(-1)^{\tau}=-(-1)^{\tau_1}$,所以

$$D_1=-\sum(-1)^{\tau_1}a_{1p_1}\cdots a_{ip_j}\cdots a_{jp_i}\cdots a_{np_n}=-D.$$

以 r_i 表示行列式的第 i 行,以 c_i 表示行列式的第 i 列. 交换 i,j 两行记作 $r_i\leftrightarrow r_j$,交换 i,j 两列记作 $c_i\leftrightarrow c_j$.

推论 若行列式有两行(列)完全相同,则该行列式等于零.

证 把这两行互换,有 $D=-D$,故 $D=0$.

性质 3 行列式的某一行(列)的各元素都乘以同一数 k,等于用数 k 乘此行列式,即

$$\begin{vmatrix} a_{11} & a_{12} & \cdots & a_{1n} \\ \vdots & \vdots & & \vdots \\ ka_{i1} & ka_{i2} & \cdots & ka_{in} \\ \vdots & \vdots & & \vdots \\ a_{n1} & a_{n2} & \cdots & a_{nn} \end{vmatrix} = k\begin{vmatrix} a_{11} & a_{12} & \cdots & a_{1n} \\ \vdots & \vdots & & \vdots \\ a_{i1} & a_{i2} & \cdots & a_{in} \\ \vdots & \vdots & & \vdots \\ a_{n1} & a_{n2} & \cdots & a_{nn} \end{vmatrix}.$$

第 i 行(或列)乘以 k,记作 $r_i\times k$(或 $c_i\times k$).

推论 1 行列式的某一行(列)的所有元素的公因子,可以提到行列式符号的外面.

第 i 行(或列)提出公因子 k,记作 $r_i\div k$(或 $c_i\div k$).

推论 2 行列式的某一行(列)的元素全为零时,则该行列式等于零.

性质 4 若行列式中有两行(列)的元素对应成比例,则该行列式等于零.

性质 5 若行列式的某一列(行)的元素都是两数之和,例如:

$$D=\begin{vmatrix} a_{11} & a_{12} & \cdots & (a_{1i}+a'_{1i}) & \cdots & a_{1n} \\ a_{21} & a_{22} & \cdots & (a_{2i}+a'_{2i}) & \cdots & a_{2n} \\ \vdots & \vdots & & \vdots & & \vdots \\ a_{n1} & a_{n2} & \cdots & (a_{ni}+a'_{ni}) & \cdots & a_{nn} \end{vmatrix},$$

则 D 等于下列两个行列式之和,

$$D=\begin{vmatrix} a_{11} & a_{12} & \cdots & a_{1i} & \cdots & a_{1n} \\ a_{21} & a_{22} & \cdots & a_{2i} & \cdots & a_{2n} \\ \vdots & \vdots & & \vdots & & \vdots \\ a_{n1} & a_{n2} & \cdots & a_{ni} & \cdots & a_{nn} \end{vmatrix}+\begin{vmatrix} a_{11} & a_{12} & \cdots & a'_{1i} & \cdots & a_{1n} \\ a_{21} & a_{22} & \cdots & a'_{2i} & \cdots & a_{2n} \\ \vdots & \vdots & & \vdots & & \vdots \\ a_{n1} & a_{n2} & \cdots & a'_{ni} & \cdots & a_{nn} \end{vmatrix}.$$

性质 6　把行列式的某一列(行)的各元素乘以同一数 k 后加到另一列(行)对应的元素上去,行列式的值不变.

例如,以数 k 乘第 j 列加到第 i 列上(记作 c_i+kc_j),有

$$\begin{vmatrix} a_{11} & \cdots & a_{1i} & \cdots & a_{1j} & \cdots & a_{1n} \\ a_{21} & \cdots & a_{2i} & \cdots & a_{2j} & \cdots & a_{2n} \\ \vdots & & \vdots & & \vdots & & \vdots \\ a_{n1} & \cdots & a_{ni} & \cdots & a_{nj} & \cdots & a_{nn} \end{vmatrix}=\begin{vmatrix} a_{11} & \cdots & (a_{1i}+ka_{1j}) & \cdots & a_{1j} & \cdots & a_{1n} \\ a_{21} & \cdots & (a_{2i}+ka_{2j}) & \cdots & a_{2j} & \cdots & a_{2n} \\ \vdots & & \vdots & & \vdots & & \vdots \\ a_{n1} & \cdots & (a_{ni}+ka_{nj}) & \cdots & a_{nj} & \cdots & a_{nn} \end{vmatrix}.$$

以数 k 乘第 j 行加到第 i 行上,记作 r_i+kr_j.

以上没有给出证明的性质,读者可根据行列式的定义自行证明.

微课:行列式的性质—性质 6

性质 2,3,6 介绍了行列式关于行和关于列的 3 种运算,即 $r_i \leftrightarrow r_j$,$r_i \times k$,r_i+kr_j 和 $c_i \leftrightarrow c_j$,$c_i \times k$,c_i+kc_j,利用这些运算可简化行列式的计算,特别是利用运算 r_i+kr_j(或 c_i+kc_j)可以把行列式中许多元素化为 0,进而把行列式化为上(下)三角行列式,从而得到行列式的值. 把行列式化为上三角行列式的步骤为:

(i)若第一列第一个元素为 0,先将第一行与其他行交换,使得第一列第一个元素不为 0,然后把第一行分别乘以适当的数加到其他各行,使得第一列除第一个元素外,其余元素全为 0;

(ii)用同样的方法处理除去第一行和第一列后余下的低一阶的行列式,如此反复下去,直到使它变为上三角行列式,这时主对角线上元素的乘积就是所求行列式的值.

例 1.8　计算行列式

$$D=\begin{vmatrix} 0 & -1 & -1 & 2 \\ 1 & -1 & 0 & 2 \\ -1 & 2 & -1 & 0 \\ 2 & 1 & 1 & 0 \end{vmatrix}.$$

微课:例 1.8

解

$$D\xlongequal{r_1\leftrightarrow r_2}-\begin{vmatrix}1&-1&0&2\\0&-1&-1&2\\-1&2&-1&0\\2&1&1&0\end{vmatrix}\xlongequal[r_4+(-2)r_1]{r_3+r_1}-\begin{vmatrix}1&-1&0&2\\0&-1&-1&2\\0&1&-1&2\\0&3&1&-4\end{vmatrix}$$

$$\xlongequal[r_4+3r_2]{r_3+r_2}-\begin{vmatrix}1&-1&0&2\\0&-1&-1&2\\0&0&-2&4\\0&0&-2&2\end{vmatrix}\xlongequal{r_4+(-1)r_3}-\begin{vmatrix}1&-1&0&2\\0&-1&-1&2\\0&0&-2&4\\0&0&0&-2\end{vmatrix}$$

$$=-1\times(-1)\times(-2)\times(-2)=4.$$

例 1.9 计算 n 阶行列式

$$D=\begin{vmatrix}a&b&b&\cdots&b\\b&a&b&\cdots&b\\b&b&a&\cdots&b\\\vdots&\vdots&\vdots&&\vdots\\b&b&b&\cdots&a\end{vmatrix}.$$

解 注意到行列式的各行(列)对应元素之和相等这一特点,从第 2 列起,把各列都加到第 1 列上,得

$$D\xlongequal{c_1+c_2+\cdots+c_n}\begin{vmatrix}a+(n-1)b&b&\cdots&b\\a+(n-1)b&a&\cdots&b\\\vdots&\vdots&&\vdots\\a+(n-1)b&b&\cdots&a\end{vmatrix}$$

$$=[a+(n-1)b]\cdot\begin{vmatrix}1&b&\cdots&b\\1&a&\cdots&b\\\vdots&\vdots&&\vdots\\1&b&\cdots&a\end{vmatrix}$$

$$\xlongequal[i=2,\cdots,n]{r_i-r_1}[a+(n-1)b]\cdot\begin{vmatrix}1&b&\cdots&b\\0&a-b&\cdots&0\\\vdots&\vdots&&\vdots\\0&0&\cdots&a-b\end{vmatrix}$$

$$=[a+(n-1)b]\cdot(a-b)^{n-1}.$$

例 1.10　计算行列式

$$D=\begin{vmatrix} a & b & c & d \\ a & a+b & a+b+c & a+b+c+d \\ a & 2a+b & 3a+2b+c & 4a+3b+2c+d \\ a & 3a+b & 6a+3b+c & 10a+6b+3c+d \end{vmatrix}.$$

解　从第 4 行开始,后行减前行,得

$$D\xlongequal[r_2-r_1]{\substack{r_4-r_3\\ r_3-r_2}}\begin{vmatrix} a & b & c & d \\ 0 & a & a+b & a+b+c \\ 0 & a & 2a+b & 3a+2b+c \\ 0 & a & 3a+b & 6a+3b+c \end{vmatrix}$$

$$\xlongequal[r_3-r_2]{r_4-r_3}\begin{vmatrix} a & b & c & d \\ 0 & a & a+b & a+b+c \\ 0 & 0 & a & 2a+b \\ 0 & 0 & a & 3a+b \end{vmatrix}$$

$$\xlongequal{r_4-r_3}\begin{vmatrix} a & b & c & d \\ 0 & a & a+b & a+b+c \\ 0 & 0 & a & 2a+b \\ 0 & 0 & 0 & a \end{vmatrix}=a^4.$$

可见,计算行列式主要是利用运算 r_i+kr_j 将其化为上三角行列式,既简便又程序化.类似地,利用列运算 c_i+kc_j,也可把行列式化为上(下)三角行列式.

例 1.11　设

$$D=\begin{vmatrix} a_{11} & \cdots & a_{1k} & & & \\ \vdots & & \vdots & & & \\ a_{k1} & \cdots & a_{kk} & & & \\ c_{11} & \cdots & c_{1k} & b_{11} & \cdots & b_{1n} \\ \vdots & & \vdots & \vdots & & \vdots \\ c_{n1} & \cdots & c_{nk} & b_{n1} & \cdots & b_{nn} \end{vmatrix},$$

$$D_1 = \det(a_{ij}) = \begin{vmatrix} a_{11} & \cdots & a_{1k} \\ \vdots & & \vdots \\ a_{k1} & \cdots & a_{kk} \end{vmatrix},$$

$$D_2 = \det(b_{ij}) = \begin{vmatrix} b_{11} & \cdots & b_{1n} \\ \vdots & & \vdots \\ b_{n1} & \cdots & b_{nn} \end{vmatrix},$$

证明:$D = D_1 D_2$.

证 对 D_1 作运算 $r_i + kr_j$,把 D_1 化为下三角行列式,设为

$$D_1 = \begin{vmatrix} p_{11} & & \\ \vdots & \ddots & \\ p_{k1} & \cdots & p_{kk} \end{vmatrix} = p_{11}\cdots p_{kk};$$

对 D_2 作运算 $c_i + kc_j$,把 D_2 化为下三角行列式,设为

$$D_2 = \begin{vmatrix} q_{11} & & \\ \vdots & \ddots & \\ q_{n1} & \cdots & q_{nn} \end{vmatrix} = q_{11}\cdots q_{nn}.$$

于是,对 D 的前 k 行作运算 $r_i + kr_j$,再对后 n 列作运算 $c_i + kc_j$,把 D 化为下三角行列式

$$D = \begin{vmatrix} p_{11} & & & & & \\ \vdots & \ddots & & & & \\ p_{k1} & \cdots & p_{kk} & & & \\ c_{11} & \cdots & c_{1k} & q_{11} & & \\ \vdots & & \vdots & \vdots & \ddots & \\ c_{n1} & \cdots & c_{nk} & q_{n1} & \cdots & q_{nn} \end{vmatrix} = p_{11}\cdots p_{kk} q_{11}\cdots q_{nn} = D_1 D_2.$$

1.4 行列式按行(列)展开

一般说来,行列式的阶数越低,计算就越简单.因此,我们自然会考虑是否

能用低阶行列式来表示高阶行列式的问题. 为此,需要先引入余子式和代数余子式的概念.

定义 2 在 n 阶行列式中,把元素 a_{ij} 所在的第 i 行和第 j 列划去,余下的 $n-1$ 阶行列式(依原来的排法),称为元素 a_{ij} 的余子式,记作 M_{ij};记

$$A_{ij}=(-1)^{i+j}M_{ij},$$

称 A_{ij} 为元素 a_{ij} 的代数余子式.

例如,四阶行列式

$$\begin{vmatrix} a_{11} & a_{12} & a_{13} & a_{14} \\ a_{21} & a_{22} & a_{23} & a_{24} \\ a_{31} & a_{32} & a_{33} & a_{34} \\ a_{41} & a_{42} & a_{43} & a_{44} \end{vmatrix}$$

中,元素 a_{23} 的余子式和代数余子式分别为

$$M_{23}=\begin{vmatrix} a_{11} & a_{12} & a_{14} \\ a_{31} & a_{32} & a_{34} \\ a_{41} & a_{42} & a_{44} \end{vmatrix},$$

$$A_{23}=(-1)^{2+3}M_{23}=-M_{23}.$$

引理 一个 n 阶行列式 D,若第 i 行所有元素除 a_{ij} 外全为零,则该行列式等于 a_{ij} 与它的代数余子式的乘积,即

$$D=a_{ij}A_{ij}.$$

证 先证 a_{ij} 位于第 1 行第 1 列的情形,此时

$$D=\begin{vmatrix} a_{11} & 0 & \cdots & 0 \\ a_{21} & a_{22} & \cdots & a_{2n} \\ \vdots & \vdots & & \vdots \\ a_{n1} & a_{n2} & \cdots & a_{nn} \end{vmatrix},$$

这是 1.3 节例 1.11 中当 $k=1$ 时的特殊情形,按 1.3 节例 1.11 的结论有

$$D=a_{11}M_{11}=a_{11}A_{11}.$$

再证一般情形,此时

$$D=\begin{vmatrix} a_{11} & \cdots & a_{1j} & \cdots & a_{1n} \\ \vdots & & \vdots & & \vdots \\ 0 & \cdots & a_{ij} & \cdots & 0 \\ \vdots & & \vdots & & \vdots \\ a_{n1} & \cdots & a_{nj} & \cdots & a_{nn} \end{vmatrix}.$$

将 D 的第 i 行依次与第 $i-1$ 行,第 $i-2$ 行,…,第 1 行对调,这样,元素 a_{ij} 就调到了第 1 行第 j 列的位置,调换次数为 $i-1$ 次;再把第 j 列依次与第 $j-1$ 列,第 $j-2$ 列,…,第 1 列对调,元素 a_{ij} 最终调到了第 1 行第 1 列的位置,调换次数为 $j-1$ 次,总共经过 $i+j-2$ 次对调,将元素 a_{ij} 调到第 1 行第 1 列的位置. 第 1 行其他元素为零,所得的行列式记作 D_1,则

$$D_1=(-1)^{i+j-2}D=(-1)^{i+j}D,$$

而 a_{ij} 在 D_1 中的余子式仍然是 a_{ij} 在 D 中的余子式 M_{ij}. 利用前面的结果,有

$$D_1=a_{ij}M_{ij},$$

于是
$$D=(-1)^{i+j}D_1=(-1)^{i+j}a_{ij}M_{ij}=a_{ij}A_{ij}.$$

定理 4 行列式等于它的任一行(列)的各元素与其对应的代数余子式的乘积之和,即

$$D=a_{i1}A_{i1}+a_{i2}A_{i2}+\cdots+a_{in}A_{in}\ (i=1,2,\cdots,n),$$

或
$$D=a_{1j}A_{1j}+a_{2j}A_{2j}+\cdots+a_{nj}A_{nj}\ (j=1,2,\cdots,n).$$

证

$$D=\begin{vmatrix} a_{11} & a_{12} & \cdots & a_{1n} \\ \vdots & \vdots & & \vdots \\ a_{i1}+0+\cdots+0 & 0+a_{i2}+0+\cdots+0 & \cdots & 0+\cdots+0+a_{in} \\ \vdots & \vdots & & \vdots \\ a_{n1} & a_{n2} & \cdots & a_{nn} \end{vmatrix}$$

$$=\begin{vmatrix} a_{11} & a_{12} & \cdots & a_{1n} \\ \vdots & \vdots & & \vdots \\ a_{i1} & 0 & \cdots & 0 \\ \vdots & \vdots & & \vdots \\ a_{n1} & a_{n2} & \cdots & a_{nn} \end{vmatrix}+\begin{vmatrix} a_{11} & a_{12} & \cdots & a_{1n} \\ \vdots & \vdots & & \vdots \\ 0 & a_{i2} & \cdots & 0 \\ \vdots & \vdots & & \vdots \\ a_{n1} & a_{n2} & \cdots & a_{nn} \end{vmatrix}+\cdots+\begin{vmatrix} a_{11} & a_{12} & \cdots & a_{1n} \\ \vdots & \vdots & & \vdots \\ 0 & 0 & \cdots & a_{in} \\ \vdots & \vdots & & \vdots \\ a_{n1} & a_{n2} & \cdots & a_{nn} \end{vmatrix},$$

根据引理,有

$$D = a_{i1}A_{i1} + a_{i2}A_{i2} + \cdots + a_{in}A_{in} \quad (i = 1,2,\cdots,n).$$

类似地,可以得到列的结论,即

$$D = a_{1j}A_{1j} + a_{2j}A_{2j} + \cdots + a_{nj}A_{nj} \quad (j = 1,2,\cdots,n).$$

这个定理称为行列式按行(列)展开法则,利用这一法则并结合行列式的性质,可将行列式降阶,从而简化行列式的计算.

下面用此法则,再来计算 1.3 节例 1.8 中的行列式

$$D = \begin{vmatrix} 0 & -1 & -1 & 2 \\ 1 & -1 & 0 & 2 \\ -1 & 2 & -1 & 0 \\ 2 & 1 & 1 & 0 \end{vmatrix}.$$

微课:利用行列式展开法则计算例 1.8

解

$$D \xlongequal[c_2 + 2c_3]{c_1 - c_3} \begin{vmatrix} 1 & -3 & -1 & 2 \\ 1 & -1 & 0 & 2 \\ 0 & 0 & -1 & 0 \\ 1 & 3 & 1 & 0 \end{vmatrix} \xlongequal{\text{按第三行展开}} (-1) \times (-1)^{3+3} \begin{vmatrix} 1 & -3 & 2 \\ 1 & -1 & 2 \\ 1 & 3 & 0 \end{vmatrix}$$

$$\xlongequal{r_2 - r_1} - \begin{vmatrix} 1 & -3 & 2 \\ 0 & 2 & 0 \\ 1 & 3 & 0 \end{vmatrix} \xlongequal{\text{按第三列展开}} -2 \times (-1)^{1+3} \begin{vmatrix} 0 & 2 \\ 1 & 3 \end{vmatrix} = 4.$$

例 1.12　计算 $2n$ 阶行列式

$$D_{2n} = \begin{vmatrix} a & & & & & b \\ & \ddots & & & \iddots & \\ & & a & b & & \\ & & c & d & & \\ & \iddots & & & \ddots & \\ c & & & & & d \end{vmatrix},$$

未写出的元素均为 0.

解　按第 1 行展开有

$$D_{2n}=a\begin{vmatrix} a & & & & & b & 0\\ & \ddots & & & \iddots & & \\ & & a & b & & & \\ & & c & d & & & \\ & \iddots & & & \ddots & & \\ c & & & & & d & 0\\ 0 & & & & & 0 & d \end{vmatrix}_{2n-1}+b\times(-1)^{1+2n}\begin{vmatrix} 0 & a & & & & & b\\ & & \ddots & & & \iddots & \\ & & & a & b & & \\ & & & c & d & & \\ & & \iddots & & & \ddots & \\ 0 & c & & & & & d\\ c & 0 & & & & & 0 \end{vmatrix}_{2n-1}$$

再对上式两个 $2n-1$ 阶行列式按第 $2n-1$ 行展开,得

$$D_{2n}=ad\times(-1)^{(2n-1)+(2n-1)}\begin{vmatrix} a & & & & & b\\ & \ddots & & & \iddots & \\ & & a & b & & \\ & & c & d & & \\ & \iddots & & & \ddots & \\ c & & & & & d \end{vmatrix}_{2(n-1)}-$$

$$bc\times(-1)^{(2n-1)+1}\begin{vmatrix} a & & & & & b\\ & \ddots & & & \iddots & \\ & & a & b & & \\ & & c & d & & \\ & \iddots & & & \ddots & \\ c & & & & & d \end{vmatrix}_{2(n-1)}$$

$$=adD_{2(n-1)}-bcD_{2(n-1)}=(ad-bc)D_{2(n-1)},$$

以此作递推公式,得

$$D_{2n}=(ad-bc)D_{2(n-1)}=(ad-bc)^2D_{2(n-2)}=\cdots=(ad-bc)^{n-1}D_2=(ad-bc)^n.$$

例 1.13 证明范德蒙德(Vandermonde)行列式

$$D_n=\begin{vmatrix} 1 & 1 & \cdots & 1\\ x_1 & x_2 & \cdots & x_n\\ x_1^2 & x_2^2 & \cdots & x_n^2\\ \vdots & \vdots & & \vdots\\ x_1^{n-1} & x_2^{n-1} & \cdots & x_n^{n-1} \end{vmatrix}=\prod_{n\geqslant i>j\geqslant 1}(x_i-x_j), \tag{1.12}$$

微课:例 1.13
范德蒙德行列式

其中,记号“ $\prod$ ”表示全体同类因子的乘积.

证　用数学归纳法证明. 当 $n=2$ 时,

$$D_2=\begin{vmatrix}1 & 1\\ x_1 & x_2\end{vmatrix}=x_2-x_1=\prod_{2\geqslant i>j\geqslant 1}(x_i-x_j),$$

所以当 $n=2$ 时,式(1.12)成立.

假设式(1.12)对 $n-1$ 阶范德蒙德行列式成立,要证式(1.12)对 n 阶范德蒙德行列式也成立. 为此,将 D_n 降阶,从第 n 行开始,后一行减前一行的 x_1 倍,得

$$D_n=\begin{vmatrix}1 & 1 & 1 & \cdots & 1\\ 0 & x_2-x_1 & x_3-x_1 & \cdots & x_n-x_1\\ 0 & x_2(x_2-x_1) & x_3(x_3-x_1) & \cdots & x_n(x_n-x_1)\\ \vdots & \vdots & \vdots & & \vdots\\ 0 & x_2^{n-2}(x_2-x_1) & x_3^{n-2}(x_3-x_1) & \cdots & x_n^{n-2}(x_n-x_1)\end{vmatrix},$$

按第 1 列展开,并提出每一列的公因子 (x_i-x_1),有

$$D_n=(x_2-x_1)(x_3-x_1)\cdots(x_n-x_1)\begin{vmatrix}1 & 1 & \cdots & 1\\ x_2 & x_3 & & x_n\\ \vdots & \vdots & & \vdots\\ x_2^{n-2} & x_3^{n-2} & \cdots & x_n^{n-2}\end{vmatrix}$$

上式右端行列式是 $n-1$ 阶范德蒙德行列式,由归纳法假设它等于 $\prod\limits_{n\geqslant i>j\geqslant 2}(x_i-x_j)$,故

$$\begin{aligned}D_n&=(x_2-x_1)(x_3-x_1)\cdots(x_n-x_1)\prod_{n\geqslant i>j\geqslant 2}(x_i-x_j)\\&=\prod_{n\geqslant i>j\geqslant 1}(x_i-x_j).\end{aligned}$$

显然,范德蒙德行列式不为零的充要条件是 $x_1,x_2,\cdots,x_n$ 互不相等.

微课:定理 4 推论

推论　行列式某一行(列)的元素与另一行(列)的对应元素的代数余子式乘积之和等于零,即

$$a_{i1}A_{j1}+a_{i2}A_{j2}+\cdots+a_{in}A_{jn}=0\quad(i\neq j),$$

或

$$a_{1i}A_{1j}+a_{2i}A_{2j}+\cdots+a_{ni}A_{nj}=0\quad(i\neq j).$$

证明略.

综合定理4及其推论,得

$$\sum_{k=1}^{n}a_{ki}A_{kj}=D\delta_{ij}=\begin{cases}D, & 当\ i=j,\\ 0, & 当\ i\neq j;\end{cases}$$

或

$$\sum_{k=1}^{n}a_{ik}A_{jk}=D\delta_{ij}=\begin{cases}D, & 当\ i=j,\\ 0, & 当\ i\neq j;\end{cases}$$

其中

$$\delta_{ij}=\begin{cases}1, & 当\ i=j,\\ 0, & 当\ i\neq j.\end{cases}$$

1.5 克莱姆(Cramer)法则

含有 n 个未知数 $x_1,x_2,\cdots,x_n$ 的 n 个线性方程组成的方程组

$$\begin{cases}a_{11}x_1+a_{12}x_2+\cdots+a_{1n}x_n=b_1,\\ a_{21}x_1+a_{22}x_2+\cdots+a_{2n}x_n=b_2,\\ \quad\vdots\\ a_{n1}x_1+a_{n2}x_2+\cdots+a_{nn}x_n=b_n.\end{cases}\tag{1.13}$$

与二、三元线性方程组相类似,它的解可以用 n 阶行列式表示,即有下述的克莱姆(Cramer)法则.

定理5 若线性方程组(1.13)的系数行列式

$$D=\begin{vmatrix}a_{11} & a_{12} & \cdots & a_{1n}\\ a_{21} & a_{22} & \cdots & a_{2n}\\ \vdots & \vdots & & \vdots\\ a_{n1} & a_{n2} & \cdots & a_{nn}\end{vmatrix}\neq 0,$$

则方程组有唯一解,且可表示为

$$x_1=\frac{D_1}{D},x_2=\frac{D_2}{D},\cdots,x_n=\frac{D_n}{D},$$

其中，$D_j(j=1,2,\cdots,n)$ 是将 D 中的第 j 列元素换成方程组右端的常数项所得的行列式，即

$$D_j=\begin{vmatrix} a_{11} & \cdots & a_{1,j-1} & b_1 & a_{1,j+1} & \cdots & a_{1n} \\ a_{21} & \cdots & a_{2,j-1} & b_2 & a_{2,j+1} & \cdots & a_{2n} \\ \vdots & & \vdots & \vdots & \vdots & & \vdots \\ a_{n1} & \cdots & a_{n,j-1} & b_n & a_{n,j+1} & \cdots & a_{nn} \end{vmatrix}.$$

证　设 $x_1,x_2,\cdots,x_n$ 是方程组(1.13)的解，按行列式的性质，有

$$Dx_j=\begin{vmatrix} a_{11} & a_{12} & \cdots & a_{1j}x_j & \cdots & a_{1n} \\ a_{21} & a_{22} & \cdots & a_{2j}x_j & \cdots & a_{2n} \\ \vdots & \vdots & & & \vdots & \\ a_{n1} & a_{n2} & \cdots & a_{nj}x_j & \cdots & a_{nn} \end{vmatrix},$$

再把行列式的第 1 列，…，第 $j-1$ 列，第 $j+1$ 列，…，第 n 列分别乘以 $x_1,\cdots,x_{j-1},x_{j+1},\cdots,x_n$ 加到第 j 列上去，行列式的值不变，即

$$Dx_j=\begin{vmatrix} a_{11} & a_{12} & \cdots & \sum\limits_{j=1}^{n}a_{1j}x_j & \cdots & a_{1n} \\ a_{21} & a_{22} & \cdots & \sum\limits_{j=1}^{n}a_{2j}x_j & \cdots & a_{2n} \\ \vdots & \vdots & & \vdots & & \vdots \\ a_{n1} & a_{n2} & \cdots & \sum\limits_{j=1}^{n}a_{nj}x_j & \cdots & a_{nn} \end{vmatrix}$$

$$=\begin{vmatrix} a_{11} & a_{12} & \cdots & b_1 & \cdots & a_{1n} \\ a_{21} & a_{22} & \cdots & b_2 & \cdots & a_{2n} \\ \vdots & \vdots & & \vdots & & \vdots \\ a_{n1} & a_{n2} & \cdots & b_n & \cdots & a_{nn} \end{vmatrix}=D_j.$$

因 $D\neq 0$，故 $x_j=\dfrac{D_j}{D}(j=1,2,\cdots,n)$ 为方程组的唯一解.

例 1.14 求解线性方程组

$$\begin{cases} x_1 - x_2 + 2x_3 + x_4 = 1, \\ 5x_1 + 4x_3 + 2x_4 = 3, \\ 4x_1 + x_2 + 2x_3 = 1, \\ x_1 + x_2 + x_3 + x_4 = 0. \end{cases}$$

解 系数行列式为

$$D = \begin{vmatrix} 1 & -1 & 2 & 1 \\ 5 & 0 & 4 & 2 \\ 4 & 1 & 2 & 0 \\ 1 & 1 & 1 & 1 \end{vmatrix} = 7 \neq 0,$$

而

$$D_1 = \begin{vmatrix} 1 & -1 & 2 & 1 \\ 3 & 0 & 4 & 2 \\ 1 & 1 & 2 & 0 \\ 0 & 1 & 1 & 1 \end{vmatrix} = 7, D_2 = \begin{vmatrix} 1 & 1 & 2 & 1 \\ 5 & 3 & 4 & 2 \\ 4 & 1 & 2 & 0 \\ 1 & 0 & 1 & 1 \end{vmatrix} = -7,$$

$$D_3 = \begin{vmatrix} 1 & -1 & 1 & 1 \\ 5 & 0 & 3 & 2 \\ 4 & 1 & 1 & 0 \\ 1 & 1 & 0 & 1 \end{vmatrix} = -7, D_4 = \begin{vmatrix} 1 & -1 & 2 & 1 \\ 5 & 0 & 4 & 3 \\ 4 & 1 & 2 & 1 \\ 1 & 1 & 1 & 0 \end{vmatrix} = 7,$$

由克莱姆法则知,方程组有唯一解,为

$$x_1 = \frac{D_1}{D} = 1, x_2 = \frac{D_2}{D} = -1, x_3 = \frac{D_3}{D} = -1, x_4 = \frac{D_4}{D} = 1.$$

由此可见用克莱姆法则解方程组并不方便,因它需要计算很多行列式,故只适用于解未知数较少和某些特殊的方程组,但把方程组的解用一般公式表示出来,这在理论上是重要的.

使用克莱姆法则必须注意:

(i) 未知数的个数与方程的个数要相等;

(ii) 系数行列式不为零. 对于不符合这两个条件的方程组,将在以后的一般线性方程组中讨论.

常数项全为零的线性方程组

$$\begin{cases} a_{11}x_1 + a_{12}x_2 + \cdots + a_{1n}x_n = 0, \\ a_{21}x_1 + a_{22}x_2 + \cdots + a_{2n}x_n = 0, \\ \vdots \\ a_{n1}x_1 + a_{n2}x_2 + \cdots + a_{nn}x_n = 0, \end{cases} \tag{1.14}$$

称为齐次线性方程组. 而方程组(1.13)称为非齐次线性方程组.

显然 $x_1 = x_2 = \cdots = x_n = 0$ 是方程组(1.14)的解,称为零解;若方程组(1.14)除了零解外,还有 $x_1, x_2, \cdots, x_n$ 不全为零的解,称为非零解. 由克莱姆法则,可得以下定理:

定理 6　如果齐次线性方程组(1.14)的系数行列式 $D \neq 0$,则齐次线性方程组(1.14)只有零解.

定理 6′　如果齐次线性方程组(1.14)有非零解,则它的系数行列式必为零.

定理 6′说明系数行列式 $D = 0$ 是齐次线性方程组有非零解的必要条件,在第 3 章中还将证明这个条件也是充分的.

例 1.15　问 λ 取何值时,齐次线性方程组

$$\begin{cases} (5-\lambda)x + 2y + 2z = 0, \\ 2x + (6-\lambda)y = 0, \\ 2x + (4-\lambda)z = 0, \end{cases}$$

有非零解?

解　齐次线性方程组有非零解,则其系数行列式 $D = 0$,

$$D = \begin{vmatrix} 5-\lambda & 2 & 2 \\ 2 & 6-\lambda & 0 \\ 2 & 0 & 4-\lambda \end{vmatrix}$$
$$= (5-\lambda)(6-\lambda)(4-\lambda) - 4(4-\lambda) - 4(6-\lambda)$$
$$= (5-\lambda)(2-\lambda)(8-\lambda),$$

由 $D = 0$,得:$\lambda = 2, \lambda = 5, \lambda = 8$.

小　结

1. 行列式的概念

(1)二阶行列式:

$$\begin{vmatrix} a_{11} & a_{12} \\ a_{21} & a_{22} \end{vmatrix} = a_{11}a_{22} - a_{12}a_{21}.$$

(2)三阶行列式：

$$\begin{vmatrix} a_{11} & a_{12} & a_{13} \\ a_{21} & a_{22} & a_{23} \\ a_{31} & a_{32} & a_{33} \end{vmatrix} = a_{11}a_{22}a_{33} + a_{12}a_{23}a_{31} + a_{13}a_{21}a_{32} - a_{11}a_{23}a_{32} - a_{12}a_{21}a_{33} - a_{13}a_{22}a_{31}.$$

(3)n 阶行列式：

$$\begin{vmatrix} a_{11} & a_{12} & \cdots & a_{1n} \\ a_{21} & a_{22} & \cdots & a_{2n} \\ \vdots & \vdots & & \vdots \\ a_{n1} & a_{n2} & \cdots & a_{nn} \end{vmatrix} = \sum (-1)^{\tau} a_{1p_1}a_{2p_2}\cdots a_{np_n}.$$

n 阶行列式共有 n^2 个元素，展开后共有 $n!$ 项，每一项都是由不同行、不同列的 n 个元素的乘积前面冠以符号 $(-1)^{\tau}$ 构成，其中 τ 为列标排列 $p_1p_2\cdots p_n$ 的逆序数。

2. 行列式的性质

(1)行列式与它的转置行列式相等，即 $D = D^{\mathrm{T}}$.

(2)互换行列式的两行(列)，行列式改变符号.

(3)若行列式有两行(列)完全相同，则该行列式等于零.

(4)行列式的某一行(列)的各元素都乘以同一数 k，等于用数 k 乘此行列式.

(5)行列式的某一行(列)的所有元素的公因子可以提到行列式符号的外面.

(6)行列式的某一行(列)的元素全为零时，则该行列式等于零.

(7)若行列式中有两行(列)的元素对应成比例，则该行列式等于零.

(8)若行列式的某一列(行)的元素都是两数之和，例如：

$$D = \begin{vmatrix} a_{11} & a_{12} & \cdots & (a_{1i} + a'_{1i}) & \cdots & a_{1n} \\ a_{21} & a_{22} & \cdots & (a_{2i} + a'_{2i}) & \cdots & a_{2n} \\ \vdots & \vdots & & \vdots & & \vdots \\ a_{n1} & a_{n2} & \cdots & (a_{ni} + a'_{ni}) & \cdots & a_{nn} \end{vmatrix},$$

则 D 等于下列两个行列式之和,

$$D=\begin{vmatrix} a_{11} & a_{12} & \cdots & a_{1i} & \cdots & a_{1n} \\ a_{21} & a_{22} & \cdots & a_{2i} & \cdots & a_{2n} \\ \vdots & \vdots & & \vdots & & \vdots \\ a_{n1} & a_{n2} & \cdots & a_{ni} & \cdots & a_{nn} \end{vmatrix}+\begin{vmatrix} a_{11} & a_{12} & \cdots & a'_{1i} & \cdots & a_{1n} \\ a_{21} & a_{22} & \cdots & a'_{2i} & \cdots & a_{2n} \\ \vdots & \vdots & & \vdots & & \vdots \\ a_{n1} & a_{n2} & \cdots & a'_{ni} & \cdots & a_{nn} \end{vmatrix}.$$

(9)把行列式的某一列(行)的各元素乘以同一数 k 后加到另一列(行)对应的元素上去,行列式的值不变.

3. 行列式按行(列)展开

(1)行列式等于它的任一行(列)的各元素与其对应的代数余子式的乘积之和,即:

按第 i 行展开:

$$D=a_{i1}A_{i1}+a_{i2}A_{i2}+\cdots+a_{in}A_{in}\quad(i=1,2,\cdots,n),$$

按第 j 列展开:

$$D=a_{1j}A_{1j}+a_{2j}A_{2j}+\cdots+a_{nj}A_{nj}\quad(j=1,2,\cdots,n).$$

(2)行列式某一行(列)的元素与另一行(列)的对应元素的代数余子式乘积之和等于零,即

$$a_{i1}A_{j1}+a_{i2}A_{j2}+\cdots+a_{in}A_{jn}=0\quad(i\neq j),$$

或

$$a_{1i}A_{1j}+a_{2i}A_{2j}+\cdots+a_{ni}A_{nj}=0\quad(i\neq j).$$

4. 范德蒙德行列式

$$D_n=\begin{vmatrix} 1 & 1 & \cdots & 1 \\ x_1 & x_2 & \cdots & x_n \\ x_1^2 & x_2^2 & \cdots & x_n^2 \\ \vdots & \vdots & & \vdots \\ x_1^{n-1} & x_2^{n-1} & \cdots & x_n^{n-1} \end{vmatrix}=\prod_{n\geqslant i>j\geqslant 1}(x_i-x_j).$$

5. 克莱姆法则

对 n 个方程,n 个未知数的非齐次线性方程组

$$\begin{cases} a_{11}x_1 + a_{12}x_2 + \cdots + a_{1n}x_n = b_1, \\ a_{21}x_1 + a_{22}x_2 + \cdots + a_{2n}x_n = b_2, \\ \vdots \\ a_{n1}x_1 + a_{n2}x_2 + \cdots + a_{nn}x_n = b_n. \end{cases}$$

若其系数行列式 $D\neq 0$,则方程组有唯一解,且可表示为

$$x_1 = \frac{D_1}{D}, x_2 = \frac{D_2}{D}, \cdots, x_n = \frac{D_n}{D},$$

其中,$D_j(j=1,2,\cdots,n)$ 是将 D 中的第 j 列元素换成方程组右端的常数项 b_1, $b_2,\cdots,b_n$ 所得的行列式.

拓展阅读

习题 1

1. 利用对角线法则计算下列二阶、三阶行列式:

(1) $\begin{vmatrix} 3 & -2 \\ -1 & -4 \end{vmatrix}$;　　(2) $\begin{vmatrix} 1 & 0 & 1 \\ 2 & 1 & 0 \\ -3 & 2 & -5 \end{vmatrix}$;

(3) $\begin{vmatrix} a & b & c \\ b & c & a \\ c & a & b \end{vmatrix}$;　　(4) $\begin{vmatrix} x & y & x+y \\ y & x+y & x \\ x+y & x & y \end{vmatrix}$.

2. 按自然数由小到大为标准次序,求下列各排列的逆序数:

(1) 2413;　　(2) 4637251;

(3) 315426;　　(4) 217986354;

(5) $13\cdots(2n-1)24\cdots(2n)$;　　(6) $13\cdots(2n-1)(2n)(2n-2)\cdots2$.

3. 填空题:

(1) 若排列 $3972i15j4$ 为偶排列,则 $i=$________,$j=$________;

(2) 四阶行列式中含因子 $a_{11}a_{23}$ 的项为________________;

(3) 在六阶行列式中,项 $a_{23}a_{31}a_{42}a_{56}a_{14}a_{65}$ 带的符号应为________,$a_{32}a_{43}a_{14}a_{51}a_{66}a_{25}$ 带的符号应为________;

(4) 五阶行列式中包含 $a_{13}a_{25}$ 并带正号的所有项为________.

4. 计算下列行列式：

(1) $\begin{vmatrix} 1 & 2 & 3 & 4 \\ -2 & 1 & -4 & 3 \\ 3 & -4 & -1 & 2 \\ 4 & 3 & -2 & -1 \end{vmatrix}$；　　(2) $\begin{vmatrix} 1 & 0 & -2 & 1 \\ -2 & 1 & 2 & -1 \\ 0 & 2 & -4 & 1 \\ 1 & 2 & 3 & 4 \end{vmatrix}$；

(3) $\begin{vmatrix} -ab & ac & ae \\ bd & -cd & de \\ bf & cf & -ef \end{vmatrix}$；

(4) $\begin{vmatrix} 1+x & 1 & 1 & 1 \\ 1 & 1-x & 1 & 1 \\ 1 & 1 & 1+y & 1 \\ 1 & 1 & 1 & 1-y \end{vmatrix}$.

5. 证明：

(1) $\begin{vmatrix} a^2 & ab & b^2 \\ 2a & a+b & 2b \\ 1 & 1 & 1 \end{vmatrix} = (a-b)^3$；

(2) $\begin{vmatrix} ax+by & ay+bz & az+bx \\ ay+bz & az+bx & ax+by \\ az+bx & ax+by & ay+bz \end{vmatrix} = (a^3+b^3)\begin{vmatrix} x & y & z \\ y & z & x \\ z & x & y \end{vmatrix}$；

(3) $\begin{vmatrix} a^2 & (a+1)^2 & (a+2)^2 & (a+3)^2 \\ b^2 & (b+1)^2 & (b+2)^2 & (b+3)^2 \\ c^2 & (c+1)^2 & (c+2)^2 & (c+3)^2 \\ d^2 & (d+1)^2 & (d+2)^2 & (d+3)^2 \end{vmatrix} = 0$；

(4) $\begin{vmatrix} 1 & 1 & 1 & 1 \\ a & b & c & d \\ a^2 & b^2 & c^2 & d^2 \\ a^4 & b^4 & c^4 & d^4 \end{vmatrix} = (a-b)(a-c)(a-d)(b-c)(b-d)(c-d)(a+b+c+d)$；

(5) $\begin{vmatrix} x & -1 & 0 & \cdots & 0 & 0 \\ 0 & x & -1 & \cdots & 0 & 0 \\ \vdots & \vdots & \vdots & & \vdots & \vdots \\ 0 & 0 & 0 & \cdots & x & -1 \\ a_n & a_{n-1} & a_{n-2} & \cdots & a_2 & a_1 \end{vmatrix} = x^n + a_1 x^{n-1} + \cdots + a_{n-1} x + a_n.$

6. 设四阶行列式 $D = \begin{vmatrix} 1 & 0 & -3 & 7 \\ 0 & 1 & 2 & 1 \\ -3 & 4 & 0 & 3 \\ 1 & -2 & 2 & -1 \end{vmatrix}$,求:

(1) D 的代数余子式 A_{14};

(2) $A_{11} - 2A_{12} + 2A_{13} - A_{14}$;

(3) $A_{11} + A_{21} + 2A_{31} + 2A_{41}$.

7. 计算下列各行列式:

(1) $D_n = \begin{vmatrix} a & & 1 \\ & \ddots & \\ 1 & & a \end{vmatrix}$,其中对角线上的元素都是 a,未写出的元素都是 0;

(2) $D_n = \begin{vmatrix} x-1 & a & \cdots & a \\ a & x-1 & \cdots & a \\ \vdots & \vdots & & \vdots \\ a & a & \cdots & x-1 \end{vmatrix}$;

(3) $D_n = \begin{vmatrix} a_1 & 1 & 1 & \cdots & 1 \\ 1 & a_2 & 0 & \cdots & 0 \\ 1 & 0 & a_3 & \cdots & 0 \\ \vdots & \vdots & \vdots & & \vdots \\ 1 & 0 & 0 & \cdots & a_n \end{vmatrix}$,其中 $a_2 a_3 \cdots a_n \neq 0$;

(4) $D_{2n}=\begin{vmatrix} a_n & & & & & b_n \\ & \ddots & & & \iddots & \\ & & a_1 & b_1 & & \\ & & c_1 & d_1 & & \\ & \iddots & & & \ddots & \\ c_n & & & & & d_n \end{vmatrix}$,其中未写出的元素都是 0;

(5) $D_{n+1}=\begin{vmatrix} a^n & (a-1)^n & \cdots & (a-n)^n \\ a^{n-1} & (a-1)^{n-1} & \cdots & (a-n)^{n-1} \\ \vdots & \vdots & & \vdots \\ a & a-1 & \cdots & a-n \\ 1 & 1 & \cdots & 1 \end{vmatrix}$;

(6) $D_n=\begin{vmatrix} 1+a_1 & 1 & \cdots & 1 \\ 1 & 1+a_2 & \cdots & 1 \\ \vdots & \vdots & & \vdots \\ 1 & 1 & \cdots & 1+a_n \end{vmatrix}$,其中 $a_1a_2\cdots a_n\neq 0$;

(7) $D_n=\det(a_{ij})$,其中 $a_{ij}=|i-j|$.

8. 利用克莱姆法则解下列方程组:

(1) $\begin{cases} x+y-2z=-3, \\ 5x-2y+7z=22, \\ 2x-5y+4z=4; \end{cases}$

(2) $\begin{cases} x_1+x_2+x_3+x_4=5, \\ x_1+2x_2-x_3+4x_4=-2, \\ 2x_1-3x_2-x_3-5x_4=-2, \\ 3x_1+x_2+2x_3+11x_4=0. \end{cases}$

9. 当 λ 为何值时,齐次线性方程组

$$\begin{cases} (\lambda+2)x_1+4x_2+x_3=0, \\ -4x_1+(\lambda-3)x_2+4x_3=0, \\ -x_1+4x_2+(\lambda+4)x_3=0, \end{cases}$$

有非零解?

第 2 章
矩　阵

本章导学

矩阵是线性代数中的一个重要概念，也是线性代数研究中应用广泛的有力工具. 本章主要介绍矩阵的概念、矩阵的运算、逆矩阵及分块矩阵.

2.1　矩　阵

有 m 个方程 n 个未知数的线性方程组

$$\begin{cases} a_{11}x_1 + a_{12}x_2 + \cdots + a_{1n}x_n = b_1, \\ a_{21}x_1 + a_{22}x_2 + \cdots + a_{2n}x_n = b_2, \\ \vdots \\ a_{m1}x_1 + a_{m2}x_2 + \cdots + a_{mn}x_n = b_m, \end{cases} \tag{2.1}$$

其系数及常数项可以排成 m 行 $n+1$ 列的数表

$$\begin{matrix} a_{11} & a_{12} & \cdots & a_{1n} & b_1 \\ a_{21} & a_{22} & \cdots & a_{2n} & b_2 \\ \vdots & \vdots & & \vdots & \vdots \\ a_{m1} & a_{m2} & \cdots & a_{mn} & b_m \end{matrix}$$

这个数表与方程组有一一对应的关系，于是对方程组的研究就可以转化为对这个数表的研究. 这样的数表我们称为矩阵.

定义1 由 $m\times n$ 个数 $a_{ij}(i=1,2,\cdots,m;j=1,2,\cdots,n)$ 排成 m 行 n 列的数表

$$\begin{matrix} a_{11} & a_{12} & \cdots & a_{1n} \\ a_{21} & a_{22} & \cdots & a_{2n} \\ \vdots & \vdots & & \vdots \\ a_{m1} & a_{m2} & \cdots & a_{mn} \end{matrix}$$

称为 m 行 n 列的矩阵,简称 $m\times n$ 矩阵. 为了表示它是一个整体,总是加一个括弧(中括弧或小括弧),并用大写黑体字母表示它,记作

$$\boldsymbol{A}=\begin{pmatrix} a_{11} & a_{12} & \cdots & a_{1n} \\ a_{21} & a_{22} & \cdots & a_{2n} \\ \vdots & \vdots & & \vdots \\ a_{m1} & a_{m2} & \cdots & a_{mn} \end{pmatrix},$$

其中,a_{ij}表示矩阵第 i 行 j 列的元素,称为矩阵 $\boldsymbol{A}$ 的(i,j)元. 以数 a_{ij}为(i,j)元的矩阵可简记作(a_{ij})或$(a_{ij})_{m\times n}$,$m\times n$ 矩阵 $\boldsymbol{A}$ 也记作 $\boldsymbol{A}_{m\times n}$.

元素是实数的矩阵称为实矩阵,元素是复数的矩阵称为复矩阵. 本书中除特别声明外,都是指实矩阵.

几种特殊的矩阵:

①若矩阵只有一行元素,这样的矩阵称为行矩阵,也称为行向量,记作 $\boldsymbol{A}=(a_1a_2\cdots a_n)$,为了避免元素间的混淆,行矩阵一般记作 $\boldsymbol{A}=(a_1,a_2,\cdots,a_n)$.

②若矩阵只有一列元素,这样的矩阵称为列矩阵,也称为列向量,记作

$$\boldsymbol{A}=\begin{pmatrix} a_1 \\ a_2 \\ \vdots \\ a_n \end{pmatrix}.$$

③若矩阵所有的元素都为零,这样的矩阵称为零矩阵,记作 $\boldsymbol{O}$.

④若矩阵的行数与列数相同,即 $m=n$ 时,这样的矩阵称为 n 阶方阵,记作

$$\boldsymbol{A}_n = \begin{pmatrix} a_{11} & a_{12} & \cdots & a_{1n} \\ a_{21} & a_{22} & \cdots & a_{2n} \\ \vdots & \vdots & & \vdots \\ a_{n1} & a_{n2} & \cdots & a_{nn} \end{pmatrix}.$$

⑤对于 n 阶方阵,若主对角线以外的元素全部为零,这样的矩阵称为对角矩阵,记作

$$\boldsymbol{\Lambda} = \begin{pmatrix} \lambda_1 & 0 & \cdots & 0 \\ 0 & \lambda_2 & \cdots & 0 \\ \vdots & \vdots & & \vdots \\ 0 & 0 & \cdots & \lambda_n \end{pmatrix}.$$

对角矩阵也可记作

$$\boldsymbol{\Lambda} = \mathrm{diag}(\lambda_1, \lambda_2, \cdots, \lambda_n).$$

特殊地,当 $\lambda_1 = \lambda_2 = \cdots = \lambda_n$ 时,此矩阵称为数量矩阵.

⑥对于 n 阶方阵,若主对角线上的元素全部为 1,其余元素全部为 0,这样的矩阵称为单位矩阵,记作

$$\boldsymbol{E} = \begin{pmatrix} 1 & 0 & \cdots & 0 \\ 0 & 1 & \cdots & 0 \\ \vdots & \vdots & & \vdots \\ 0 & 0 & \cdots & 1 \end{pmatrix}.$$

定义 2 若两个矩阵的行数与列数分别相等,则称它们为同型矩阵.

若矩阵 $\boldsymbol{A}$ 与矩阵 $\boldsymbol{B}$ 为同型矩阵,并且对应的元素相等,则称矩阵 $\boldsymbol{A}$ 与矩阵 $\boldsymbol{B}$ 相等,记作

$$\boldsymbol{A} = \boldsymbol{B}.$$

2.2 矩阵的运算

2.2.1 矩阵的加法

定义 3 设有两个 $m \times n$ 矩阵 $\boldsymbol{A} = (a_{ij})_{m \times n}$ 和 $\boldsymbol{B} = (b_{ij})_{m \times n}$,则矩阵 $\boldsymbol{A}$ 与矩阵

$\boldsymbol{B}$ 的和记作 $\boldsymbol{A}+\boldsymbol{B}$,并规定为

$$\boldsymbol{A}+\boldsymbol{B}=(a_{ij}+b_{ij})_{m\times n}=\begin{pmatrix} a_{11}+b_{11} & a_{12}+b_{12} & \cdots & a_{1n}+b_{1n} \\ a_{21}+b_{21} & a_{22}+b_{22} & \cdots & a_{2n}+b_{2n} \\ \vdots & \vdots & & \vdots \\ a_{m1}+b_{m1} & a_{m2}+b_{m2} & \cdots & a_{mn}+b_{mn} \end{pmatrix}.$$

注意:只有同型矩阵才能进行加法运算.

矩阵加法的运算规律(设 $\boldsymbol{A},\boldsymbol{B},\boldsymbol{C}$ 都是 $m\times n$ 矩阵):

(i) $\boldsymbol{A}+\boldsymbol{B}=\boldsymbol{B}+\boldsymbol{A}$;

(ii) $(\boldsymbol{A}+\boldsymbol{B})+\boldsymbol{C}=\boldsymbol{A}+(\boldsymbol{B}+\boldsymbol{C})$.

设矩阵 $\boldsymbol{A}=(a_{ij})_{m\times n}$,记 $-\boldsymbol{A}=(-a_{ij})_{m\times n}$,称为 $\boldsymbol{A}$ 的负矩阵,显然有

$$\boldsymbol{A}+(-\boldsymbol{A})=\boldsymbol{O}.$$

由此定义矩阵的减法为

$$\boldsymbol{A}-\boldsymbol{B}=\boldsymbol{A}+(-\boldsymbol{B}).$$

2.2.2 数与矩阵的乘法

定义 4 数 λ 与矩阵 $\boldsymbol{A}$ 的乘积记作 $\lambda\boldsymbol{A}$ 或 $\boldsymbol{A}\lambda$,并规定为

$$\lambda\boldsymbol{A}=\boldsymbol{A}\lambda=(\lambda a_{ij})_{m\times n}=\begin{pmatrix} \lambda a_{11} & \lambda a_{12} & \cdots & \lambda a_{1n} \\ \lambda a_{21} & \lambda a_{22} & \cdots & \lambda a_{2n} \\ \vdots & \vdots & & \vdots \\ \lambda a_{m1} & \lambda a_{m2} & \cdots & \lambda a_{mn} \end{pmatrix}.$$

数与矩阵相乘的运算规律(设 $\boldsymbol{A},\boldsymbol{B}$ 都是 $m\times n$ 矩阵,λ,μ 为数):

(i) $(\lambda\mu)\boldsymbol{A}=\lambda(\mu\boldsymbol{A})$;

(ii) $(\lambda+\mu)\boldsymbol{A}=\lambda\boldsymbol{A}+\mu\boldsymbol{A}$;

(iii) $\lambda(\boldsymbol{A}+\boldsymbol{B})=\lambda\boldsymbol{A}+\lambda\boldsymbol{B}$.

矩阵的加法和数与矩阵的乘法合起来,统称为矩阵的线性运算.

2.2.3 矩阵与矩阵相乘

定义 5 设矩阵 $\boldsymbol{A}=(a_{ij})_{m\times s}$,$\boldsymbol{B}=(b_{ij})_{s\times n}$,则规定矩阵 $\boldsymbol{A}$ 与矩阵 $\boldsymbol{B}$ 的乘积是一个 $m\times n$ 矩阵 $\boldsymbol{C}=(c_{ij})_{m\times n}$,其中

$$c_{ij}=a_{i1}b_{1j}+a_{i2}b_{2j}+\cdots+a_{is}b_{sj}=\sum_{k=1}^{s}a_{ik}b_{kj}(i=1,2,\cdots,m;j=1,2,\cdots,n)\tag{2.2}$$

把此乘积记作 $\boldsymbol{C}=\boldsymbol{AB}$.

由定义可以看出:$\boldsymbol{C}=\boldsymbol{AB}$ 中第 i 行第 j 列的元素 c_{ij},等于 $\boldsymbol{A}$ 的第 i 行与 $\boldsymbol{B}$ 的第 j 列的对应元素的乘积之和. 必须注意:只有当第一个矩阵(左矩阵)的列数等于第二个矩阵(右矩阵)的行数时,两个矩阵才能相乘.

例 2.1 若变量 $x_1,x_2,\cdots,x_n$ 与变量 $y_1,y_2,\cdots,y_m$ 之间存在关系式

$$\begin{cases}y_1=a_{11}x_1+a_{12}x_2+\cdots+a_{1n}x_n,\\ y_2=a_{21}x_1+a_{22}x_2+\cdots+a_{2n}x_n,\\ \vdots\\ y_m=a_{m1}x_1+a_{m2}x_2+\cdots+a_{mn}x_n,\end{cases}$$

则称该关系式为从变量 $x_1,x_2,\cdots,x_n$ 到变量 $y_1,y_2,\cdots,y_m$ 的线性变换. 由矩阵乘法的定义,上式可表示为:$\boldsymbol{Y}=\boldsymbol{AX}$,其中

$$\boldsymbol{Y}=\begin{pmatrix}y_1\\y_2\\\vdots\\y_m\end{pmatrix},\boldsymbol{X}=\begin{pmatrix}x_1\\x_2\\\vdots\\x_n\end{pmatrix},\boldsymbol{A}=\begin{pmatrix}a_{11}&a_{12}&\cdots&a_{1n}\\a_{21}&a_{22}&\cdots&a_{2n}\\\vdots&\vdots&&\vdots\\a_{m1}&a_{m2}&\cdots&a_{mn}\end{pmatrix}.$$

例 2.2 设矩阵

$$\boldsymbol{A}=\begin{pmatrix}1&0&2\\3&-1&4\end{pmatrix},\boldsymbol{B}=\begin{pmatrix}1&2&-2\\0&-1&2\\2&3&1\end{pmatrix},$$

求 $\boldsymbol{AB}$.

解 因为 $\boldsymbol{A}$ 是 2×3 矩阵,$\boldsymbol{B}$ 是 3×3 矩阵,$\boldsymbol{A}$ 的列数等于 $\boldsymbol{B}$ 的行数,所以矩阵 $\boldsymbol{A}$ 与 $\boldsymbol{B}$ 可以相乘,$\boldsymbol{AB}=\boldsymbol{C}$ 是 2×3 矩阵. 由定义 5 有

$$\begin{aligned}\boldsymbol{AB}&=\begin{pmatrix}1&0&2\\3&-1&4\end{pmatrix}\cdot\begin{pmatrix}1&2&-2\\0&-1&2\\2&3&1\end{pmatrix}\\&=\begin{pmatrix}1\times1+0\times0+2\times2&1\times2+0\times(-1)+2\times3&1\times(-2)+0\times2+2\times1\\3\times1+(-1)\times0+4\times2&3\times2+(-1)\times(-1)+4\times3&3\times(-2)+(-1)\times2+4\times1\end{pmatrix}\end{aligned}$$

$$=\begin{pmatrix}5 & 8 & 0\\ 11 & 19 & -4\end{pmatrix}.$$

微课：例 2.3

例 2.3　设矩阵 $\boldsymbol{A}=\begin{pmatrix}1 & 1\\ -1 & -1\end{pmatrix}$，$\boldsymbol{B}=\begin{pmatrix}1 & -1\\ -1 & 1\end{pmatrix}$，求 $\boldsymbol{AB}$ 与 $\boldsymbol{BA}$.

解

$$\boldsymbol{AB}=\begin{pmatrix}1 & 1\\ -1 & -1\end{pmatrix}\begin{pmatrix}1 & -1\\ -1 & 1\end{pmatrix}=\begin{pmatrix}0 & 0\\ 0 & 0\end{pmatrix},$$

$$\boldsymbol{BA}=\begin{pmatrix}1 & -1\\ -1 & 1\end{pmatrix}\begin{pmatrix}1 & 1\\ -1 & -1\end{pmatrix}=\begin{pmatrix}2 & 2\\ -2 & -2\end{pmatrix}.$$

由以上例子可以看出，矩阵乘法一般不满足交换律，即 $\boldsymbol{AB}\neq\boldsymbol{BA}$. 因为 $\boldsymbol{AB}$ 与 $\boldsymbol{BA}$ 未必都有意义，如例 2.2 中，$\boldsymbol{AB}$ 有意义，而 $\boldsymbol{BA}$ 就没有意义；即使都有意义，$\boldsymbol{AB}$ 也不一定等于 $\boldsymbol{BA}$，如例 2.3. 由此可知，在矩阵的乘法中，必须注意矩阵相乘的顺序. $\boldsymbol{AB}$ 是 $\boldsymbol{A}$ 左乘 $\boldsymbol{B}$ 的乘积，$\boldsymbol{BA}$ 是 $\boldsymbol{A}$ 右乘 $\boldsymbol{B}$ 的乘积.

对于两个 n 阶方阵 $\boldsymbol{A}$，$\boldsymbol{B}$，若 $\boldsymbol{AB}=\boldsymbol{BA}$，则称 $\boldsymbol{A}$ 与 $\boldsymbol{B}$ 是可交换的.

由例 2.3 还可看出：$\boldsymbol{A}$，$\boldsymbol{B}$ 都不是零矩阵，但却有 $\boldsymbol{AB}=\boldsymbol{O}$，这是矩阵乘法与数的乘法又一不同之处. 特别注意：若两个矩阵 $\boldsymbol{A}$，$\boldsymbol{B}$ 满足 $\boldsymbol{AB}=\boldsymbol{O}$，不能推出 $\boldsymbol{A}=\boldsymbol{O}$ 或 $\boldsymbol{B}=\boldsymbol{O}$ 的结论；若 $\boldsymbol{AB}=\boldsymbol{AC}$，$\boldsymbol{A}\neq\boldsymbol{O}$，也不能推出 $\boldsymbol{B}=\boldsymbol{C}$ 的结论.

矩阵乘法的运算规律（设其中所涉及的运算都有意义）.

（i）$(\boldsymbol{AB})\boldsymbol{C}=\boldsymbol{A}(\boldsymbol{BC})$；

（ii）$\boldsymbol{A}(\boldsymbol{B}+\boldsymbol{C})=\boldsymbol{AB}+\boldsymbol{AC}$，

　　$(\boldsymbol{B}+\boldsymbol{C})\boldsymbol{A}=\boldsymbol{BA}+\boldsymbol{CA}$；

（iii）$\lambda(\boldsymbol{AB})=(\lambda\boldsymbol{A})\boldsymbol{B}=\boldsymbol{A}(\lambda\boldsymbol{B})$.

对于单位矩阵 $\boldsymbol{E}$，容易验证

$$\boldsymbol{E}_m\boldsymbol{A}_{m\times n}=\boldsymbol{A}_{m\times n},\boldsymbol{A}_{m\times n}\boldsymbol{E}_n=\boldsymbol{A}_{m\times n},$$

可简记为

$$\boldsymbol{EA}=\boldsymbol{AE}=\boldsymbol{A}.$$

可见单位矩阵 $\boldsymbol{E}$ 在矩阵乘法中的作用类似于数量中的 1.

有了矩阵的乘法，就可定义 n 阶方阵的幂. 设 $\boldsymbol{A}$ 是 n 阶方阵，k 为正整数，则规定

$$\boldsymbol{A}^1=\boldsymbol{A},\boldsymbol{A}^2=\boldsymbol{A}^1\boldsymbol{A}^1,\cdots,\boldsymbol{A}^k=\boldsymbol{A}^{k-1}\boldsymbol{A}^1,$$

称 $\boldsymbol{A}^k$ 为 $\boldsymbol{A}$ 的 k 次幂，即 $\boldsymbol{A}^k$ 就是 k 个 $\boldsymbol{A}$ 连乘.

方阵幂的运算规律：

(i) $A^kA^l = A^{k+l}$；

(ii) $(A^k)^l = A^{kl}$.

由于矩阵乘法运算一般不满足交换律，所以在数的乘法中成立的一些恒等式，在矩阵中一般不再成立. 如

$$(A+B)^2 \neq A^2 + B^2 + 2AB;$$
$$(A+B)(A-B) \neq A^2 - B^2;$$
$$(AB)^k \neq A^k \cdot B^k.$$

但若 A 与 B 可交换，即 $AB = BA$，则上式等号成立.

例 2.4 设 $A = \begin{pmatrix} 1 & 0 & 1 \\ 0 & 2 & 0 \\ 0 & 0 & 1 \end{pmatrix}$，求 A^{100}.

解

$$A^2 = AA = \begin{pmatrix} 1 & 0 & 1 \\ 0 & 2 & 0 \\ 0 & 0 & 1 \end{pmatrix}\begin{pmatrix} 1 & 0 & 1 \\ 0 & 2 & 0 \\ 0 & 0 & 1 \end{pmatrix} = \begin{pmatrix} 1 & 0 & 2 \\ 0 & 2^2 & 0 \\ 0 & 0 & 1 \end{pmatrix},$$

$$A^3 = A^2A = \begin{pmatrix} 1 & 0 & 2 \\ 0 & 2^2 & 0 \\ 0 & 0 & 1 \end{pmatrix}\begin{pmatrix} 1 & 0 & 1 \\ 0 & 2 & 0 \\ 0 & 0 & 1 \end{pmatrix} = \begin{pmatrix} 1 & 0 & 3 \\ 0 & 2^3 & 0 \\ 0 & 0 & 1 \end{pmatrix},$$

于是很容易通过数学归纳法得到

$$A^k = \begin{pmatrix} 1 & 0 & k \\ 0 & 2^k & 0 \\ 0 & 0 & 1 \end{pmatrix},$$

所以

$$A^{100} = \begin{pmatrix} 1 & 0 & 100 \\ 0 & 2^{100} & 0 \\ 0 & 0 & 1 \end{pmatrix}.$$

2.2.4 矩阵的转置

定义 6 将 $m \times n$ 矩阵 $A = (a_{ij})_{m \times n}$ 的行换成同序数的列得到的一个 $n \times m$

矩阵,称为 $\boldsymbol{A}$ 的转置矩阵,记作 $\boldsymbol{A}^{\mathrm{T}}$.

例如,矩阵

$$\boldsymbol{A}=\begin{pmatrix}1&0&5\\3&2&4\end{pmatrix}$$

的转置矩阵为

$$\boldsymbol{A}^{\mathrm{T}}=\begin{pmatrix}1&3\\0&2\\5&4\end{pmatrix}.$$

矩阵的转置也可看成一种运算,满足下列运算规律:

(i) $(\boldsymbol{A}^{\mathrm{T}})^{\mathrm{T}}=\boldsymbol{A}$;

(ii) $(\boldsymbol{A}+\boldsymbol{B})^{\mathrm{T}}=\boldsymbol{A}^{\mathrm{T}}+\boldsymbol{B}^{\mathrm{T}}$;

(iii) $(\lambda\boldsymbol{A})^{\mathrm{T}}=\lambda\boldsymbol{A}^{\mathrm{T}}$;

(iv) $(\boldsymbol{A}\boldsymbol{B})^{\mathrm{T}}=\boldsymbol{B}^{\mathrm{T}}\boldsymbol{A}^{\mathrm{T}}$.

(i),(ii),(iii)可直接按定义验证,下面只证明(iv).

证 设 $\boldsymbol{A}=(a_{ij})_{m\times s}$, $\boldsymbol{B}=(b_{ij})_{s\times n}$, 记 $\boldsymbol{A}\boldsymbol{B}=\boldsymbol{C}=(c_{ij})_{m\times n}$, $\boldsymbol{B}^{\mathrm{T}}\boldsymbol{A}^{\mathrm{T}}=\boldsymbol{D}=(d_{ij})_{n\times m}$,按矩阵乘法公式,有

$$c_{ij}=\sum_{k=1}^{s}a_{ik}b_{kj},$$

同理,由于 $\boldsymbol{B}^{\mathrm{T}}$ 的第 j 行为 $\boldsymbol{B}$ 的第 j 列,$\boldsymbol{A}^{\mathrm{T}}$ 的第 i 列为 $\boldsymbol{A}$ 的第 i 行,故 $\boldsymbol{D}$ 的第 j 行第 i 列元素

$$d_{ji}=\sum_{k=1}^{s}b_{kj}a_{ik}=\sum_{k=1}^{s}a_{ik}b_{kj},$$

所以

$$d_{ji}=c_{ij}\quad(i=1,2,\cdots,m;j=1,2,\cdots,n),$$

即 $\boldsymbol{D}=\boldsymbol{C}^{\mathrm{T}}$,也即

$$(\boldsymbol{A}\boldsymbol{B})^{\mathrm{T}}=\boldsymbol{B}^{\mathrm{T}}\boldsymbol{A}^{\mathrm{T}}.$$

(ii),(iv)还可推广到 n 个矩阵的情形:

$$(\boldsymbol{A}_1+\boldsymbol{A}_2+\cdots+\boldsymbol{A}_n)^{\mathrm{T}}=\boldsymbol{A}_1^{\mathrm{T}}+\boldsymbol{A}_2^{\mathrm{T}}+\cdots+\boldsymbol{A}_n^{\mathrm{T}};$$

$$(\boldsymbol{A}_1\boldsymbol{A}_2\cdots\boldsymbol{A}_n)^{\mathrm{T}}=\boldsymbol{A}_n^{\mathrm{T}}\boldsymbol{A}_{n-1}^{\mathrm{T}}\cdots\boldsymbol{A}_1^{\mathrm{T}}.$$

例 2.5 已知

$$A = \begin{pmatrix} 1 & 0 & 2 \\ 2 & -1 & 3 \end{pmatrix}, B = \begin{pmatrix} 1 & 4 & 1 \\ 3 & -1 & 3 \\ 2 & 0 & -2 \end{pmatrix},$$

求$(AB)^T$.

解法 1 因为

$$AB = \begin{pmatrix} 1 & 0 & 2 \\ 2 & -1 & 3 \end{pmatrix}\begin{pmatrix} 1 & 4 & 1 \\ 3 & -1 & 3 \\ 2 & 0 & -2 \end{pmatrix} = \begin{pmatrix} 5 & 4 & -3 \\ 5 & 9 & -7 \end{pmatrix},$$

所以

$$(AB)^T = \begin{pmatrix} 5 & 5 \\ 4 & 9 \\ -3 & -7 \end{pmatrix}.$$

解法 2

$$(AB)^T = B^T A^T = \begin{pmatrix} 1 & 3 & 2 \\ 4 & -1 & 0 \\ 1 & 3 & -2 \end{pmatrix}\begin{pmatrix} 1 & 2 \\ 0 & -1 \\ 2 & 3 \end{pmatrix} = \begin{pmatrix} 5 & 5 \\ 4 & 9 \\ -3 & -7 \end{pmatrix}.$$

定义 7 设 A 为 n 阶方阵,如果满足 $A^T = A$,即

$$a_{ij} = a_{ji}(i,j = 1,2,\cdots,n),$$

则称 A 为对称阵. 其特点是它的元素以主对角线为对称轴对应相等.

例如

$$A = \begin{pmatrix} 2 & 1 & 3 \\ 1 & -1 & -4 \\ 3 & -4 & 0 \end{pmatrix},$$

为对称阵.

定义 8 若 n 阶方阵 A 满足 $A^T = -A$,即

$$a_{ij} = -a_{ji}(i,j = 1,2,\cdots,n),$$

则称 A 为反对称阵. 由此定义,应有 $a_{ii} = -a_{ii}(i=1,2,\cdots,n)$,即 $a_{ii}=0$,表明主对角线上的元素 $a_{ii}(i=1,2,\cdots,n)$全为零.

例如

$$A = \begin{pmatrix} 0 & 1 & 3 \\ -1 & 0 & -2 \\ -3 & 2 & 0 \end{pmatrix},$$

为反对称阵.

例 2.6　设列矩阵 $\boldsymbol{X}=(x_1,x_2,\cdots,x_n)^{\mathrm{T}}$ 满足 $\boldsymbol{X}^{\mathrm{T}}\boldsymbol{X}=1$，$\boldsymbol{E}$ 为 n 阶单位矩阵，$\boldsymbol{H}=\boldsymbol{E}-2\boldsymbol{X}\boldsymbol{X}^{\mathrm{T}}$，证明 $\boldsymbol{H}$ 是对称矩阵，且 $\boldsymbol{H}\boldsymbol{H}^{\mathrm{T}}=\boldsymbol{E}$.

微课：例 2.6

证　因为

$$\begin{aligned}\boldsymbol{H}^{\mathrm{T}}&=(\boldsymbol{E}-2\boldsymbol{X}\boldsymbol{X}^{\mathrm{T}})^{\mathrm{T}}\\&=\boldsymbol{E}^{\mathrm{T}}-(2\boldsymbol{X}\boldsymbol{X}^{\mathrm{T}})^{\mathrm{T}}\\&=\boldsymbol{E}-2\boldsymbol{X}\boldsymbol{X}^{\mathrm{T}}=\boldsymbol{H},\end{aligned}$$

所以 $\boldsymbol{H}$ 是对称矩阵. 且

$$\begin{aligned}\boldsymbol{H}\boldsymbol{H}^{\mathrm{T}}=\boldsymbol{H}^2&=(\boldsymbol{E}-2\boldsymbol{X}\boldsymbol{X}^{\mathrm{T}})(\boldsymbol{E}-2\boldsymbol{X}\boldsymbol{X}^{\mathrm{T}})\\&=\boldsymbol{E}-4\boldsymbol{X}\boldsymbol{X}^{\mathrm{T}}+4(\boldsymbol{X}\boldsymbol{X}^{\mathrm{T}})(\boldsymbol{X}\boldsymbol{X}^{\mathrm{T}})\\&=\boldsymbol{E}-4\boldsymbol{X}\boldsymbol{X}^{\mathrm{T}}+4\boldsymbol{X}(\boldsymbol{X}^{\mathrm{T}}\boldsymbol{X})\boldsymbol{X}^{\mathrm{T}}\\&=\boldsymbol{E}-4\boldsymbol{X}\boldsymbol{X}^{\mathrm{T}}+4\boldsymbol{X}\boldsymbol{X}^{\mathrm{T}}=\boldsymbol{E}.\end{aligned}$$

2.2.5　方阵的行列式

定义 9　由 n 阶方阵 $\boldsymbol{A}$ 的元素所构成的行列式(各元素的位置不变)，称为方阵 $\boldsymbol{A}$ 的行列式，记作 $|\boldsymbol{A}|$ 或 $\det \boldsymbol{A}$.

注意：方阵与行列式是两个不同的概念，n 阶方阵是 n^2 个数按一定方式排成的数表，而 n 阶行列式则是 n^2 个数按一定的运算法则所确定的一个数.

方阵的行列式的运算规律(设 $\boldsymbol{A},\boldsymbol{B}$ 为 n 阶方阵，λ 为数)：

(i) $|\boldsymbol{A}^{\mathrm{T}}|=|\boldsymbol{A}|$(行列式的性质 1)；

(ii) $|\lambda\boldsymbol{A}|=\lambda^n|\boldsymbol{A}|$；

(iii) $|\boldsymbol{A}\boldsymbol{B}|=|\boldsymbol{A}|\cdot|\boldsymbol{B}|$.

(i)和(ii)由行列式的性质容易验证. 下面证明(iii).

证　设 $\boldsymbol{A}=(a_{ij})$，$\boldsymbol{B}=(b_{ij})$，记 $2n$ 阶行列式

$$D=\begin{vmatrix}a_{11}&\cdots&a_{1n}&&&\\\vdots&&\vdots&&\boldsymbol{O}&\\a_{n1}&\cdots&a_{nn}&&&\\-1&&&b_{11}&\cdots&b_{1n}\\&\ddots&&\vdots&&\vdots\\&&-1&b_{n1}&\cdots&b_{nn}\end{vmatrix}=\begin{vmatrix}\boldsymbol{A}&\boldsymbol{O}\\-\boldsymbol{E}&\boldsymbol{B}\end{vmatrix},$$

由第 1 章 1.3 节中的例 1.11 可知 $D=|\boldsymbol{A}|\cdot|\boldsymbol{B}|$，而在 D 中以 b_{1j} 乘第 1 列，b_{2j} 乘第 2 列，…，b_{nj} 乘第 n 列，都加到 $n+j$ 列上 $(j=1,2,\cdots,n)$，有

$$D=\begin{vmatrix}\boldsymbol{A} & \boldsymbol{C}\\ -\boldsymbol{E} & \boldsymbol{O}\end{vmatrix},$$

其中，$\boldsymbol{C}=(c_{ij})$，$c_{ij}=a_{i1}b_{1j}+a_{i2}b_{2j}+\cdots+a_{in}b_{nj}$，故 $\boldsymbol{C}=\boldsymbol{AB}$.

再对 D 的行作 $r_j\leftrightarrow r_{n+j}(j=1,2,\cdots,n)$，有

$$D=(-1)^n\begin{vmatrix}-\boldsymbol{E} & \boldsymbol{O}\\ \boldsymbol{A} & \boldsymbol{C}\end{vmatrix},$$

由第 1 章 1.3 节中的例 1.11 有

$$D=(-1)^n|-\boldsymbol{E}||\boldsymbol{C}|=(-1)^n(-1)^n|\boldsymbol{E}||\boldsymbol{C}|=|\boldsymbol{C}|=|\boldsymbol{AB}|,$$

所以

$$|\boldsymbol{AB}|=|\boldsymbol{A}|\cdot|\boldsymbol{B}|.$$

对于 n 阶方阵 $\boldsymbol{A},\boldsymbol{B}$，一般来说 $\boldsymbol{AB}\neq\boldsymbol{BA}$，但总有 $|\boldsymbol{AB}|=|\boldsymbol{BA}|=|\boldsymbol{A}|\cdot|\boldsymbol{B}|$.

例 2.7 设 $\boldsymbol{A}$ 是 n 阶方阵，满足 $\boldsymbol{AA}^{\mathrm{T}}=\boldsymbol{E}$，且 $|\boldsymbol{A}|=-1$，求 $|\boldsymbol{A}+\boldsymbol{E}|$.

解 由于

$$\begin{aligned}|\boldsymbol{A}+\boldsymbol{E}|&=|\boldsymbol{A}+\boldsymbol{AA}^{\mathrm{T}}|=|\boldsymbol{A}(\boldsymbol{E}+\boldsymbol{A}^{\mathrm{T}})|\\&=|\boldsymbol{A}|\cdot|\boldsymbol{E}+\boldsymbol{A}^{\mathrm{T}}|=-|\boldsymbol{E}+\boldsymbol{A}^{\mathrm{T}}|\\&=-|(\boldsymbol{E}+\boldsymbol{A})^{\mathrm{T}}|=-|\boldsymbol{A}+\boldsymbol{E}|,\end{aligned}$$

微课：例 2.7

所以 $2|\boldsymbol{A}+\boldsymbol{E}|=0$，即 $|\boldsymbol{A}+\boldsymbol{E}|=0$.

2.2.6 共轭矩阵

定义 10 设 $\boldsymbol{A}=(a_{ij})$ 为复矩阵，$\bar{a}_{ij}$ 为 a_{ij} 的共轭复数，记

$$\overline{\boldsymbol{A}}=(\bar{a}_{ij}),$$

则称 $\overline{\boldsymbol{A}}$ 为 $\boldsymbol{A}$ 的共轭矩阵.

共轭矩阵的运算规律（设 $\boldsymbol{A},\boldsymbol{B}$ 为复矩阵，λ 为复数，且运算都有意义）：

(i) $\overline{\boldsymbol{A}+\boldsymbol{B}}=\overline{\boldsymbol{A}}+\overline{\boldsymbol{B}}$;

(ii) $\overline{\lambda\boldsymbol{A}}=\bar{\lambda}\,\overline{\boldsymbol{A}}$;

(iii) $\overline{\boldsymbol{AB}}=\overline{\boldsymbol{A}}\,\overline{\boldsymbol{B}}$.

2.3 逆矩阵

在数的运算中,当 $a\neq0$ 时,有

$$aa^{-1}=a^{-1}a=1,$$

其中,$a^{-1}=\dfrac{1}{a}$称为 a 的倒数(或称为 a 的逆).

在矩阵的运算中,单位矩阵 $\boldsymbol{E}$ 相当于数的乘法运算中的 1,那么对于矩阵 $\boldsymbol{A}$,如果存在矩阵"$\boldsymbol{A}^{-1}$",使得

$$\boldsymbol{A}^{-1}\boldsymbol{A}=\boldsymbol{A}\boldsymbol{A}^{-1}=\boldsymbol{E},$$

则矩阵"$\boldsymbol{A}^{-1}$"可否称为矩阵 $\boldsymbol{A}$ 的逆矩阵呢?

定义 11 设 $\boldsymbol{A}$ 为 n 阶方阵,若存在 n 阶方阵 $\boldsymbol{B}$,使得

$$\boldsymbol{AB}=\boldsymbol{BA}=\boldsymbol{E}, \tag{2.3}$$

则称方阵 $\boldsymbol{A}$ 是可逆的,并称 $\boldsymbol{B}$ 是 $\boldsymbol{A}$ 的逆矩阵,简称逆阵. 记作 $\boldsymbol{A}^{-1}=\boldsymbol{B}$.

由此定义可知,可逆矩阵一定是方阵,并且适合式(2.3)的矩阵 $\boldsymbol{B}$ 也一定是方阵;还可看出式(2.3)中 $\boldsymbol{A}$ 与 $\boldsymbol{B}$ 的地位是一样的,若矩阵 $\boldsymbol{A}$ 与 $\boldsymbol{B}$ 满足式(2.3),则 $\boldsymbol{A}$ 与 $\boldsymbol{B}$ 都是可逆的,并且互为逆矩阵,即 $\boldsymbol{A}^{-1}=\boldsymbol{B},\boldsymbol{B}^{-1}=\boldsymbol{A}$.

定理 1 若矩阵 $\boldsymbol{A}$ 可逆,则其逆矩阵唯一.

证 设 $\boldsymbol{B},\boldsymbol{C}$ 都是 $\boldsymbol{A}$ 的逆矩阵,则

$$\boldsymbol{AB}=\boldsymbol{BA}=\boldsymbol{E},\boldsymbol{AC}=\boldsymbol{CA}=\boldsymbol{E},$$

从而

$$\boldsymbol{B}=\boldsymbol{EB}=(\boldsymbol{CA})\boldsymbol{B}=\boldsymbol{C}(\boldsymbol{AB})=\boldsymbol{CE}=\boldsymbol{C},$$

所以 $\boldsymbol{A}$ 的逆矩阵唯一.

为了讨论方阵可逆的充分必要条件及得出逆矩阵的计算方法,我们引入伴随矩阵的概念.

定义 12 设 $\boldsymbol{A}$ 为 n 阶方阵,记

$$\boldsymbol{A}^{*}=\begin{pmatrix}A_{11}&A_{21}&\cdots&A_{n1}\\A_{12}&A_{22}&\cdots&A_{n2}\\\vdots&\vdots&&\vdots\\A_{1n}&A_{2n}&\cdots&A_{nn}\end{pmatrix},$$

其中，A_{ij}是$|\boldsymbol{A}|$的元素a_{ij}的代数余子式，$\boldsymbol{A}^*$称为$\boldsymbol{A}$的伴随矩阵.

定理2 设$\boldsymbol{A}^*$为$\boldsymbol{A}$的伴随矩阵，则有

$$\boldsymbol{A}\boldsymbol{A}^*=\boldsymbol{A}^*\boldsymbol{A}=|\boldsymbol{A}|\boldsymbol{E}.$$

证 因为

$$a_{i1}A_{j1}+a_{i2}A_{j2}+\cdots+a_{in}A_{jn}=\begin{cases}|\boldsymbol{A}|, i=j,\\0, \quad i\neq j,\end{cases}$$

所以

$$\boldsymbol{A}\boldsymbol{A}^*=\begin{pmatrix}a_{11}&a_{12}&\cdots&a_{1n}\\a_{21}&a_{22}&\cdots&a_{2n}\\\vdots&\vdots&&\vdots\\a_{n1}&a_{n2}&\cdots&a_{nn}\end{pmatrix}\begin{pmatrix}A_{11}&A_{21}&\cdots&A_{n1}\\A_{12}&A_{22}&\cdots&A_{n2}\\\vdots&\vdots&&\vdots\\A_{1n}&A_{2n}&\cdots&A_{nn}\end{pmatrix}$$

$$=\begin{pmatrix}|\boldsymbol{A}|&0&\cdots&0\\0&|\boldsymbol{A}|&\cdots&0\\\vdots&\vdots&&\vdots\\0&0&\cdots&|\boldsymbol{A}|\end{pmatrix}=|\boldsymbol{A}|\boldsymbol{E}.$$

同理

$$\boldsymbol{A}^*\boldsymbol{A}=|\boldsymbol{A}|\boldsymbol{E}.$$

于是

$$\boldsymbol{A}\boldsymbol{A}^*=\boldsymbol{A}^*\boldsymbol{A}=|\boldsymbol{A}|\boldsymbol{E}.$$

定理3 n阶方阵$\boldsymbol{A}$可逆的充分必要条件是$|\boldsymbol{A}|\neq0$，且有

$$\boldsymbol{A}^{-1}=\frac{1}{|\boldsymbol{A}|}\boldsymbol{A}^*,$$

其中，$\boldsymbol{A}^*$为$\boldsymbol{A}$的伴随矩阵.

证 先证必要性.

设$\boldsymbol{A}$可逆，即$\boldsymbol{A}^{-1}$存在，则

$$\boldsymbol{A}\boldsymbol{A}^{-1}=\boldsymbol{E},$$

于是$|\boldsymbol{A}\boldsymbol{A}^{-1}|=|\boldsymbol{A}||\boldsymbol{A}^{-1}|=|\boldsymbol{E}|=1$，所以$|\boldsymbol{A}|\neq0$.

再证充分性.

根据定理2，有

$$\boldsymbol{A}\boldsymbol{A}^*=\boldsymbol{A}^*\boldsymbol{A}=|\boldsymbol{A}|\boldsymbol{E},$$

又 $|\boldsymbol{A}|\neq 0$,故有

$$\boldsymbol{A}\frac{1}{|\boldsymbol{A}|}\boldsymbol{A}^{*}=\frac{1}{|\boldsymbol{A}|}\boldsymbol{A}^{*}\boldsymbol{A}=\boldsymbol{E},$$

所以,根据逆矩阵的定义可知 $\boldsymbol{A}$ 可逆,且有

$$\boldsymbol{A}^{-1}=\frac{1}{|\boldsymbol{A}|}\boldsymbol{A}^{*}.$$

推论 设 $\boldsymbol{A},\boldsymbol{B}$ 都是 n 阶方阵,若 $\boldsymbol{AB}=\boldsymbol{E}$(或 $\boldsymbol{BA}=\boldsymbol{E}$),则 $\boldsymbol{A}$ 与 $\boldsymbol{B}$ 都可逆,且 $\boldsymbol{A}^{-1}=\boldsymbol{B},\boldsymbol{B}^{-1}=\boldsymbol{A}$.

证 因为 $\boldsymbol{AB}=\boldsymbol{E}$,所以 $|\boldsymbol{AB}|=|\boldsymbol{A}||\boldsymbol{B}|=|\boldsymbol{E}|=1$,由此可知 $|\boldsymbol{A}|\neq 0$,$|\boldsymbol{B}|\neq 0$,于是根据定理3,$\boldsymbol{A}$ 与 $\boldsymbol{B}$ 都可逆,且有

$$\boldsymbol{B}=\boldsymbol{EB}=(\boldsymbol{A}^{-1}\boldsymbol{A})\boldsymbol{B}=\boldsymbol{A}^{-1}(\boldsymbol{AB})=\boldsymbol{A}^{-1}\boldsymbol{E}=\boldsymbol{A}^{-1},$$
$$\boldsymbol{A}=\boldsymbol{AE}=\boldsymbol{A}(\boldsymbol{BB}^{-1})=(\boldsymbol{AB})\boldsymbol{B}^{-1}=\boldsymbol{EB}^{-1}=\boldsymbol{B}^{-1}.$$

这个推论说明,要验证 $\boldsymbol{A}$ 是否可逆,只需验证 $\boldsymbol{AB}=\boldsymbol{E}$ 或 $\boldsymbol{BA}=\boldsymbol{E}$ 即可.

当 $|\boldsymbol{A}|\neq 0$ 时,称 $\boldsymbol{A}$ 为非奇异矩阵,否则成为奇异矩阵. 由上面定理知,可逆矩阵就是非奇异矩阵.

方阵的逆矩阵的性质:

(i)若 $\boldsymbol{A}$ 可逆,则 $(\boldsymbol{A}^{-1})^{-1}=\boldsymbol{A}$;

(ii)若 $\boldsymbol{A}$ 可逆,数 $\lambda\neq 0$,则 $\lambda\boldsymbol{A}$ 可逆,且 $(\lambda\boldsymbol{A})^{-1}=\frac{1}{\lambda}\boldsymbol{A}^{-1}$;

(iii)若 $\boldsymbol{A},\boldsymbol{B}$ 为同阶方阵,且 $\boldsymbol{A},\boldsymbol{B}$ 都可逆,则 $\boldsymbol{AB}$ 可逆,且

$$(\boldsymbol{AB})^{-1}=\boldsymbol{B}^{-1}\boldsymbol{A}^{-1};$$

(iv)若 $\boldsymbol{A}$ 可逆,则 $\boldsymbol{A}^{\mathrm{T}}$ 可逆,且 $(\boldsymbol{A}^{\mathrm{T}})^{-1}=(\boldsymbol{A}^{-1})^{\mathrm{T}}$;

(v)若 $\boldsymbol{A}$ 可逆,则 $|\boldsymbol{A}^{-1}|=\frac{1}{|\boldsymbol{A}|}=|\boldsymbol{A}|^{-1}$.

微课:逆矩阵的性质

我们只证明性质(iii)、性质(iv),其他结论可由读者自行证明.

证 性质(iii) 因为

$$(\boldsymbol{AB})(\boldsymbol{B}^{-1}\boldsymbol{A}^{-1})=\boldsymbol{A}(\boldsymbol{BB}^{-1})\boldsymbol{A}^{-1}=\boldsymbol{AEA}^{-1}=\boldsymbol{AA}^{-1}=\boldsymbol{E},$$

所以

$$(\boldsymbol{AB})^{-1}=\boldsymbol{B}^{-1}\boldsymbol{A}^{-1}.$$

性质(iv) 因为

$$\boldsymbol{A}^{\mathrm{T}}(\boldsymbol{A}^{-1})^{\mathrm{T}}=(\boldsymbol{A}^{-1}\boldsymbol{A})^{\mathrm{T}}=\boldsymbol{E}^{\mathrm{T}}=\boldsymbol{E},$$

所以

$$(\boldsymbol{A}^{\mathrm{T}})^{-1}=(\boldsymbol{A}^{-1})^{\mathrm{T}}.$$

性质(iii)可推广为：设 $\boldsymbol{A}_1,\boldsymbol{A}_2,\cdots,\boldsymbol{A}_n$ 都是 n 阶可逆阵，则 $\boldsymbol{A}_1\boldsymbol{A}_2\cdots\boldsymbol{A}_n$ 可逆，且

$$(\boldsymbol{A}_1\boldsymbol{A}_2\cdots\boldsymbol{A}_n)^{-1}=\boldsymbol{A}_n^{-1}\cdots\boldsymbol{A}_2^{-1}\boldsymbol{A}_1^{-1}.$$

当 $|\boldsymbol{A}|\neq 0$ 时，还可定义

$$\boldsymbol{A}^0=\boldsymbol{E},\boldsymbol{A}^{-k}=(\boldsymbol{A}^{-1})^k,$$

其中，k 为正整数. 这样，当 $|\boldsymbol{A}|\neq 0$，λ,μ 为整数时，有

$$\boldsymbol{A}^{\lambda}\boldsymbol{A}^{\mu}=\boldsymbol{A}^{\lambda+\mu},(\boldsymbol{A}^{\lambda})^{\mu}=\boldsymbol{A}^{\lambda\mu}.$$

例 2.8 设

$$\boldsymbol{A}=\begin{pmatrix}1&-1&2\\-2&-1&-2\\4&3&3\end{pmatrix},$$

求 $\boldsymbol{A}^{-1}$.

解 由

$$|\boldsymbol{A}|=\begin{vmatrix}1&-1&2\\-2&-1&-2\\4&3&3\end{vmatrix}=1\neq 0,$$

知 $\boldsymbol{A}$ 可逆. 且

$$A_{11}=\begin{vmatrix}-1&-2\\3&3\end{vmatrix}=3,\ A_{21}=-\begin{vmatrix}-1&2\\3&3\end{vmatrix}=9,A_{31}=\begin{vmatrix}-1&2\\-1&-2\end{vmatrix}=4,$$

$$A_{12}=-\begin{vmatrix}-2&-2\\4&3\end{vmatrix}=-2,A_{22}=\begin{vmatrix}1&2\\4&3\end{vmatrix}=-5,A_{32}=-\begin{vmatrix}1&2\\-2&-2\end{vmatrix}=-2,$$

$$A_{13}=\begin{vmatrix}-2&-1\\4&3\end{vmatrix}=-2,A_{23}=-\begin{vmatrix}1&-1\\4&3\end{vmatrix}=-7,A_{33}=\begin{vmatrix}1&-1\\-2&-1\end{vmatrix}=-3,$$

所以

$$\boldsymbol{A}^*=\begin{pmatrix}3&9&4\\-2&-5&-2\\-2&-7&-3\end{pmatrix},$$

故

$$\boldsymbol{A}^{-1}=\frac{1}{|\boldsymbol{A}|}\boldsymbol{A}^*=\begin{pmatrix}3&9&4\\-2&-5&-2\\-2&-7&-3\end{pmatrix}.$$

例 2.9　设

$$A=\begin{pmatrix}1&-1&2\\-2&-1&-2\\4&3&3\end{pmatrix},B=\begin{pmatrix}2&1\\5&3\end{pmatrix},C=\begin{pmatrix}1&3\\2&0\\3&1\end{pmatrix},$$

解矩阵方程 $AXB=C$.

解　因为 $|A|=1\neq 0$, $|B|=1\neq 0$, 所以 A^{-1}, B^{-1} 都存在, 且

$$A^{-1}=\begin{pmatrix}3&9&4\\-2&-5&-2\\-2&-7&-3\end{pmatrix},B^{-1}=\begin{pmatrix}3&-1\\-5&2\end{pmatrix},$$

分别以 A^{-1}, B^{-1} 左乘与右乘矩阵方程的两边, 得

$$A^{-1}(AXB)B^{-1}=A^{-1}CB^{-1},$$

于是

$$X=A^{-1}CB^{-1}=\begin{pmatrix}3&9&4\\-2&-5&-2\\-2&-7&-3\end{pmatrix}\begin{pmatrix}1&3\\2&0\\3&1\end{pmatrix}\begin{pmatrix}3&-1\\-5&2\end{pmatrix}$$

$$=\begin{pmatrix}34&-7\\-14&2\\30&7\end{pmatrix}.$$

例 2.10　已知方阵 A 满足

$$A^2-A-4E=O,$$

试证 $A+E$ 可逆, 并求 $(A+E)^{-1}$.

微课：例 2.10

证　由 $A^2-A-4E=O$, 得

$$(A+E)(A-2E)-2E=O,$$

即

$$(A+E)\left[\frac{1}{2}(A-2E)\right]=E,$$

因此 $A+E$ 可逆, 且 $(A+E)^{-1}=\frac{1}{2}(A-2E)$.

例 2.11　设 $P=\begin{pmatrix}1&2\\1&4\end{pmatrix}$, $\Lambda=\begin{pmatrix}1&0\\0&2\end{pmatrix}$, $AP=P\Lambda$, 求 A^n.

解　$|P|=2$, $P^{-1}=\frac{1}{2}\begin{pmatrix}4&-2\\-1&1\end{pmatrix}$.

$$\boldsymbol{A}=\boldsymbol{P\Lambda P}^{-1},\boldsymbol{A}^2=\boldsymbol{P\Lambda P}^{-1}\boldsymbol{P\Lambda P}^{-1}=\boldsymbol{P\Lambda}^2\boldsymbol{P}^{-1},\cdots,\boldsymbol{A}^n=\boldsymbol{P\Lambda}^n\boldsymbol{P}^{-1},$$

而易验证

$$\boldsymbol{\Lambda}^n=\begin{pmatrix}1^n & 0\\ 0 & 2^n\end{pmatrix}=\begin{pmatrix}1 & 0\\ 0 & 2^n\end{pmatrix},$$

故

$$\boldsymbol{A}^n=\begin{pmatrix}1 & 2\\ 1 & 4\end{pmatrix}\begin{pmatrix}1 & 0\\ 0 & 2^n\end{pmatrix}\cdot\frac{1}{2}\begin{pmatrix}4 & -2\\ -1 & 1\end{pmatrix}=\begin{pmatrix}2-2^n & 2^n-1\\ 2-2^{n+1} & 2^{n+1}-1\end{pmatrix}.$$

设
$$\varphi(x)=a_0+a_1x+\cdots+a_kx^k$$
为 x 的 k 次多项式,$\boldsymbol{A}$ 为 n 阶方阵,记

$$\varphi(\boldsymbol{A})=a_0\boldsymbol{E}+a_1\boldsymbol{A}+\cdots+a_k\boldsymbol{A}^k,$$

则 $\varphi(\boldsymbol{A})$ 称为方阵 $\boldsymbol{A}$ 的 k 次多项式.

我们常用例 2.11 计算 $\boldsymbol{A}^n$ 的方法来计算 $\boldsymbol{A}$ 的多项式 $\varphi(\boldsymbol{A})$:

(i)若 $\boldsymbol{A}=\boldsymbol{P\Lambda P}^{-1}$,则 $\boldsymbol{A}^n=\boldsymbol{P\Lambda}^n\boldsymbol{P}^{-1}$,从而

$$\begin{aligned}\varphi(\boldsymbol{A})&=a_0\boldsymbol{E}+a_1\boldsymbol{A}+\cdots+a_k\boldsymbol{A}^k\\&=\boldsymbol{P}a_0\boldsymbol{E}\boldsymbol{P}^{-1}+\boldsymbol{P}a_1\boldsymbol{\Lambda}\boldsymbol{P}^{-1}+\cdots+\boldsymbol{P}a_k\boldsymbol{\Lambda}^k\boldsymbol{P}^{-1}\\&=\boldsymbol{P}\varphi(\boldsymbol{\Lambda})\boldsymbol{P}^{-1}.\end{aligned}$$

(ii)若 $\boldsymbol{\Lambda}=\operatorname{diag}(\lambda_1,\lambda_2,\cdots,\lambda_n)$ 为对角矩阵,则 $\boldsymbol{\Lambda}^n=\operatorname{diag}(\lambda_1^n,\lambda_2^n,\cdots,\lambda_n^n)$,从而

$$\begin{aligned}\varphi(\boldsymbol{\Lambda})&=a_0\boldsymbol{E}+a_1\boldsymbol{\Lambda}+\cdots+a_k\boldsymbol{\Lambda}^k\\&=a_0\begin{pmatrix}1 & & & \\ & 1 & & \\ & & \ddots & \\ & & & 1\end{pmatrix}+a_1\begin{pmatrix}\lambda_1 & & & \\ & \lambda_2 & & \\ & & \ddots & \\ & & & \lambda_n\end{pmatrix}+\cdots+a_k\begin{pmatrix}\lambda_1^k & & & \\ & \lambda_2^k & & \\ & & \ddots & \\ & & & \lambda_n^k\end{pmatrix}\\&=\begin{pmatrix}\varphi(\lambda_1) & & & \\ & \varphi(\lambda_2) & & \\ & & \ddots & \\ & & & \varphi(\lambda_n)\end{pmatrix}.\end{aligned}$$

2.4 矩阵的分块

对于行数和列数较高的矩阵,运算时常采用分块法,使大矩阵的运算转化为小矩阵的运算.将矩阵用若干条纵线和横线分成若干个小矩阵,每个小矩阵称为原矩阵的子块,以子块为元素的矩阵称为分块矩阵.

例如

$$\boldsymbol{A}=\begin{pmatrix} a_{11} & a_{12} & a_{13} & a_{14} \\ a_{21} & a_{22} & a_{23} & a_{24} \\ a_{31} & a_{32} & a_{33} & a_{34} \end{pmatrix},$$

可如下分块:

$$\boldsymbol{A}=\left(\begin{array}{cc:cc} a_{11} & a_{12} & a_{13} & a_{14} \\ a_{21} & a_{22} & a_{23} & a_{24} \\ \hdashline a_{31} & a_{32} & a_{33} & a_{34} \end{array}\right)=\begin{pmatrix} \boldsymbol{A}_{11} & \boldsymbol{A}_{12} \\ \boldsymbol{A}_{21} & \boldsymbol{A}_{22} \end{pmatrix},$$

其中

$$\boldsymbol{A}_{11}=\begin{pmatrix} a_{11} & a_{12} \\ a_{21} & a_{22} \end{pmatrix},\boldsymbol{A}_{12}=\begin{pmatrix} a_{13} & a_{14} \\ a_{23} & a_{24} \end{pmatrix},\boldsymbol{A}_{21}=\begin{pmatrix} a_{31} & a_{32} \end{pmatrix},\boldsymbol{A}_{22}=\begin{pmatrix} a_{33} & a_{34} \end{pmatrix}.$$

一个矩阵可以按不同的方式分块,上述矩阵 $\boldsymbol{A}$ 也可如下分块:

$$\boldsymbol{A}=\left(\begin{array}{cc:c:c} a_{11} & a_{12} & a_{13} & a_{14} \\ a_{21} & a_{22} & a_{23} & a_{24} \\ \hdashline a_{31} & a_{32} & a_{33} & a_{34} \end{array}\right)=\begin{pmatrix} \boldsymbol{A}_{11} & \boldsymbol{A}_{12} & \boldsymbol{A}_{13} \\ \boldsymbol{A}_{21} & \boldsymbol{A}_{22} & \boldsymbol{A}_{23} \end{pmatrix}.$$

又如 $\boldsymbol{A}=(a_{ij})_{m\times n}$ 按行分块得 $\boldsymbol{A}=\begin{pmatrix} a_{11} & a_{12} & \cdots & a_{1n} \\ \hdashline a_{21} & a_{22} & \cdots & a_{2n} \\ \hdashline \vdots & \vdots & & \vdots \\ \hdashline a_{m1} & a_{m2} & \cdots & a_{mn} \end{pmatrix}=\begin{pmatrix} \boldsymbol{\alpha}_1^{\mathrm{T}} \\ \boldsymbol{\alpha}_2^{\mathrm{T}} \\ \vdots \\ \boldsymbol{\alpha}_m^{\mathrm{T}} \end{pmatrix}$,

其中，$\boldsymbol{\alpha}_i^{\mathrm{T}}=(a_{i1},a_{i2},\cdots,a_{in}),i=1,2,\cdots,m.$

$\boldsymbol{A}=(a_{ij})_{m\times n}$ 按列分块得

$$\boldsymbol{A}=\left(\begin{array}{c:c:c:c} a_{11} & a_{12} & \cdots & a_{1n} \\ a_{21} & a_{22} & \cdots & a_{2n} \\ \vdots & \vdots & & \vdots \\ a_{m1} & a_{m2} & \cdots & a_{mn} \end{array}\right)=(\boldsymbol{a}_1,\boldsymbol{a}_2,\cdots,\boldsymbol{a}_n),$$

其中，$\boldsymbol{a}_j=(a_{1j},a_{2j},\cdots,a_{mj})^{\mathrm{T}},j=1,2,\cdots,n.$

由此可见，矩阵的分块方式很多，究竟采用哪种方式分块，要根据矩阵的具体运算来确定.

分块矩阵的运算：分块后的矩阵，把小矩阵当成元素，按普通矩阵的运算法则进行运算.

①设矩阵 $\boldsymbol{A}$ 与 $\boldsymbol{B}$ 是同型矩阵，且采用相同的分块法，得分块矩阵为

$$\boldsymbol{A}=\begin{pmatrix} \boldsymbol{A}_{11} & \cdots & \boldsymbol{A}_{1r} \\ \vdots & & \vdots \\ \boldsymbol{A}_{s1} & \cdots & \boldsymbol{A}_{sr} \end{pmatrix},\boldsymbol{B}=\begin{pmatrix} \boldsymbol{B}_{11} & \cdots & \boldsymbol{B}_{1r} \\ \vdots & & \vdots \\ \boldsymbol{B}_{s1} & \cdots & \boldsymbol{B}_{sr} \end{pmatrix},$$

其中，各对应的子块 $\boldsymbol{A}_{ij}$ 与 $\boldsymbol{B}_{ij}$ 具有相同的行数和列数，则

$$\boldsymbol{A}\pm\boldsymbol{B}=\begin{pmatrix} \boldsymbol{A}_{11}\pm\boldsymbol{B}_{11} & \cdots & \boldsymbol{A}_{1r}\pm\boldsymbol{B}_{1r} \\ \vdots & & \vdots \\ \boldsymbol{A}_{s1}\pm\boldsymbol{B}_{s1} & \cdots & \boldsymbol{A}_{sr}\pm\boldsymbol{B}_{sr} \end{pmatrix}.$$

②设 $\boldsymbol{A}=\begin{pmatrix} \boldsymbol{A}_{11} & \cdots & \boldsymbol{A}_{1r} \\ \vdots & & \vdots \\ \boldsymbol{A}_{s1} & \cdots & \boldsymbol{A}_{sr} \end{pmatrix}$，$\lambda$ 为数，则

$$\lambda\boldsymbol{A}=\boldsymbol{A}\lambda=\begin{pmatrix}\lambda\boldsymbol{A}_{11} & \cdots & \lambda\boldsymbol{A}_{1r}\\ \vdots & & \vdots\\ \lambda\boldsymbol{A}_{s1} & \cdots & \lambda\boldsymbol{A}_{sr}\end{pmatrix}.$$

③设 $\boldsymbol{A}$ 为 $m\times l$ 矩阵,$\boldsymbol{B}$ 为 $l\times n$ 矩阵,分块为

$$\boldsymbol{A}=\begin{pmatrix}\boldsymbol{A}_{11} & \cdots & \boldsymbol{A}_{1t}\\ \vdots & & \vdots\\ \boldsymbol{A}_{s1} & \cdots & \boldsymbol{A}_{st}\end{pmatrix},\boldsymbol{B}=\begin{pmatrix}\boldsymbol{B}_{11} & \cdots & \boldsymbol{B}_{1r}\\ \vdots & & \vdots\\ \boldsymbol{B}_{t1} & \cdots & \boldsymbol{B}_{tr}\end{pmatrix},$$

此处 $\boldsymbol{A}$ 的列的分法与 $\boldsymbol{B}$ 的行的分法一致,即 $\boldsymbol{A}_{i1},\boldsymbol{A}_{i2},\cdots,\boldsymbol{A}_{it}$ 的列数分别等于 $\boldsymbol{B}_{1j},\boldsymbol{B}_{2j},\cdots,\boldsymbol{B}_{tj}$ 的行数,则

$$\boldsymbol{AB}=\boldsymbol{C}=\begin{pmatrix}\boldsymbol{C}_{11} & \cdots & \boldsymbol{C}_{1r}\\ \vdots & & \vdots\\ \boldsymbol{C}_{s1} & \cdots & \boldsymbol{C}_{sr}\end{pmatrix},$$

其中,$\boldsymbol{C}_{ij}=\sum\limits_{k=1}^{t}\boldsymbol{A}_{ik}\boldsymbol{B}_{kj}(i=1,\cdots,s;j=1,\cdots,r)$.

④设 $\boldsymbol{A}=\begin{pmatrix}\boldsymbol{A}_{11} & \cdots & \boldsymbol{A}_{1r}\\ \vdots & & \vdots\\ \boldsymbol{A}_{s1} & \cdots & \boldsymbol{A}_{sr}\end{pmatrix}$,则 $\boldsymbol{A}^{\mathrm{T}}=\begin{pmatrix}\boldsymbol{A}_{11}^{\mathrm{T}} & \cdots & \boldsymbol{A}_{s1}^{\mathrm{T}}\\ \vdots & & \vdots\\ \boldsymbol{A}_{1r}^{\mathrm{T}} & \cdots & \boldsymbol{A}_{sr}^{\mathrm{T}}\end{pmatrix}$.

⑤若方阵 $\boldsymbol{A}$ 分块为

$$\boldsymbol{A}=\begin{pmatrix}\boldsymbol{A}_1 & & & \\ & \boldsymbol{A}_2 & & \\ & & \ddots & \\ & & & \boldsymbol{A}_s\end{pmatrix}(\text{未写出的子块都是零矩阵}),$$

其中,只有在对角线上有非零子块,其余的子块都为零矩阵,且在对角线上的子块都是方阵,此时称 $\boldsymbol{A}$ 为分块对角矩阵,并有

(i) $|\boldsymbol{A}|=|\boldsymbol{A}_1||\boldsymbol{A}_2|\cdots|\boldsymbol{A}_s|$;

(ii) 当 $|\boldsymbol{A}_i|\neq 0(i=1,\cdots,s)$ 时,有

$$A^{-1}=\begin{pmatrix} A_1^{-1} & & & \\ & A_2^{-1} & & \\ & & \ddots & \\ & & & A_s^{-1} \end{pmatrix}.$$

若

$$A=\begin{pmatrix} A_1 & & & \\ & A_2 & & \\ & & \ddots & \\ & & & A_s \end{pmatrix}, B=\begin{pmatrix} B_1 & & & \\ & B_2 & & \\ & & \ddots & \\ & & & B_s \end{pmatrix},$$

是两个分块对角矩阵,其中 A_i 与 B_i 是同阶方阵,则

$$A\pm B=\begin{pmatrix} A_1\pm B_1 & & & \\ & A_2\pm B_2 & & \\ & & \ddots & \\ & & & A_s\pm B_s \end{pmatrix},$$

$$AB=\begin{pmatrix} A_1B_1 & & & \\ & A_2B_2 & & \\ & & \ddots & \\ & & & A_sB_s \end{pmatrix}.$$

由此可见,对于能划分为分块对角矩阵的矩阵,如果采用分块来求逆阵或进行运算是十分方便的.

例 2.12 设

微课:例 2.12

$$A=\begin{pmatrix} 1 & 0 & 0 & 0 & 0 \\ 0 & 1 & 0 & 0 & 0 \\ -1 & 2 & 1 & 0 & 0 \\ 1 & 1 & 0 & 1 & 0 \\ -2 & 0 & 0 & 0 & 1 \end{pmatrix}, B=\begin{pmatrix} 1 & -1 & 1 & 0 \\ 3 & 0 & 0 & 1 \\ 0 & 1 & 0 & 0 \\ -1 & 0 & 0 & 0 \\ 2 & 1 & 0 & 0 \end{pmatrix},$$

求 AB.

解

$$A = \left(\begin{array}{cc:ccc} 1 & 0 & 0 & 0 & 0 \\ 0 & 1 & 0 & 0 & 0 \\ \hdashline -1 & 2 & 1 & 0 & 0 \\ 1 & 1 & 0 & 1 & 0 \\ -2 & 0 & 0 & 0 & 1 \end{array}\right) = \begin{pmatrix} E_2 & O \\ A_1 & E_3 \end{pmatrix},$$

$$B = \left(\begin{array}{cc:cc} 1 & -1 & 1 & 0 \\ 3 & 0 & 0 & 1 \\ \hdashline 0 & 1 & 0 & 0 \\ -1 & 0 & 0 & 0 \\ 2 & 1 & 0 & 0 \end{array}\right) = \begin{pmatrix} B_1 & E_2 \\ B_2 & O \end{pmatrix},$$

$$AB = \begin{pmatrix} E_2 & O \\ A_1 & E_3 \end{pmatrix}\begin{pmatrix} B_1 & E_2 \\ B_2 & O \end{pmatrix} = \begin{pmatrix} B_1 & E_2 \\ A_1B_1 + B_2 & A_1 \end{pmatrix},$$

$$A_1B_1 + B_2 = \begin{pmatrix} -1 & 2 \\ 1 & 1 \\ -2 & 0 \end{pmatrix}\begin{pmatrix} 1 & -1 \\ 3 & 0 \end{pmatrix} + \begin{pmatrix} 0 & 1 \\ -1 & 0 \\ 2 & 1 \end{pmatrix} = \begin{pmatrix} 5 & 2 \\ 3 & -1 \\ 0 & 3 \end{pmatrix},$$

所以

$$AB = \begin{pmatrix} 1 & -1 & 1 & 0 \\ 3 & 0 & 0 & 1 \\ 5 & 2 & -1 & 2 \\ 3 & -1 & 1 & 1 \\ 0 & 3 & -2 & 0 \end{pmatrix}.$$

例 2.13　设

$$A = \begin{pmatrix} 3 & 0 & 0 & 0 & 0 \\ 0 & 0 & 1 & 0 & 0 \\ 0 & 2 & 5 & 0 & 0 \\ 0 & 0 & 0 & 1 & 0 \\ 0 & 0 & 0 & 0 & 1 \end{pmatrix},$$

求 A^{-1}.

解　将 A 分块如下:

$$\boldsymbol{A}=\left(\begin{array}{c:cc:cc}3&0&0&0&0\\ \hdashline 0&0&1&0&0\\0&2&5&0&0\\ \hdashline 0&0&0&1&0\\0&0&0&0&1\end{array}\right)=\begin{pmatrix}\boldsymbol{A}_1&&\\&\boldsymbol{A}_2&\\&&\boldsymbol{E}_2\end{pmatrix},$$

其中

$$\boldsymbol{A}_1=(3),\boldsymbol{A}_2=\begin{pmatrix}0&1\\2&5\end{pmatrix},\boldsymbol{E}_2=\begin{pmatrix}1&0\\0&1\end{pmatrix},$$

由于

$$\boldsymbol{A}_1^{-1}=\left(\frac{1}{3}\right),\boldsymbol{A}_2^{-1}=-\frac{1}{2}\begin{pmatrix}5&-1\\-2&0\end{pmatrix}=\begin{pmatrix}-\frac{5}{2}&\frac{1}{2}\\1&0\end{pmatrix},\boldsymbol{E}_2^{-1}=\boldsymbol{E}_2,$$

所以

$$\boldsymbol{A}^{-1}=\begin{pmatrix}\boldsymbol{A}_1^{-1}&&\\&\boldsymbol{A}_2^{-1}&\\&&\boldsymbol{E}_2^{-1}\end{pmatrix}=\left(\begin{array}{c:cc:cc}\frac{1}{3}&0&0&0&0\\ \hdashline 0&-\frac{5}{2}&\frac{1}{2}&0&0\\0&1&0&0&0\\ \hdashline 0&0&0&1&0\\0&0&0&0&1\end{array}\right).$$

例 2.14 设 $\boldsymbol{A},\boldsymbol{C}$ 分别为 r 阶和 s 阶可逆矩阵,求分块矩阵

$$\boldsymbol{X}=\begin{pmatrix}\boldsymbol{A}&\boldsymbol{B}\\\boldsymbol{O}&\boldsymbol{C}\end{pmatrix}$$

的逆矩阵.

解 设逆矩阵分块为

$$\boldsymbol{X}^{-1}=\begin{pmatrix}\boldsymbol{X}_{11}&\boldsymbol{X}_{12}\\\boldsymbol{X}_{21}&\boldsymbol{X}_{22}\end{pmatrix},\boldsymbol{X}\boldsymbol{X}^{-1}=\begin{pmatrix}\boldsymbol{A}&\boldsymbol{B}\\\boldsymbol{O}&\boldsymbol{C}\end{pmatrix}\begin{pmatrix}\boldsymbol{X}_{11}&\boldsymbol{X}_{12}\\\boldsymbol{X}_{21}&\boldsymbol{X}_{22}\end{pmatrix}=\boldsymbol{E},$$

即

$$\begin{pmatrix}\boldsymbol{A}\boldsymbol{X}_{11}+\boldsymbol{B}\boldsymbol{X}_{21}&\boldsymbol{A}\boldsymbol{X}_{12}+\boldsymbol{B}\boldsymbol{X}_{22}\\\boldsymbol{C}\boldsymbol{X}_{21}&\boldsymbol{C}\boldsymbol{X}_{22}\end{pmatrix}=\begin{pmatrix}\boldsymbol{E}_r&\boldsymbol{O}\\\boldsymbol{O}&\boldsymbol{E}_s\end{pmatrix},$$

比较等式两边对应的子块,有

$$\begin{cases} AX_{11}+BX_{21}=E_r \\ AX_{12}+BX_{22}=O \\ CX_{21}=O \\ CX_{22}=E_s \end{cases},$$

注意到A,C可逆,可解得

$$X_{22}=C^{-1},X_{21}=O,X_{11}=A^{-1},X_{12}=-A^{-1}BC^{-1},$$

所以

$$X^{-1}=\begin{pmatrix} A^{-1} & -A^{-1}BC^{-1} \\ O & C^{-1} \end{pmatrix}.$$

对于线性方程组

$$\begin{cases} a_{11}x_1+a_{12}x_2+\cdots+a_{1n}x_n=b_1, \\ a_{21}x_1+a_{22}x_2+\cdots+a_{2n}x_n=b_2, \\ \vdots \\ a_{m1}x_1+a_{m2}x_2+\cdots+a_{mn}x_n=b_m, \end{cases} \tag{2.4}$$

记

$$A=(a_{ij}),x=\begin{pmatrix} x_1 \\ x_2 \\ \vdots \\ x_n \end{pmatrix},b=\begin{pmatrix} b_1 \\ b_2 \\ \vdots \\ b_m \end{pmatrix},B=\begin{pmatrix} a_{11} & a_{12} & \cdots & a_{1n} & b_1 \\ a_{21} & a_{22} & \cdots & a_{2n} & b_2 \\ \vdots & \vdots & & \vdots & \vdots \\ a_{m1} & a_{m2} & \cdots & a_{mn} & b_m \end{pmatrix},$$

其中,A称为系数矩阵,x称为未知数向量,b称为常数项向量,B称为增广矩阵. 按矩阵的分块法,可记

$$B=(A\vdots b)\text{ 或 }B=(A,b)=(a_1,a_2,\cdots,a_n,b).$$

利用矩阵的乘法,此方程组可记作

$$Ax=b. \tag{2.5}$$

方程(2.5)以向量x为未知元,它的解称为方程组(2.4)的解向量.

若把系数矩阵A按行分块,则线性方程组$Ax=b$可记作

$$\begin{pmatrix} \boldsymbol{\alpha}_1^{\mathrm{T}} \\ \boldsymbol{\alpha}_2^{\mathrm{T}} \\ \vdots \\ \boldsymbol{\alpha}_m^{\mathrm{T}} \end{pmatrix} \boldsymbol{x} = \begin{pmatrix} b_1 \\ b_2 \\ \vdots \\ b_m \end{pmatrix} \text{或} \begin{cases} \boldsymbol{\alpha}_1^{\mathrm{T}} \boldsymbol{x} = b_1, \\ \boldsymbol{\alpha}_2^{\mathrm{T}} \boldsymbol{x} = b_2, \\ \vdots \\ \boldsymbol{\alpha}_m^{\mathrm{T}} \boldsymbol{x} = b_m, \end{cases} \tag{2.6}$$

这相当于把每个方程

$$a_{i1}x_1 + a_{i2}x_2 + \cdots + a_{in}x_n = b_i$$

记作

$$\boldsymbol{\alpha}_i^{\mathrm{T}} \boldsymbol{x} = b_i (i = 1, 2, \cdots, m).$$

若把系数矩阵 $\boldsymbol{A}$ 按列分块,则与 $\boldsymbol{A}$ 相乘的 $\boldsymbol{x}$ 应对应按行分成 n 块,则线性方程组 $\boldsymbol{Ax} = \boldsymbol{b}$ 可记作

$$(\boldsymbol{a}_1, \boldsymbol{a}_2, \cdots, \boldsymbol{a}_n) \begin{pmatrix} x_1 \\ x_2 \\ \vdots \\ x_n \end{pmatrix} = \boldsymbol{b},$$

即

$$\boldsymbol{a}_1 x_1 + \boldsymbol{a}_2 x_2 + \cdots + \boldsymbol{a}_n x_n = \boldsymbol{b}. \tag{2.7}$$

方程组(2.5)至方程组(2.7)是线性方程组(2.4)的各种变形,都表示线性方程组,以后将混同使用不加区分.

小　结

1. 矩阵的概念

(1)由 $m \times n$ 个数 $a_{ij}(i = 1, 2, \cdots, m; j = 1, 2, \cdots, n)$ 排成 m 行 n 列的数表

$$\begin{matrix} a_{11} & a_{12} & \cdots & a_{1n} \\ a_{21} & a_{22} & \cdots & a_{2n} \\ \vdots & \vdots & & \vdots \\ a_{m1} & a_{m2} & \cdots & a_{mn} \end{matrix},$$

称为 m 行 n 列的矩阵,简称 $m \times n$ 矩阵. 记作 $\boldsymbol{A}_{m \times n}$ 或 $(a_{ij})_{m \times n}$.

(2)若矩阵的行数与列数相同,即 $m=n$ 时,这样的矩阵称为 n 阶方阵,记作

$$\boldsymbol{A}_n=\begin{pmatrix} a_{11} & a_{12} & \cdots & a_{1n} \\ a_{21} & a_{22} & \cdots & a_{2n} \\ \vdots & \vdots & & \vdots \\ a_{n1} & a_{n2} & \cdots & a_{nn} \end{pmatrix}.$$

方阵的特殊形式:

(i)对角矩阵:$\boldsymbol{A}=\begin{pmatrix} \lambda_1 & 0 & \cdots & 0 \\ 0 & \lambda_2 & \cdots & 0 \\ \vdots & \vdots & & \vdots \\ 0 & 0 & \cdots & \lambda_n \end{pmatrix}$.

(ii)单位矩阵:$\boldsymbol{E}=\begin{pmatrix} 1 & 0 & \cdots & 0 \\ 0 & 1 & \cdots & 0 \\ \vdots & \vdots & & \vdots \\ 0 & 0 & \cdots & 1 \end{pmatrix}$.

(iii)对称矩阵:若满足 $\boldsymbol{A}^{\mathrm{T}}=\boldsymbol{A}$,即 $a_{ij}=a_{ji}(i,j=1,2,\cdots,n)$,则称 $\boldsymbol{A}$ 为对称矩阵.

(3)零矩阵:元素都为零的矩阵称为零矩阵,记作 $\boldsymbol{O}$.

(4)同型矩阵:若两个矩阵的行数与列数分别相等,则称它们为同型矩阵.

(5)矩阵相等:若矩阵 $\boldsymbol{A}$ 与矩阵 $\boldsymbol{B}$ 为同型矩阵,并且对应的元素相等,则 $\boldsymbol{A}=\boldsymbol{B}$.

2. 矩阵的运算

(1)矩阵的加法:设 $\boldsymbol{A}=(a_{ij})_{m\times n}$、$\boldsymbol{B}=(b_{ij})_{m\times n}$,则 $\boldsymbol{A}+\boldsymbol{B}=(a_{ij}+b_{ij})_{m\times n}$.

(2)矩阵的减法:$\boldsymbol{A}-\boldsymbol{B}=\boldsymbol{A}+(-\boldsymbol{B})$.

注:只有同型矩阵才能进行加减法运算。

(3)数与矩阵的乘法:设 $\boldsymbol{A}=(a_{ij})_{m\times n}$,则 $\lambda\boldsymbol{A}=\boldsymbol{A}\lambda=(\lambda a_{ij})_{m\times n}$.

矩阵线性运算的性质:设 $\boldsymbol{A},\boldsymbol{B},\boldsymbol{C},\boldsymbol{O}$ 都是同型矩阵,λ,μ 为常数,则有

(i)$\boldsymbol{A}+\boldsymbol{B}=\boldsymbol{B}+\boldsymbol{A}$;

(ii)$(\boldsymbol{A}+\boldsymbol{B})+\boldsymbol{C}=\boldsymbol{A}+(\boldsymbol{B}+\boldsymbol{C})$;

(iii)$\boldsymbol{A}+\boldsymbol{O}=\boldsymbol{A}$;

(iv) $\boldsymbol{A}+(-\boldsymbol{A})=\boldsymbol{O}$;

(v) $(\lambda\mu)\boldsymbol{A}=\lambda(\mu\boldsymbol{A})$;

(vi) $(\lambda+\mu)\boldsymbol{A}=\lambda\boldsymbol{A}+\mu\boldsymbol{A}$;

(vii) $\lambda(\boldsymbol{A}+\boldsymbol{B})=\lambda\boldsymbol{A}+\lambda\boldsymbol{B}$.

(4)矩阵的乘法:设矩阵 $\boldsymbol{A}=(a_{ij})_{m\times s}$,$\boldsymbol{B}=(b_{ij})_{s\times n}$,则 $\boldsymbol{AB}=(c_{ij})_{m\times n}$,其中

$$c_{ij}=a_{i1}b_{1j}+a_{i2}b_{2j}+\cdots+a_{is}b_{sj}=\sum_{k=1}^{s}a_{ik}b_{kj}(i=1,2,\cdots,m;j=1,2,\cdots,n).$$

注:矩阵的乘法运算要求前面矩阵的列数等于后面矩阵的行数。

矩阵乘法运算的性质:

(i) $(\boldsymbol{AB})\boldsymbol{C}=\boldsymbol{A}(\boldsymbol{BC})$;

(ii) $\boldsymbol{A}(\boldsymbol{B}+\boldsymbol{C})=\boldsymbol{AB}+\boldsymbol{AC}$;

(iii) $(\boldsymbol{B}+\boldsymbol{C})\boldsymbol{A}=\boldsymbol{BA}+\boldsymbol{CA}$;

(iv) $\lambda(\boldsymbol{AB})=(\lambda\boldsymbol{A})\boldsymbol{B}=\boldsymbol{A}(\lambda\boldsymbol{B})$;

(v) $\boldsymbol{E}_m\boldsymbol{A}_{m\times n}=\boldsymbol{A}_{m\times n}$,$\boldsymbol{A}_{m\times n}\boldsymbol{E}_n=\boldsymbol{A}_{m\times n}$.

(5)方阵的幂:设 $\boldsymbol{A}$ 是 n 阶方阵,k 为正整数,则规定

$$\boldsymbol{A}^1=\boldsymbol{A},\boldsymbol{A}^2=\boldsymbol{A}^1\boldsymbol{A}^1,\cdots,\boldsymbol{A}^k=\boldsymbol{A}^{k-1}\boldsymbol{A}^1,$$

称 $\boldsymbol{A}^k$ 为 $\boldsymbol{A}$ 的 k 次幂,即 $\boldsymbol{A}^k$ 就是 k 个 $\boldsymbol{A}$ 连乘.

方阵幂运算的性质:

(i) $\boldsymbol{A}^k\boldsymbol{A}^l=\boldsymbol{A}^{k+l}$;

(ii) $(\boldsymbol{A}^k)^l=\boldsymbol{A}^{kl}$.

(6)矩阵的转置:将 $m\times n$ 矩阵 $\boldsymbol{A}=(a_{ij})_{m\times n}$ 的行换成同序数的列,得到的一个 $n\times m$ 矩阵,称为 $\boldsymbol{A}$ 的转置矩阵,记作 $\boldsymbol{A}^{\mathrm{T}}$.

矩阵转置运算的性质:

(i) $(\boldsymbol{A}^{\mathrm{T}})^{\mathrm{T}}=\boldsymbol{A}$;

(ii) $(\boldsymbol{A}+\boldsymbol{B})^{\mathrm{T}}=\boldsymbol{A}^{\mathrm{T}}+\boldsymbol{B}^{\mathrm{T}}$;

(iii) $(\lambda\boldsymbol{A})^{\mathrm{T}}=\lambda\boldsymbol{A}^{\mathrm{T}}$;

(iv) $(\boldsymbol{AB})^{\mathrm{T}}=\boldsymbol{B}^{\mathrm{T}}\boldsymbol{A}^{\mathrm{T}}$.

(7)方阵的行列式:由 n 阶方阵 $\boldsymbol{A}$ 的元素所构成的行列式(各元素的位置不变),称为方阵 $\boldsymbol{A}$ 的行列式,记作 $|\boldsymbol{A}|$ 或 $\det\boldsymbol{A}$.

方阵行列式运算的性质:设 $\boldsymbol{A}$、$\boldsymbol{B}$ 为 n 阶方阵,λ 为常数,则

(i) $|\boldsymbol{A}^{\mathrm{T}}|=|\boldsymbol{A}|$;

(ii) $|\lambda \boldsymbol{A}| = \lambda^n |\boldsymbol{A}|$;

(iii) $|\boldsymbol{AB}| = |\boldsymbol{A}| \cdot |\boldsymbol{B}|$.

(8)共轭矩阵:设 $\boldsymbol{A}=(a_{ij})$ 为复矩阵,$\bar{a}_{ij}$ 为 a_{ij} 的共轭复数,记 $\overline{\boldsymbol{A}}=(\bar{a}_{ij})$,则称 $\overline{\boldsymbol{A}}$ 为 $\boldsymbol{A}$ 的共轭矩阵.

共轭矩阵运算的性质:

(i) $\overline{\boldsymbol{A}+\boldsymbol{B}}=\overline{\boldsymbol{A}}+\overline{\boldsymbol{B}}$;

(ii) $\overline{\lambda \boldsymbol{A}}=\bar{\lambda}\,\overline{\boldsymbol{A}}$;

(iii) $\overline{\boldsymbol{AB}}=\overline{\boldsymbol{A}}\,\overline{\boldsymbol{B}}$.

3. 伴随矩阵

设 $\boldsymbol{A}=\begin{pmatrix} a_{11} & a_{12} & \cdots & a_{1n} \\ a_{21} & a_{22} & \cdots & a_{2n} \\ \vdots & \vdots & & \vdots \\ a_{n1} & a_{n2} & \cdots & a_{nn} \end{pmatrix}$,则 $\boldsymbol{A}$ 的伴随矩阵为

$$\boldsymbol{A}^* = \begin{pmatrix} A_{11} & A_{21} & \cdots & A_{n1} \\ A_{12} & A_{22} & \cdots & A_{n2} \\ \vdots & \vdots & & \vdots \\ A_{1n} & A_{2n} & \cdots & A_{nn} \end{pmatrix},$$

其中,A_{ij} 是 $|\boldsymbol{A}|$ 的元素 a_{ij} 的代数余子式.

伴随矩阵的性质:设 $\boldsymbol{A}$ 为 n 阶方阵,λ 为常数,则

(i) $\boldsymbol{AA}^* = \boldsymbol{A}^*\boldsymbol{A} = |\boldsymbol{A}|\boldsymbol{E}$;

(ii) $|\boldsymbol{A}^*| = |\boldsymbol{A}|^{n-1}(n \geqslant 2)$;

(iii) $(\boldsymbol{A}^*)^* = |\boldsymbol{A}|^{n-2} \cdot \boldsymbol{A}(n>2)$;

(iv) $(\lambda \boldsymbol{A})^* = \lambda^{n-1} \cdot \boldsymbol{A}^*$;

(v) $(\boldsymbol{A}^*)^{\mathrm{T}} = (\boldsymbol{A}^{\mathrm{T}})^*$;

(vi) $(\boldsymbol{A}^*)^{-1} = (\boldsymbol{A}^{-1})^*$;

(vii) $(\boldsymbol{A}^*)^{-1} = \dfrac{1}{|\boldsymbol{A}|}\boldsymbol{A}$;

(viii) $\boldsymbol{A}^* = |\boldsymbol{A}| \cdot \boldsymbol{A}^{-1}$.

4. 可逆矩阵

设 $\boldsymbol{A}$ 为 n 阶方阵,若存在 n 阶方阵 $\boldsymbol{B}$,使得 $\boldsymbol{AB}=\boldsymbol{BA}=\boldsymbol{E}$,则称方阵 $\boldsymbol{A}$ 是可

逆的，并称 $\boldsymbol{B}$ 是 $\boldsymbol{A}$ 的逆矩阵，记作 $\boldsymbol{A}^{-1}=\boldsymbol{B}$.

可逆矩阵的重要结论：

(i)若 $\boldsymbol{A}$ 为可逆矩阵，则 $\boldsymbol{A}$ 的逆矩阵唯一；

(ii)若 n 阶矩阵 $\boldsymbol{A},\boldsymbol{B}$ 满足 $\boldsymbol{AB}=\boldsymbol{E}$，则 $\boldsymbol{A}^{-1}=\boldsymbol{B},\boldsymbol{B}^{-1}=\boldsymbol{A}$.

可逆矩阵的性质：设 $\boldsymbol{A},\boldsymbol{B}$ 为 n 阶可逆矩阵，则

(i) $(\boldsymbol{A}^{-1})^{-1}=\boldsymbol{A}$；

(ii)若 $\lambda\neq0$，则 $(\lambda\boldsymbol{A})^{-1}=\dfrac{1}{\lambda}\boldsymbol{A}^{-1}$；

(iii) $(\boldsymbol{AB})^{-1}=\boldsymbol{B}^{-1}\boldsymbol{A}^{-1}$；

(iv) $(\boldsymbol{A}^{\mathrm{T}})^{-1}=(\boldsymbol{A}^{-1})^{\mathrm{T}}$；

(v) $|\boldsymbol{A}^{-1}|=\dfrac{1}{|\boldsymbol{A}|}=|\boldsymbol{A}|^{-1}$.

5. 分块矩阵

将矩阵用若干条纵线和横线分成若干个小矩阵，每个小矩阵称为原矩阵的子块，以子块为元素的矩阵称为分块矩阵.

(1)分块矩阵的乘法：设 $\boldsymbol{A}=(\boldsymbol{A}_{ij})_{s\times t}$，$\boldsymbol{B}=(\boldsymbol{B}_{ij})_{t\times r}$，则 $\boldsymbol{AB}=\boldsymbol{C}=(\boldsymbol{C}_{ij})_{s\times r}$，其中

$$\boldsymbol{C}_{ij}=\sum_{k=1}^{t}\boldsymbol{A}_{ik}\boldsymbol{B}_{kj}\ (i=1,\cdots,s;j=1,\cdots,r).$$

此处 $\boldsymbol{A}$ 的列的分法与 $\boldsymbol{B}$ 的行的分法一致，即 $\boldsymbol{A}_{i1},\boldsymbol{A}_{i2},\cdots,\boldsymbol{A}_{it}$ 的列数分别等于 $\boldsymbol{B}_{1j},\boldsymbol{B}_{2j},\cdots,\boldsymbol{B}_{tj}$ 的行数.

(2)分块矩阵的转置：设 $\boldsymbol{A}=\begin{pmatrix}\boldsymbol{A}_{11} & \cdots & \boldsymbol{A}_{1r}\\ \vdots & & \vdots\\ \boldsymbol{A}_{s1} & \cdots & \boldsymbol{A}_{sr}\end{pmatrix}$，则 $\boldsymbol{A}^{\mathrm{T}}=\begin{pmatrix}\boldsymbol{A}_{11}^{\mathrm{T}} & \cdots & \boldsymbol{A}_{s1}^{\mathrm{T}}\\ \vdots & & \vdots\\ \boldsymbol{A}_{1r}^{\mathrm{T}} & \cdots & \boldsymbol{A}_{sr}^{\mathrm{T}}\end{pmatrix}$.

拓展阅读

习题 2

1. 设 $\boldsymbol{A}=\begin{pmatrix}0&0&1\\0&1&0\\1&0&0\end{pmatrix}$，$\boldsymbol{B}=\begin{pmatrix}1&2\\2&3\\1&-1\end{pmatrix}$，$\boldsymbol{C}=\begin{pmatrix}3&1&0\\1&2&1\end{pmatrix}$，求：

(1) $2\boldsymbol{A}+\boldsymbol{BC}$；(2) $\boldsymbol{C}^{\mathrm{T}}\boldsymbol{B}^{\mathrm{T}}$；(3) $\boldsymbol{A}-4\boldsymbol{BC}$；(4) $(\boldsymbol{A}-4\boldsymbol{BC})^{\mathrm{T}}$.

2. 计算下列乘积：

(1) $\begin{pmatrix}1 & 2 & 3\end{pmatrix}\begin{pmatrix}1\\2\\3\end{pmatrix}$； (2) $\begin{pmatrix}1\\2\\3\end{pmatrix}\begin{pmatrix}1 & 2 & 3\end{pmatrix}$；

(3) $\begin{pmatrix}4 & 3 & 1\\1 & -2 & 3\\5 & 7 & 0\end{pmatrix}\begin{pmatrix}7\\2\\1\end{pmatrix}$； (4) $\begin{pmatrix}2 & 1 & 4 & 0\\1 & -1 & 3 & 4\end{pmatrix}\begin{pmatrix}1 & 3 & 1\\0 & -1 & 2\\1 & -3 & 1\\4 & 0 & -2\end{pmatrix}$；

(5) $\begin{pmatrix}x & y & z\end{pmatrix}\begin{pmatrix}a_{11} & a_{12} & a_{13}\\a_{12} & a_{22} & a_{23}\\a_{13} & a_{23} & a_{33}\end{pmatrix}\begin{pmatrix}x\\y\\z\end{pmatrix}$；

(6) $\begin{pmatrix}3 & 1 & 2 & -1\\0 & 3 & 1 & 0\end{pmatrix}\begin{pmatrix}1 & 0 & 5\\0 & 2 & 0\\1 & 0 & 1\\0 & 3 & 0\end{pmatrix}\begin{pmatrix}-1 & 0\\1 & 5\\0 & 2\end{pmatrix}$.

3. 设 $\boldsymbol{A}=\begin{pmatrix}1 & 2\\3 & 4\end{pmatrix}$，$\boldsymbol{B}=\begin{pmatrix}1 & 1\\0 & 1\end{pmatrix}$，问：

(1) $\boldsymbol{AB}=\boldsymbol{BA}$ 吗？

(2) $(\boldsymbol{A}+\boldsymbol{B})^2=\boldsymbol{A}^2+\boldsymbol{B}^2+2\boldsymbol{AB}$ 吗？

(3) $(\boldsymbol{A}-\boldsymbol{B})(\boldsymbol{A}+\boldsymbol{B})=\boldsymbol{A}^2-\boldsymbol{B}^2$ 吗？

(4) $(\boldsymbol{AB})^2=\boldsymbol{A}^2\boldsymbol{B}^2$ 吗？

4. 举反例说明下列命题是错误的：

(1) 若 $\boldsymbol{A}^2=\boldsymbol{O}$，则 $\boldsymbol{A}=\boldsymbol{O}$；

(2) 若 $\boldsymbol{A}^2=\boldsymbol{A}$，则 $\boldsymbol{A}=\boldsymbol{O}$ 或 $\boldsymbol{A}=\boldsymbol{E}$；

(3) 若 $\boldsymbol{AX}=\boldsymbol{AY}$，且 $\boldsymbol{A}\neq\boldsymbol{O}$，则 $\boldsymbol{X}=\boldsymbol{Y}$.

5. 设 $\boldsymbol{A}=\begin{pmatrix}1 & 0\\\lambda & 1\end{pmatrix}$，求 $\boldsymbol{A}^2,\boldsymbol{A}^3,\cdots,\boldsymbol{A}^k$.

6. 设 $\boldsymbol{A}$ 为 $m\times n$ 矩阵，证明 $\boldsymbol{A}^{\mathrm{T}}\boldsymbol{A}$ 与 $\boldsymbol{AA}^{\mathrm{T}}$ 均为对称矩阵.

7. 设 $\boldsymbol{A},\boldsymbol{B}$ 都是 n 阶对称矩阵,证明 $\boldsymbol{AB}$ 是对称矩阵的充分必要条件是 $\boldsymbol{AB}=\boldsymbol{BA}$.

8. 求下列矩阵的逆矩阵:

(1) $\begin{pmatrix}1 & 2\\ 3 & 1\end{pmatrix}$;　　(2) $\begin{pmatrix}\cos\theta & -\sin\theta\\ \sin\theta & \cos\theta\end{pmatrix}$;

(3) $\begin{pmatrix}1 & -1 & -1\\ 2 & -1 & -3\\ 3 & 2 & -5\end{pmatrix}$;　　(4) $\begin{pmatrix}1 & 0 & 0 & 0\\ 0 & 2 & 0 & 0\\ 0 & 0 & 3 & 0\\ 0 & 0 & 0 & 4\end{pmatrix}$.

9. 求解下列矩阵方程:

(1) $\begin{pmatrix}1 & 2\\ 3 & 1\end{pmatrix}\boldsymbol{X}=\begin{pmatrix}-1 & 1\\ 1 & -1\end{pmatrix}$;

(2) $\boldsymbol{X}\begin{pmatrix}2 & 1 & -1\\ 2 & 1 & 0\\ 1 & -1 & 1\end{pmatrix}=\begin{pmatrix}1 & -1 & 3\\ 4 & 3 & 2\end{pmatrix}$;

(3) $\begin{pmatrix}1 & 4\\ -1 & 2\end{pmatrix}\boldsymbol{X}\begin{pmatrix}2 & 0\\ -1 & 1\end{pmatrix}=\begin{pmatrix}3 & 1\\ 0 & -1\end{pmatrix}$;

(4) $\begin{pmatrix}1 & 2 & -1\\ 3 & 4 & -2\\ 5 & -4 & 1\end{pmatrix}\boldsymbol{X}\begin{pmatrix}1 & 0 & 0\\ 0 & 0 & 1\\ 0 & 1 & 0\end{pmatrix}=\begin{pmatrix}0 & 1 & 0\\ 1 & 0 & 0\\ 0 & 0 & 1\end{pmatrix}$.

10. 设方阵 $\boldsymbol{A}$ 满足 $\boldsymbol{A}^2+2\boldsymbol{A}-5\boldsymbol{E}=\boldsymbol{O}$,证明 $\boldsymbol{A}+3\boldsymbol{E}$ 可逆,并求其逆矩阵.

11. 设 $\boldsymbol{A}^k=\boldsymbol{O}$($k$ 为正整数),证明 $(\boldsymbol{E}-\boldsymbol{A})^{-1}=\boldsymbol{E}+\boldsymbol{A}+\boldsymbol{A}^2+\cdots+\boldsymbol{A}^{k-1}$.

12. 设 $\boldsymbol{A}$ 为三阶方阵,且 $|\boldsymbol{A}|=2$,求 $|3\boldsymbol{A}^*-2\boldsymbol{A}^{-1}|$.

13. 设方阵 $\boldsymbol{A}$ 可逆,证明其伴随矩阵 $\boldsymbol{A}^*$ 也可逆,且 $(\boldsymbol{A}^*)^{-1}=(\boldsymbol{A}^{-1})^*$.

14. 设 n 阶方阵 $\boldsymbol{A}$ 的伴随矩阵为 $\boldsymbol{A}^*$,证明:

(1) 若 $|\boldsymbol{A}|=0$,则 $|\boldsymbol{A}^*|=0$;

(2) $|\boldsymbol{A}^*|=|\boldsymbol{A}|^{n-1}$.

15. 设 $\boldsymbol{A}=\begin{pmatrix}1 & 0 & 1\\ 0 & 2 & 0\\ 1 & 0 & 1\end{pmatrix}$,$\boldsymbol{AB}+\boldsymbol{E}=\boldsymbol{A}^2+\boldsymbol{B}$,求 $\boldsymbol{B}$.

16. 设 $\boldsymbol{A}=\begin{pmatrix}\frac{1}{2} & 0 & 0\\ 0 & \frac{1}{4} & 0\\ 0 & 0 & \frac{1}{7}\end{pmatrix}$,$\boldsymbol{A}^{-1}\boldsymbol{BA}=6\boldsymbol{A}+\boldsymbol{BA}$,求 $\boldsymbol{B}$.

17. 设 $\boldsymbol{A}=\begin{pmatrix}0 & 3 & 3\\ 1 & 1 & 0\\ -1 & 2 & 3\end{pmatrix}$,$\boldsymbol{AX}=\boldsymbol{A}+2\boldsymbol{X}$,求 $\boldsymbol{X}$.

18. 已知 $\boldsymbol{AP}=\boldsymbol{P\Lambda}$,其中 $\boldsymbol{P}=\begin{pmatrix}1 & 0 & 0\\ 2 & -1 & 0\\ 2 & 1 & 1\end{pmatrix}$,$\boldsymbol{\Lambda}=\begin{pmatrix}1 & 0 & 0\\ 0 & 0 & 0\\ 0 & 0 & -1\end{pmatrix}$,求 $\boldsymbol{A}$ 及 $\boldsymbol{A}^5$.

19. 设 $\boldsymbol{A}$,$\boldsymbol{B}$ 和 $\boldsymbol{A}+\boldsymbol{B}$ 均可逆,证明 $\boldsymbol{A}^{-1}+\boldsymbol{B}^{-1}$ 也可逆,并求其逆矩阵.

20. 计算 $\begin{pmatrix}1 & 2 & 1 & 0\\ 0 & 1 & 0 & 1\\ 0 & 0 & 2 & 1\\ 0 & 0 & 0 & 3\end{pmatrix}\begin{pmatrix}1 & 0 & 3 & 1\\ 0 & 1 & 2 & -1\\ 0 & 0 & -2 & 3\\ 0 & 0 & 0 & -3\end{pmatrix}$.

21. 已知 $\boldsymbol{A}=\begin{pmatrix}3 & 4 & 0 & 0\\ 4 & -3 & 0 & 0\\ 0 & 0 & 2 & 0\\ 0 & 0 & 2 & 2\end{pmatrix}$,利用分块矩阵计算 $|\boldsymbol{A}^3|$,$\boldsymbol{A}^4$,$\boldsymbol{A}^{-1}$.

22. 设 n 阶方阵 $\boldsymbol{A}$ 及 s 阶方阵 $\boldsymbol{B}$ 都可逆,求

(1) $\begin{pmatrix}\boldsymbol{O} & \boldsymbol{A}\\ \boldsymbol{B} & \boldsymbol{O}\end{pmatrix}^{-1}$;　　(2) $\begin{pmatrix}\boldsymbol{A} & \boldsymbol{O}\\ \boldsymbol{C} & \boldsymbol{B}\end{pmatrix}^{-1}$.

23. 求下列矩阵的逆矩阵:

(1) $\begin{pmatrix}5 & 2 & 0 & 0\\ 2 & 1 & 0 & 0\\ 0 & 0 & 8 & 3\\ 0 & 0 & 5 & 2\end{pmatrix}$;　　(2) $\begin{pmatrix}1 & 0 & 0 & 0\\ 1 & 2 & 0 & 0\\ 2 & 1 & 3 & 0\\ 1 & 2 & 1 & 4\end{pmatrix}$.

第 3 章
矩阵的初等变换与线性方程组

本章导学

本章首先介绍矩阵的初等变换及初等矩阵的概念，并建立矩阵的秩的概念，接着利用初等变换讨论矩阵的秩的性质，最后重点讲解矩阵的秩与线性方程组解的 3 种情况（无解、有唯一解、有无穷多解）之间的内在联系，并介绍用矩阵的初等变换解线性方程组的方法.

3.1 矩阵的初等变换

矩阵的初等变换是矩阵的一种非常重要的运算，它在解线性方程组、求逆矩阵及矩阵理论的探讨中，都起着重要作用.

定义 1 下面 3 种变换称为矩阵的初等行变换：

(i) 对调矩阵的两行（对调 i,j 两行，记作 $r_i \leftrightarrow r_j$）；

(ii) 将某一行所有元素乘以数 $k \neq 0$（第 i 行乘 k，记作 $r_i \times k$）；

(iii) 把某一行所有元素的 k 倍加到另一行对应元素上去（第 j 行的 k 倍加到第 i 行上，记作 $r_i + kr_j$）.

把定义中的“行”换成“列”，即得矩阵初等列变换的定义（所用记号是把“r”换成“c”）.

矩阵的初等行变换与初等列变换统称为矩阵的初等变换.

显然,利用 $r_i \leftrightarrow r_j, r_i \times \dfrac{1}{k}, r_i - kr_j$ 可将经过 $r_i \leftrightarrow r_j, r_i \times k, r_i + kr_j$ 变换后的矩阵变回原矩阵. 故矩阵的 3 种初等变换均是可逆的,且其逆变换与原变换是同一类型的初等变换.

若矩阵 $\boldsymbol{A}$ 经有限次初等行变换变成矩阵 $\boldsymbol{B}$,则称矩阵 $\boldsymbol{A}$ 与矩阵 $\boldsymbol{B}$ 行等价,记作 $\boldsymbol{A} \overset{r}{\sim} \boldsymbol{B}$;若 $\boldsymbol{A}$ 经有限次初等列变换变成矩阵 $\boldsymbol{B}$,则称矩阵 $\boldsymbol{A}$ 与矩阵 $\boldsymbol{B}$ 列等价,记作 $\boldsymbol{A} \overset{c}{\sim} \boldsymbol{B}$;若 $\boldsymbol{A}$ 经有限次初等变换变成矩阵 $\boldsymbol{B}$,则称矩阵 $\boldsymbol{A}$ 与矩阵 $\boldsymbol{B}$ 等价,记作 $\boldsymbol{A} \sim \boldsymbol{B}$.

矩阵之间的等价关系具有下列性质:

(i)反身性　$\boldsymbol{A} \sim \boldsymbol{A}$;

(ii)对称性　若 $\boldsymbol{A} \sim \boldsymbol{B}$,则 $\boldsymbol{B} \sim \boldsymbol{A}$;

(iii)传递性　若 $\boldsymbol{A} \sim \boldsymbol{B}, \boldsymbol{B} \sim \boldsymbol{C}$,则 $\boldsymbol{A} \sim \boldsymbol{C}$.

利用矩阵的初等行变换可以将一个矩阵化简,例如

$$\boldsymbol{B} = \begin{pmatrix} 3 & 6 & -9 & 7 & 9 \\ 1 & 1 & -2 & 1 & 4 \\ 2 & 4 & -6 & 4 & 8 \\ 8 & -12 & 4 & -4 & 8 \end{pmatrix} \xrightarrow[\substack{r_3 \div 2 \\ r_4 \div 4}]{r_1 \leftrightarrow r_2} \begin{pmatrix} 1 & 1 & -2 & 1 & 4 \\ 3 & 6 & -9 & 7 & 9 \\ 1 & 2 & -3 & 2 & 4 \\ 2 & -3 & 1 & -1 & 2 \end{pmatrix}$$

$$\xrightarrow[\substack{r_3 - r_1 \\ r_4 - 2r_1}]{r_2 - 3r_1} \begin{pmatrix} 1 & 1 & -2 & 1 & 4 \\ 0 & 3 & -3 & 4 & -3 \\ 0 & 1 & -1 & 1 & 0 \\ 0 & -5 & 5 & -3 & -6 \end{pmatrix} \xrightarrow{r_2 \leftrightarrow r_3} \begin{pmatrix} 1 & 1 & -2 & 1 & 4 \\ 0 & 1 & -1 & 1 & 0 \\ 0 & 3 & -3 & 4 & -3 \\ 0 & -5 & 5 & -3 & -6 \end{pmatrix}$$

$$\xrightarrow[r_4 + 5r_2]{r_3 - 3r_2} \begin{pmatrix} 1 & 1 & -2 & 1 & 4 \\ 0 & 1 & -1 & 1 & 0 \\ 0 & 0 & 0 & 1 & -3 \\ 0 & 0 & 0 & 2 & -6 \end{pmatrix} \xrightarrow{r_4 - 2r_3} \begin{pmatrix} 1 & 1 & -2 & 1 & 4 \\ 0 & 1 & -1 & 1 & 0 \\ 0 & 0 & 0 & 1 & -3 \\ 0 & 0 & 0 & 0 & 0 \end{pmatrix} = \boldsymbol{B}_1,$$

对 $\boldsymbol{B}_1$ 进一步施行初等行变换可得

$$\boldsymbol{B}_1 \xrightarrow[r_2 - r_3]{r_1 - r_2} \begin{pmatrix} 1 & 0 & -1 & 0 & 4 \\ 0 & 1 & -1 & 0 & 3 \\ 0 & 0 & 0 & 1 & -3 \\ 0 & 0 & 0 & 0 & 0 \end{pmatrix} = \boldsymbol{B}_2$$

微课:利用初等行变换化行阶梯形、行最简形矩阵

这里，矩阵 $\boldsymbol{B}_1$ 与 $\boldsymbol{B}_2$ 都称为行阶梯形矩阵，其特点是可画一条以一行为一个台阶的阶梯线，线的下方元素全为0，台阶数就是非零行的行数，阶梯线的竖线（每段竖线的长度为一行）后面的第一个元素为非零元，也就是非零行的第一个非零元.

行阶梯形矩阵 $\boldsymbol{B}_2$ 还称为行最简形矩阵，其特点是每个非零行的第一个非零元为1，且这些非零元所在的列的其他元素都为0.

事实上，对于任何矩阵 $\boldsymbol{A}_{m\times n}$，总可经过有限次初等行变换把它化为行阶梯形矩阵和行最简形矩阵.

对行最简形矩阵再施行初等列变换，可变成一种形式更简单的矩阵，称为标准形. 例如

$$\boldsymbol{B}_2=\begin{pmatrix}1&0&-1&0&4\\0&1&-1&0&3\\0&0&0&1&-3\\0&0&0&0&0\end{pmatrix}\xrightarrow[c_5-4c_1-3c_2+3c_3]{\substack{c_3\leftrightarrow c_4\\ c_4+c_1+c_2}}\begin{pmatrix}1&0&0&0&0\\0&1&0&0&0\\0&0&1&0&0\\0&0&0&0&0\end{pmatrix}=\boldsymbol{F},$$

矩阵 $\boldsymbol{F}$ 称为矩阵 $\boldsymbol{B}$ 的标准形，其特点是 $\boldsymbol{F}$ 的左上角是一个单位矩阵，其余元素全为0.

对于任何矩阵 $\boldsymbol{A}_{m\times n}$，总可经过初等变换（行变换和列变换）把它化为标准形

$$\boldsymbol{F}=\begin{pmatrix}\boldsymbol{E}_r&\boldsymbol{O}\\\boldsymbol{O}&\boldsymbol{O}\end{pmatrix}_{m\times n},$$

此标准形由 m,n,r 三个数完全确定，其中 r 是一个不变量，它为行阶梯形矩阵中非零行的行数.

任何矩阵 $\boldsymbol{A}$ 都有唯一的标准形. 等价矩阵有相同的标准形，即有相同标准形的矩阵是等价的. 因此所有与 $\boldsymbol{A}$ 等价的矩阵组成一个集合，称为一个等价类，标准形 $\boldsymbol{F}$ 是这个等价类中形式最简单的矩阵.

例 3.1 设 $\boldsymbol{A}=\begin{pmatrix}1&-1&2\\-2&-1&-2\\4&3&3\end{pmatrix}$，把 $(\boldsymbol{A},\boldsymbol{E})$ 化成行最简形.

解 $$(\boldsymbol{A},\boldsymbol{E})=\begin{pmatrix}1&-1&2&1&0&0\\-2&-1&-2&0&1&0\\4&3&3&0&0&1\end{pmatrix}\underset{r_2+2r_1}{\overset{r_3+2r_2}{\sim}}\begin{pmatrix}1&-1&2&1&0&0\\0&-3&2&2&1&0\\0&1&-1&0&2&1\end{pmatrix}$$

$$\xrightarrow{r_2 \leftrightarrow r_3}\begin{pmatrix}1 & -1 & 2 & 1 & 0 & 0\\0 & 1 & -1 & 0 & 2 & 1\\0 & -3 & 2 & 2 & 1 & 0\end{pmatrix}\xrightarrow{r_3+3r_2}\begin{pmatrix}1 & -1 & 2 & 1 & 0 & 0\\0 & 1 & -1 & 0 & 2 & 1\\0 & 0 & -1 & 2 & 7 & 3\end{pmatrix}$$

$$\xrightarrow[\substack{r_2+r_3\\ r_1-2r_3}]{r_3\times(-1)}\begin{pmatrix}1 & -1 & 0 & 5 & 14 & 6\\0 & 1 & 0 & -2 & -5 & -2\\0 & 0 & 1 & -2 & -7 & -3\end{pmatrix}\xrightarrow{r_1+r_2}\begin{pmatrix}1 & 0 & 0 & 3 & 9 & 4\\0 & 1 & 0 & -2 & -5 & -2\\0 & 0 & 1 & -2 & -7 & -3\end{pmatrix},$$

即得到$(\boldsymbol{A},\boldsymbol{E})$的行最简形.

通过例 3.1 可知,若把$(\boldsymbol{A},\boldsymbol{E})$的行最简形记作$(\boldsymbol{E},\boldsymbol{X})$,则 $\boldsymbol{A}$ 的行最简形为 $\boldsymbol{E}$,即 $\boldsymbol{A}\overset{r}{\sim}\boldsymbol{E}$,并可验证 $\boldsymbol{AX}=\boldsymbol{E}$,即 $\boldsymbol{X}^{-1}=\boldsymbol{A}$. 这也是求方阵逆矩阵的一种有效方法,我们将在 3.2 节中给出证明.

3.2 初等矩阵

定义 2　由单位矩阵 $\boldsymbol{E}$ 经过一次初等变换得到的方阵称为初等矩阵.

3 种初等变换对应 3 种形式的初等矩阵.

(1)对调单位矩阵的两行或两列

把单位矩阵 $\boldsymbol{E}$ 中的第 i 行和第 j 行对调(或第 i 列和第 j 列对调),得到初等矩阵

$$\boldsymbol{E}(i,j)=\begin{pmatrix}1 &&&&&&&&\\ &\ddots&&&&&&&\\ &&1&&&&&&\\ &&&0&\cdots&\cdots&\cdots&1&&&\\ &&&\vdots&1&&&\vdots&&&\\ &&&\vdots&&\ddots&&\vdots&&&\\ &&&\vdots&&&1&\vdots&&&\\ &&&1&\cdots&\cdots&\cdots&0&&&\\ &&&&&&&&1&&\\ &&&&&&&&&\ddots&\\ &&&&&&&&&&1\end{pmatrix}\begin{matrix}\\ \\ \\ \rightarrow \text{第 } i \text{ 行}\\ \\ \\ \\ \rightarrow \text{第 } j \text{ 行}\\ \\ \\ \\ \end{matrix}$$

(2)用数 $k\neq 0$ 乘单位矩阵的某行或某列

用数 $k\neq 0$ 乘单位矩阵 $\boldsymbol{E}$ 中的第 i 行(或第 i 列),得到初等矩阵

$$\boldsymbol{E}(i(k))=\begin{pmatrix}1&&&&&&\\&\ddots&&&&&\\&&1&&&&\\&&&k&&&\\&&&&1&&\\&&&&&\ddots&\\&&&&&&1\end{pmatrix}\begin{matrix}\\\\\\\to\text{第 }i\text{ 行}\\\\\\\\\end{matrix}$$

(3)把单位矩阵的某行(列)的 k 倍加到另一行(列)上去

把单位矩阵 $\boldsymbol{E}$ 中的第 j 行的 k 倍加到第 i 行上(或第 i 列的 k 倍加到第 j 列上),得到初等矩阵

$$\boldsymbol{E}(ij(k))=\begin{pmatrix}1&&&&&&\\&\ddots&&&&&\\&&1&\cdots&k&&\\&&&\ddots&\vdots&&\\&&&&1&&\\&&&&&\ddots&\\&&&&&&1\end{pmatrix}\begin{matrix}\\\\\to\text{第 }i\text{ 行}\\\\\to\text{第 }j\text{ 行}\\\\\\\end{matrix}$$

定理 1　设 $\boldsymbol{A}$ 是一个 $m\times n$ 矩阵,则对 $\boldsymbol{A}$ 施行一次初等行变换,相当于用相应的 m 阶初等矩阵左乘 $\boldsymbol{A}$;对 $\boldsymbol{A}$ 施行一次初等列变换,相当于用相应的 n 阶初等矩阵右乘 $\boldsymbol{A}$.(此定理请读者自行证明)

由于矩阵的初等变换可逆,而初等变换对应初等矩阵,且初等变换的逆变换仍然是同类型初等变换,容易验证初等矩阵可逆,且初等矩阵的逆矩阵是对应初等变换的逆变换所对应的初等矩阵,即

$$\boldsymbol{E}(i,j)^{-1}=\boldsymbol{E}(i,j),\boldsymbol{E}(i(k))^{-1}=\boldsymbol{E}\left(i\left(\frac{1}{k}\right)\right),\boldsymbol{E}(ij(k))^{-1}=\boldsymbol{E}(ij(-k)).$$

定理 2　方阵 $\boldsymbol{A}$ 可逆的充分必要条件是存在有限个初等矩阵 $\boldsymbol{P}_1,\boldsymbol{P}_2,\cdots,\boldsymbol{P}_s$,使 $\boldsymbol{A}=\boldsymbol{P}_1\boldsymbol{P}_2\cdots\boldsymbol{P}_s$.

证　先证充分性.

设 $\boldsymbol{A}=\boldsymbol{P}_1\boldsymbol{P}_2\cdots\boldsymbol{P}_s$,因为初等矩阵可逆,且有限个可逆矩阵的乘积仍可逆,故 $\boldsymbol{A}$ 可逆.

再证必要性.

设 n 阶方阵 $\boldsymbol{A}$ 可逆,$\boldsymbol{A}$ 的标准形为 $\boldsymbol{F}$,由于 $\boldsymbol{A}\sim\boldsymbol{F}$,所以 $\boldsymbol{F}$ 经过有限次初等变换可化为 $\boldsymbol{A}$,即存在有限个初等矩阵 $\boldsymbol{P}_1,\boldsymbol{P}_2,\cdots,\boldsymbol{P}_s$ 使得

$$\boldsymbol{A}=\boldsymbol{P}_1\cdots\boldsymbol{P}_l\boldsymbol{F}\boldsymbol{P}_{l+1}\cdots\boldsymbol{P}_s,$$

因为 $\boldsymbol{A}$ 可逆,$\boldsymbol{P}_1,\boldsymbol{P}_2,\cdots,\boldsymbol{P}_s$ 也可逆,故 $\boldsymbol{F}$ 可逆. 假设

$$\boldsymbol{F}=\begin{pmatrix}\boldsymbol{E}_r & \boldsymbol{O}\\ \boldsymbol{O} & \boldsymbol{O}\end{pmatrix}_{n\times n},$$

则 $r=n$,否则 $|\boldsymbol{F}|=0$,与 $\boldsymbol{F}$ 可逆矛盾,即 $\boldsymbol{F}=\boldsymbol{E}$. 从而

$$\boldsymbol{A}=\boldsymbol{P}_1\cdots\boldsymbol{P}_l\boldsymbol{F}\boldsymbol{P}_{l+1}\cdots\boldsymbol{P}_s=\boldsymbol{P}_1\cdots\boldsymbol{P}_l\boldsymbol{E}\boldsymbol{P}_{l+1}\cdots\boldsymbol{P}_s=\boldsymbol{P}_1\boldsymbol{P}_2\cdots\boldsymbol{P}_s.$$

从上述证明中可得到,可逆矩阵的标准形是单位矩阵. 把定理 2 的结果改写成

$$\boldsymbol{A}=\boldsymbol{P}_1\boldsymbol{P}_2\cdots\boldsymbol{P}_s\boldsymbol{E},\text{或}\boldsymbol{A}=\boldsymbol{E}\boldsymbol{P}_1\boldsymbol{P}_2\cdots\boldsymbol{P}_s,$$

再结合定理 1 可得到以下推论.

推论 1　方阵 $\boldsymbol{A}$ 可逆的充分必要条件是 $\boldsymbol{A}\overset{r}{\sim}\boldsymbol{E}$ 或 $\boldsymbol{A}\overset{c}{\sim}\boldsymbol{E}$.

推论 2　$m\times n$ 矩阵 $\boldsymbol{A}$ 与 $\boldsymbol{B}$ 等价的充分必要条件是存在 m 阶可逆矩阵 $\boldsymbol{P}$ 及 n 阶可逆矩阵 $\boldsymbol{Q}$,使得 $\boldsymbol{B}=\boldsymbol{PAQ}$.

以上两推论请读者自行证明.

推论 3　对于方阵 $\boldsymbol{A}$,若 $(\boldsymbol{A},\boldsymbol{E})\overset{r}{\sim}(\boldsymbol{E},\boldsymbol{X})$,则 $\boldsymbol{A}$ 可逆,且 $\boldsymbol{A}^{-1}=\boldsymbol{X}$.

证　因为 $(\boldsymbol{A},\boldsymbol{E})\overset{r}{\sim}(\boldsymbol{E},\boldsymbol{X})$,由定理 1 可知,存在初等矩阵 $\boldsymbol{P}_1,\boldsymbol{P}_2,\cdots,\boldsymbol{P}_s$,使得

$$\boldsymbol{P}_s\cdots\boldsymbol{P}_2\boldsymbol{P}_1\boldsymbol{A}=\boldsymbol{E},\boldsymbol{P}_s\cdots\boldsymbol{P}_2\boldsymbol{P}_1\boldsymbol{E}=\boldsymbol{X}.$$

由于 $\boldsymbol{P}_1,\boldsymbol{P}_2,\cdots,\boldsymbol{P}_s$ 可逆,所以 $\boldsymbol{A}$ 可逆. 在 $\boldsymbol{P}_s\cdots\boldsymbol{P}_2\boldsymbol{P}_1\boldsymbol{A}=\boldsymbol{E}$ 两边右乘 $\boldsymbol{A}^{-1}$ 得到

$$\boldsymbol{P}_s\cdots\boldsymbol{P}_2\boldsymbol{P}_1\boldsymbol{A}\boldsymbol{A}^{-1}=\boldsymbol{E}\boldsymbol{A}^{-1}=\boldsymbol{A}^{-1},$$

即

$$\boldsymbol{A}^{-1}=\boldsymbol{P}_s\cdots\boldsymbol{P}_2\boldsymbol{P}_1=\boldsymbol{X}.$$

由推论 3 可知,3.1 节例 3.1 中 $\boldsymbol{A}$ 可逆,且

$$\boldsymbol{A}^{-1}=\begin{pmatrix}3 & 9 & 4\\ -2 & -5 & -2\\ -2 & -7 & -3\end{pmatrix}.$$

推论 4　对于 n 阶矩阵 $\boldsymbol{A}$ 与 $n\times s$ 矩阵 $\boldsymbol{B}$,若 $(\boldsymbol{A},\boldsymbol{B})\overset{r}{\sim}(\boldsymbol{E},\boldsymbol{X})$,则 $\boldsymbol{A}$ 可逆,且

$X=A^{-1}B$. 特别地，对于 n 个未知数 n 个方程的线性方程组 $Ax=b$，若增广矩阵 $B=(A,b)\overset{r}{\sim}(E,x)$，则 A 可逆，且 $x=A^{-1}b$ 为方程组的唯一解.

推论 4 的证明与推论 3 类似，请读者自行证明.

例 3.2 设

$$A=\begin{pmatrix}1&2&3\\2&2&1\\3&4&3\end{pmatrix},$$

微课：例 3.2

求 A^{-1}.

解

$$(A,E)=\begin{pmatrix}1&2&3&1&0&0\\2&2&1&0&1&0\\3&4&3&0&0&1\end{pmatrix}\underset{r_3-3r_1}{\overset{r_2-2r_1}{\sim}}\begin{pmatrix}1&2&3&1&0&0\\0&-2&-5&-2&1&0\\0&-2&-6&-3&0&1\end{pmatrix}$$

$$\overset{r_3-r_2}{\sim}\begin{pmatrix}1&2&3&1&0&0\\0&-2&-5&-2&1&0\\0&0&-1&-1&-1&1\end{pmatrix}\underset{r_2-5r_3}{\overset{r_1+3r_3}{\sim}}\begin{pmatrix}1&2&0&-2&-3&3\\0&-2&0&3&6&-5\\0&0&-1&-1&-1&1\end{pmatrix}$$

$$\overset{r_1+r_2}{\sim}\begin{pmatrix}1&0&0&1&3&-2\\0&-2&0&3&6&-5\\0&0&-1&-1&-1&1\end{pmatrix}\underset{r_3\times(-1)}{\overset{r_2\div(-2)}{\sim}}\begin{pmatrix}1&0&0&1&3&-2\\0&1&0&-\dfrac{3}{2}&-3&\dfrac{5}{2}\\0&0&1&1&1&-1\end{pmatrix},$$

所以

$$A^{-1}=\begin{pmatrix}1&3&-2\\-\dfrac{3}{2}&-3&\dfrac{5}{2}\\1&1&-1\end{pmatrix}.$$

例 3.3 求解矩阵方程 $AX=B$，其中

$$A=\begin{pmatrix}1&2&3\\2&2&1\\3&4&3\end{pmatrix},B=\begin{pmatrix}2&5\\3&1\\4&3\end{pmatrix}.$$

解 若 A 可逆，则 $X=A^{-1}B$.

$$(A,B)=\begin{pmatrix}1&2&3&2&5\\2&2&1&3&1\\3&4&3&4&3\end{pmatrix}\underset{r_3-3r_1}{\overset{r_2-2r_1}{\sim}}\begin{pmatrix}1&2&3&2&5\\0&-2&-5&-1&-9\\0&-2&-6&-2&-12\end{pmatrix}$$

$$\underset{r_3-r_2}{\overset{r_1+r_2}{\sim}}\begin{pmatrix}1&0&-2&1&-4\\0&-2&-5&-1&-9\\0&0&-1&-1&-3\end{pmatrix}\underset{r_2-5r_3}{\overset{r_1-2r_3}{\sim}}\begin{pmatrix}1&0&0&3&2\\0&-2&0&4&6\\0&0&-1&-1&-3\end{pmatrix}$$

$$\underset{r_3\times(-1)}{\overset{r_2\div(-2)}{\sim}}\begin{pmatrix}1&0&0&3&2\\0&1&0&-2&-3\\0&0&1&1&3\end{pmatrix},$$

由推论 4 知，$\boldsymbol{A}$ 可逆，且 $\boldsymbol{X}=\boldsymbol{A}^{-1}\boldsymbol{B}=\begin{pmatrix}3&2\\-2&-3\\1&3\end{pmatrix}$.

当然，也可先求出 $\boldsymbol{A}^{-1}$，再通过矩阵的乘法求出 $\boldsymbol{X}=\boldsymbol{A}^{-1}\boldsymbol{B}$.

例 3.4　求解矩阵方程 $\boldsymbol{AX}=\boldsymbol{X}+\boldsymbol{A}$，其中

$$\boldsymbol{A}=\begin{pmatrix}2&2&0\\2&1&3\\0&1&0\end{pmatrix}.$$

解　矩阵方程变形为 $(\boldsymbol{A}-\boldsymbol{E})\boldsymbol{X}=\boldsymbol{A}$，而 $|\boldsymbol{A}-\boldsymbol{E}|=1\neq0$，所以 $\boldsymbol{A}-\boldsymbol{E}$ 可逆.

$$(\boldsymbol{A}-\boldsymbol{E},\boldsymbol{A})=\begin{pmatrix}1&2&0&2&2&0\\2&0&3&2&1&3\\0&1&-1&0&1&0\end{pmatrix}\underset{r_2\leftrightarrow r_3}{\overset{r_2-2r_1}{\sim}}\begin{pmatrix}1&2&0&2&2&0\\0&1&-1&0&1&0\\0&-4&3&-2&-3&3\end{pmatrix}$$

$$\underset{r_3\times(-1)}{\overset{r_3+4r_2}{\sim}}\begin{pmatrix}1&2&0&2&2&0\\0&1&-1&0&1&0\\0&0&1&2&-1&-3\end{pmatrix}\underset{r_1-2r_2}{\overset{r_2+r_3}{\sim}}\begin{pmatrix}1&0&0&-2&2&6\\0&1&0&2&0&-3\\0&0&1&2&-1&-3\end{pmatrix},$$

所以

$$\boldsymbol{X}=(\boldsymbol{A}-\boldsymbol{E})^{-1}\boldsymbol{A}=\begin{pmatrix}-2&2&6\\2&0&-3\\2&-1&-3\end{pmatrix}.$$

3.3　矩阵的秩

在 3.1 节中指出，给定一个 $m\times n$ 矩阵 $\boldsymbol{A}$，它的标准形

$$F = \begin{pmatrix} E_r & O \\ O & O \end{pmatrix}_{m\times n}$$

由数 r 完全确定. 这个数也就是 $\boldsymbol{A}$ 的行阶梯形矩阵中非零行的行数,这个数便是矩阵 $\boldsymbol{A}$ 的秩. 但由于这个数的唯一性尚未说明,因此,可以用另一种方式来给出矩阵的秩的定义.

3.3.1 矩阵的秩的定义

定义 3 在 $m\times n$ 矩阵 $\boldsymbol{A}$ 中,任取 k 行 k 列($k\leqslant \min\{m,n\}$),位于这些行列交叉处的 k^2 个元素按原来的次序所构成的 k 阶行列式,称为 $\boldsymbol{A}$ 的 k 阶子式.

由排列组合知识可知,矩阵 $\boldsymbol{A}_{m\times n}$ 共有 $C_m^k C_n^k$ 个 k 阶子式.

例如

$$\boldsymbol{A} = \begin{pmatrix} 1 & 1 & -1 & 2 \\ 3 & 0 & 2 & 1 \\ -1 & -2 & 3 & 4 \end{pmatrix},$$

从 $\boldsymbol{A}$ 中选取第 1、第 2 行及第 2、第 4 列,它们交叉处元素构成 $\boldsymbol{A}$ 的一个二阶子式 $\begin{vmatrix} 1 & 2 \\ 0 & 1 \end{vmatrix} = 1$. 再如取 $\boldsymbol{A}$ 的第 1、第 2、第 3 行及第 1、第 3、第 4 列对应的 $\boldsymbol{A}$ 的三阶子式为

$$\begin{vmatrix} 1 & -1 & 2 \\ 3 & 2 & 1 \\ -1 & 3 & 4 \end{vmatrix} = 40.$$

显然 $\boldsymbol{A}$ 的每一元素 a_{ij} 都是 $\boldsymbol{A}$ 的一阶子式,当 $\boldsymbol{A}$ 为 n 阶方阵时,其 n 阶子式为 $|\boldsymbol{A}|$.

定义 4 设在 $m\times n$ 矩阵 $\boldsymbol{A}$ 中有一个不等于 0 的 r 阶子式 D,且所有的 $r+1$ 阶子式(如果存在的话)全等于 0,则 D 称为矩阵 $\boldsymbol{A}$ 的最高阶非零子式. 数 r 称为矩阵 $\boldsymbol{A}$ 的秩,记作 $R(\boldsymbol{A})$. 我们规定零矩阵的秩为 0.

注意:

(i) 由行列式的展开法则可知,在 $\boldsymbol{A}$ 中,当所有 $r+1$ 阶子式全等于 0 时,所有高于 $r+1$ 阶的子式也全等于 0,因此把 r 阶非零子式称为 $\boldsymbol{A}$ 的最高阶非零子式,而 $\boldsymbol{A}$ 的秩 $R(\boldsymbol{A})$ 就是 $\boldsymbol{A}$ 中不等于 0 的子式的最高阶数.

(ii) 若矩阵 $\boldsymbol{A}$ 中存在某个 s 阶子式不等于 0,则 $R(\boldsymbol{A})\geqslant s$;若所有 t 阶子式

全为 0，则 $R(\boldsymbol{A})<t$.

(iii) 对任意 $m\times n$ 矩阵 $\boldsymbol{A}$，有 $0\leqslant R(\boldsymbol{A})\leqslant\min\{m,n\}$.

(iv) 对任意 $m\times n$ 矩阵 $\boldsymbol{A}$，有 $R(\boldsymbol{A})=R(\boldsymbol{A}^{\mathrm{T}})$.

(v) 对 n 阶方阵 $\boldsymbol{A}$，若 $|\boldsymbol{A}|\neq 0$，则 $R(\boldsymbol{A})=n$，此时方阵 $\boldsymbol{A}$ 可逆，所以可逆矩阵又称满秩矩阵；若 $|\boldsymbol{A}|=0$，则 $R(\boldsymbol{A})<n$，此时方阵 $\boldsymbol{A}$ 不可逆，因此不可逆矩阵又称降秩矩阵.

例 3.5　求下列矩阵的秩：

$$\boldsymbol{A}=\begin{pmatrix}1&-2&1\\2&1&0\\-2&4&-2\end{pmatrix},\boldsymbol{B}=\begin{pmatrix}1&2&0&0&3\\0&3&4&1&0\\0&0&0&-2&5\\0&0&0&0&0\end{pmatrix}.$$

解　易看出，$\boldsymbol{A}$ 中有一个二阶子式 $\begin{vmatrix}1&-2\\2&1\end{vmatrix}=5\neq 0$，而 $\boldsymbol{A}$ 的三阶子式只有一个，且 $|\boldsymbol{A}|=0$，所以 $R(\boldsymbol{A})=2$.

$\boldsymbol{B}$ 是一个行阶梯形矩阵，其非零行的行数为 3，因此 $\boldsymbol{B}$ 的所有 4 阶子式全为 0. 而以 3 个非零行的第一个非零元为对角线的三阶子式

$$\begin{vmatrix}1&2&0\\0&3&1\\0&0&-2\end{vmatrix}$$

是一个上三角行列式，它显然不等于 0，因此，$R(\boldsymbol{B})=3$.

3.3.2　矩阵的秩与矩阵的初等变换

对于一般的矩阵，当行数与列数较高时，按定义求矩阵的秩是非常麻烦的. 由例 3.5 可以看出，当矩阵是行阶梯形矩阵时，它的秩就等于非零行的行数，一看便知. 因此，我们自然想到用矩阵的初等变换把矩阵化为行阶梯形矩阵，但进行初等变换后，矩阵的秩是否会发生变化呢？

定理 3　若 $\boldsymbol{A}\sim\boldsymbol{B}$，则 $R(\boldsymbol{A})=R(\boldsymbol{B})$.

证　先证明 $\boldsymbol{A}$ 经过一次初等行变换变为 $\boldsymbol{B}$，则 $R(\boldsymbol{A})\leqslant R(\boldsymbol{B})$.

设 $R(\boldsymbol{A})=r$，则 $\boldsymbol{A}$ 中必存在某个 r 阶子式 $D\neq 0$. 下面对 3 种初等行变换分别证明 $R(\boldsymbol{A})\leqslant R(\boldsymbol{B})$.

(1) 当 $\boldsymbol{A}\overset{r_i\leftrightarrow r_j}{\sim}\boldsymbol{B}$ 时，在 $\boldsymbol{B}$ 中取与 D 有相同序号的行和列所组成的子式 D_1，

则 D_1 与 D 完全相同,或 D_1 是 D 交换两行得到的,故有

$$D_1 = D,\text{或 } D_1 = -D,$$

即 $D_1 \neq 0$,故 $R(\boldsymbol{B}) \geqslant r = R(\boldsymbol{A})$;

(2)当 $\boldsymbol{A} \overset{r_i \times k}{\sim} \boldsymbol{B}$(常数 $k \neq 0$)时,在 $\boldsymbol{B}$ 中取与 D 有相同序号的行和列所组成的子式 D_2,此时

$$D_2 = D,\text{或 } D_2 = kD,$$

即 $D_2 \neq 0$,故 $R(\boldsymbol{B}) \geqslant r = R(\boldsymbol{A})$;

(3)当 $\boldsymbol{A} \overset{r_i + kr_j}{\sim} \boldsymbol{B}$ 时,由于对变换 $r_i \leftrightarrow r_j$ 结论成立,因此只需考虑 $\boldsymbol{A} \overset{r_1 + kr_2}{\sim} \boldsymbol{B}$ 这一特殊情况分 3 种情形讨论:

①$\boldsymbol{A}$ 的 r 阶子式 D 不包含 $\boldsymbol{A}$ 的第 1 行,这时 D 也是 $\boldsymbol{B}$ 的 r 阶非零子式,故$R(\boldsymbol{B}) \geqslant r = R(\boldsymbol{A})$;

②D 包含 $\boldsymbol{A}$ 的第 1 行也包含 $\boldsymbol{A}$ 的第 2 行时,在 $\boldsymbol{B}$ 中取与 D 有相同序号的行和列所组成的子式 D_3,由行列式的性质知 $D_3 = D \neq 0$,故 $R(\boldsymbol{B}) \geqslant r = R(\boldsymbol{A})$;

③D 包含 $\boldsymbol{A}$ 的第 1 行但不包含 $\boldsymbol{A}$ 的第 2 行时,在 $\boldsymbol{B}$ 中取与 D 有相同序号的行和列所组成的子式 D_4,记作

$$D_4 = \begin{vmatrix} r_1 + kr_2 \\ r_p \\ \vdots \\ r_q \end{vmatrix} = \begin{vmatrix} r_1 \\ r_p \\ \vdots \\ r_q \end{vmatrix} + k \begin{vmatrix} r_2 \\ r_p \\ \vdots \\ r_q \end{vmatrix} = D + kD_5,$$

其中,D_5 也是 $\boldsymbol{B}$ 的 r 阶子式,由 $D_4 - kD_5 = D \neq 0$ 可知,D_4 与 D_5 不同时为 0,所以 $\boldsymbol{B}$ 中总存在 r 阶非零子式 D_4 或 D_5,故 $R(\boldsymbol{B}) \geqslant r = R(\boldsymbol{A})$.

以上证明了 $\boldsymbol{A}$ 经一次初等行变换变为 $\boldsymbol{B}$,有 $R(\boldsymbol{A}) \leqslant R(\boldsymbol{B})$. 由于 $\boldsymbol{B}$ 也可经一次初等行变换变为 $\boldsymbol{A}$,故有 $R(\boldsymbol{B}) \leqslant R(\boldsymbol{A})$. 因此 $R(\boldsymbol{A}) = R(\boldsymbol{B})$.

经一次初等行变换矩阵的秩不变,即可知经有限次初等行变换矩阵的秩也不变.

设 $\boldsymbol{A}$ 经初等列变换变为 $\boldsymbol{B}$,则 $\boldsymbol{A}^{\mathrm{T}}$ 经初等行变换变为 $\boldsymbol{B}^{\mathrm{T}}$,由上面的证明可知$R(\boldsymbol{A}^{\mathrm{T}}) = R(\boldsymbol{B}^{\mathrm{T}})$,又 $R(\boldsymbol{A}) = R(\boldsymbol{A}^{\mathrm{T}})$,$R(\boldsymbol{B}^{\mathrm{T}}) = R(\boldsymbol{B}^{\mathrm{T}})$,因此 $R(\boldsymbol{A}) = R(\boldsymbol{B})$.

综上所述,若 $\boldsymbol{A}$ 经有限次初等变换变为 $\boldsymbol{B}$(即 $\boldsymbol{A} \sim \boldsymbol{B}$),则 $R(\boldsymbol{A}) = R(\boldsymbol{B})$.

由定理 3 可知，要求矩阵的秩，只要把矩阵用初等行变换化为行阶梯形矩阵，则行阶梯形矩阵中，非零行的行数即为该矩阵的秩.

例 3.6　设

$$A=\begin{pmatrix}1&-2&-1&0&2\\-2&4&2&6&-6\\2&-1&0&2&3\\3&3&3&3&4\end{pmatrix},$$

微课：例 3.6

求矩阵 $\boldsymbol{A}$ 的秩，并求 $\boldsymbol{A}$ 的一个最高阶非零子式.

解

$$\boldsymbol{A}\xrightarrow[r_4-3r_1]{\substack{r_2+2r_1\\r_3-2r_1}}\begin{pmatrix}1&-2&-1&0&2\\0&0&0&6&-2\\0&3&2&2&-1\\0&9&6&3&-2\end{pmatrix}\xrightarrow[r_3\leftrightarrow r_4]{r_2\leftrightarrow r_3}\begin{pmatrix}1&-2&-1&0&2\\0&3&2&2&-1\\0&9&6&3&-2\\0&0&0&6&-2\end{pmatrix}$$

$$\xrightarrow{r_3-3r_2}\begin{pmatrix}1&-2&-1&0&2\\0&3&2&2&-1\\0&0&0&-3&1\\0&0&0&6&-2\end{pmatrix}\xrightarrow{r_4+2r_3}\begin{pmatrix}1&-2&-1&0&2\\0&3&2&2&-1\\0&0&0&-3&1\\0&0&0&0&0\end{pmatrix},$$

因为行阶梯形矩阵中，有 3 个非零行，所以 $R(\boldsymbol{A})=3$.

记 $\boldsymbol{A}=(\boldsymbol{a}_1,\boldsymbol{a}_2,\boldsymbol{a}_3,\boldsymbol{a}_4,\boldsymbol{a}_5)$，则矩阵 $\boldsymbol{A}_0=(\boldsymbol{a}_1,\boldsymbol{a}_2,\boldsymbol{a}_4)$ 的行阶梯形矩阵为

$$\begin{pmatrix}1&-2&0\\0&3&2\\0&0&-3\\0&0&0\end{pmatrix},$$

可知 $R(\boldsymbol{A}_0)=3$，故 $\boldsymbol{A}_0$ 中必存在一个 3 阶非零子式，它也是 $\boldsymbol{A}$ 的一个 3 阶非零子式. 现计算 $\boldsymbol{A}_0$ 的前 3 行构成的子式

$$\begin{vmatrix}1&-2&0\\-2&4&6\\2&-1&2\end{vmatrix}=-18\neq 0,$$

因此这个子式就是 $\boldsymbol{A}$ 的一个最高阶非零子式.

例 3.7 设$\boldsymbol{A}=\begin{pmatrix}1 & -2 & 3k\\ -1 & 2k & -3\\ k & -2 & 3\end{pmatrix}$,问 k 为何值时,可使

(1)$R(\boldsymbol{A})=1$;(2)$R(\boldsymbol{A})=2$;(3)$R(\boldsymbol{A})=3$?

解

$$\boldsymbol{A}=\begin{pmatrix}1 & -2 & 3k\\ -1 & 2k & -3\\ k & -2 & 3\end{pmatrix}\xrightarrow[r_3-r_2]{\substack{r_2+r_1\\ r_3-kr_1}}\begin{pmatrix}1 & -2 & 3k\\ 0 & 2(k-1) & 3(k-1)\\ 0 & 0 & 3(1-k)(2+k)\end{pmatrix},$$

因此

(1)当 $k=1$ 时,$R(\boldsymbol{A})=1$;

(2)当 $k=-2$ 时,$R(\boldsymbol{A})=2$;

(3)当 $k\neq 1$ 且 $k\neq -2$ 时,$R(\boldsymbol{A})=3$.

3.3.3 矩阵的秩的性质

前面已经提出了矩阵的秩的一些基本性质,将这些性质归纳起来,阐述如下:

性质 1 $0\leqslant R(\boldsymbol{A}_{m\times n})\leqslant \min\{m,n\}$,且 $R(\boldsymbol{A})=0$ 的充分必要条件是 $\boldsymbol{A}=\boldsymbol{O}$.

性质 2 $R(\boldsymbol{A})=R(\boldsymbol{A}^{\mathrm{T}})$.

性质 3 $R(\boldsymbol{A})=R(k\boldsymbol{A})(k\neq 0)$.

性质 4 若 $\boldsymbol{A}\sim\boldsymbol{B}$,则 $R(\boldsymbol{A})=R(\boldsymbol{B})$.

性质 5 若 $\boldsymbol{P},\boldsymbol{Q}$ 可逆,则 $R(\boldsymbol{PAQ})=R(\boldsymbol{A})$.

性质 6 $\max\{R(\boldsymbol{A}),R(\boldsymbol{B})\}\leqslant R(\boldsymbol{A},\boldsymbol{B})\leqslant R(\boldsymbol{A})+R(\boldsymbol{B})$,

特别地,当 $\boldsymbol{B}=\boldsymbol{b}$ 为列向量时,有

$$R(\boldsymbol{A})\leqslant R(\boldsymbol{A},\boldsymbol{b})\leqslant R(\boldsymbol{A})+1.$$

证 因为 $\boldsymbol{A}$ 的子式和 $\boldsymbol{B}$ 的子式都是 $(\boldsymbol{A},\boldsymbol{B})$ 的子式,所以 $R(\boldsymbol{A})\leqslant R(\boldsymbol{A},\boldsymbol{B})$,$R(\boldsymbol{B})\leqslant R(\boldsymbol{A},\boldsymbol{B})$,因此 $\max\{R(\boldsymbol{A}),R(\boldsymbol{B})\}\leqslant R(\boldsymbol{A},\boldsymbol{B})$.

设 $R(\boldsymbol{A})=s$,$R(\boldsymbol{B})=t$. 把 $\boldsymbol{A}$ 和 $\boldsymbol{B}$ 分别作列变换化为列阶梯形矩阵 $\widetilde{\boldsymbol{A}}$ 和 $\widetilde{\boldsymbol{B}}$,则 $\widetilde{\boldsymbol{A}}$ 和 $\widetilde{\boldsymbol{B}}$ 中分别含有 s 个和 t 个非零列,可设 $\widetilde{\boldsymbol{A}},\widetilde{\boldsymbol{B}}$ 分别为

$$\widetilde{\boldsymbol{A}}=(\tilde{\boldsymbol{a}}_1,\cdots,\tilde{\boldsymbol{a}}_s,\boldsymbol{0},\cdots,\boldsymbol{0}),\widetilde{\boldsymbol{B}}=(\tilde{\boldsymbol{b}}_1,\cdots,\tilde{\boldsymbol{b}}_t,\boldsymbol{0},\cdots,\boldsymbol{0}),$$

从而
$$(\boldsymbol{A},\boldsymbol{B}) \stackrel{c}{\sim} (\widetilde{\boldsymbol{A}},\widetilde{\boldsymbol{B}}),$$
由于$(\widetilde{\boldsymbol{A}},\widetilde{\boldsymbol{B}})$中只含有$s+t$个非零列,因此$R(\widetilde{\boldsymbol{A}},\widetilde{\boldsymbol{B}})\leqslant s+t$,而$R(\boldsymbol{A},\boldsymbol{B})=R(\widetilde{\boldsymbol{A}},\widetilde{\boldsymbol{B}})$,故$R(\boldsymbol{A},\boldsymbol{B})\leqslant s+t$,即
$$R(\boldsymbol{A},\boldsymbol{B}) \leqslant R(\boldsymbol{A}) + R(\boldsymbol{B}).$$

性质7　$R(\boldsymbol{A}\pm\boldsymbol{B})\leqslant R(\boldsymbol{A})+R(\boldsymbol{B})$.

证　对矩阵$(\boldsymbol{A}\pm\boldsymbol{B},\boldsymbol{B})$作初等列变换,易知
$$(\boldsymbol{A}\pm\boldsymbol{B},\boldsymbol{B}) \stackrel{c}{\sim} (\boldsymbol{A},\boldsymbol{B}),$$
于是
$$R(\boldsymbol{A}\pm\boldsymbol{B}) \leqslant R(\boldsymbol{A}\pm\boldsymbol{B},\boldsymbol{B}) = R(\boldsymbol{A},\boldsymbol{B}) \leqslant R(\boldsymbol{A}) + R(\boldsymbol{B}).$$

性质8　$R(\boldsymbol{AB})\leqslant\min\{R(\boldsymbol{A}),R(\boldsymbol{B})\}$.(证明见3.4节)

性质9　若$\boldsymbol{A}_{m\times n}\boldsymbol{B}_{n\times l}=\boldsymbol{O}$,则$R(\boldsymbol{A})+R(\boldsymbol{B})\leqslant n$.(证明见第4章)

例3.8　设$\boldsymbol{A}$为n阶方阵,证明$R(\boldsymbol{A}+\boldsymbol{E})+R(\boldsymbol{A}-\boldsymbol{E})\geqslant n$.

证　因为$(\boldsymbol{A}+\boldsymbol{E})+(\boldsymbol{E}-\boldsymbol{A})=2\boldsymbol{E}$,由性质7有,
$$R(\boldsymbol{A}+\boldsymbol{E}) + R(\boldsymbol{E}-\boldsymbol{A}) \geqslant R(2\boldsymbol{E}) = n,$$
而$R(\boldsymbol{E}-\boldsymbol{A})=R(\boldsymbol{A}-\boldsymbol{E})$,故
$$R(\boldsymbol{A}+\boldsymbol{E}) + R(\boldsymbol{A}-\boldsymbol{E}) \geqslant n.$$

3.4　线性方程组的解

设有n个未知数m个方程的非齐次线性方程组
$$\begin{cases} a_{11}x_1 + a_{12}x_2 + \cdots + a_{1n}x_n = b_1, \\ a_{21}x_1 + a_{22}x_2 + \cdots + a_{2n}x_n = b_2, \\ \vdots \\ a_{m1}x_1 + a_{m2}x_2 + \cdots + a_{mn}x_n = b_m, \end{cases} \tag{3.1}$$
方程组(3.1)可写成以向量$\boldsymbol{x}$为未知元的向量方程
$$\boldsymbol{Ax} = \boldsymbol{b}, \tag{3.2}$$
第2章中已说明,线性方程组(3.1)与向量方程(3.2)将混同使用不加区分,解与解向量的名称也不加区分.

若线性方程组(3.1)有解,就称它是相容的;若无解,就称它是不相容的.

3.4.1 消元法解线性方程组

消元法的基本思路是通过方程组的消元变形，将方程组化成容易求解的同解方程组. 下面举例说明.

例 3.9 求解线性方程组

$$\begin{cases} 3x_1+6x_2-9x_3+7x_4=9, & ① \\ x_1+x_2-2x_3+x_4=4, & ② \\ 2x_1+4x_2-6x_3+4x_4=8, & ③ \\ 8x_1-12x_2+4x_3-4x_4=8. & ④ \end{cases} \tag{3.3}$$

解

$$(3.3)\xrightarrow[④\div 4]{\substack{①\leftrightarrow② \\ ③\div 2}}\begin{cases} x_1+x_2-2x_3+x_4=4, & ① \\ 3x_1+6x_2-9x_3+7x_4=9, & ② \\ x_1+2x_2-3x_3+2x_4=4, & ③ \\ 2x_1-3x_2+x_3-x_4=2, & ④ \end{cases} \tag{B_1}$$

$$\xrightarrow[\substack{③-① \\ ④-2①}]{②-3①}\begin{cases} x_1+x_2-2x_3+x_4=4, & ① \\ 3x_2-3x_3+4x_4=-3, & ② \\ x_2-x_3+x_4=0, & ③ \\ -5x_2+5x_3-3x_4=-6, & ④ \end{cases} \tag{B_2}$$

$$\xrightarrow{③\leftrightarrow②}\begin{cases} x_1+x_2-2x_3+x_4=4, & ① \\ x_2-x_3+x_4=0, & ② \\ 3x_2-3x_3+4x_4=-3, & ③ \\ -5x_2+5x_3-3x_4=-6, & ④ \end{cases} \tag{B_3}$$

$$\xrightarrow[④+5②]{③-3②}\begin{cases} x_1+x_2-2x_3+x_4=4, & ① \\ x_2-x_3+x_4=0, & ② \\ x_4=-3, & ③ \\ 2x_4=-6, & ④ \end{cases} \tag{B_4}$$

$$\xrightarrow{④-2③}\begin{cases} x_1+x_2-2x_3+x_4=4, & ① \\ x_2-x_3+x_4=0, & ② \\ x_4=-3, & ③ \\ 0=0. & ④ \end{cases} \qquad (B_5)$$

这里,方程组(3.3)→(B_1)是为消去 x_1 作准备(第一个方程中,x_1 的系数为1有利于计算);(B_1)→(B_2)是消去②,③,④中的 x_1;(B_2)→(B_3)是为消去③,④中的 x_2 作准备(第二个方程中 x_2 的系数为1有利于计算);(B_3)→(B_4)是消去③,④中的 x_2,与此同时,恰好把 x_3 也消去了;(B_4)→(B_5)是消去④中的 x_4,与此同时,恰好把常数也消去了,得到恒等方程 0=0(若此时常数项不能消去,会得到一个矛盾方程,说明方程组无解). 至此消元过程结束.

显然,方程组(3.3)与方程组(B_5)是同解方程组,(B_5)是4个未知数3个有效方程的方程组. 此时,应有一个未知数可以任意取值,称之为自由未知量. 由于方程组(B_5)呈阶梯状,可把每个台阶的第一个未知数(即 x_1、x_2、x_4)作为非自由未知量,剩下的(即 x_3)作为自由未知量,由最后一个方程开始回代,最终可得到方程组的解,即:

$$\begin{cases} x_1=x_3+4, \\ x_2=x_3+3, \\ x_4=-3, \end{cases}$$

其中,x_3 可以任意取值,令 $x_3=c$(c 为任意常数),方程组的解可表示为

$$\boldsymbol{x}=\begin{pmatrix} x_1\\ x_2\\ x_3\\ x_4 \end{pmatrix}=\begin{pmatrix} c+4\\ c+3\\ c\\ -3 \end{pmatrix},即\boldsymbol{x}=\begin{pmatrix} x_1\\ x_2\\ x_3\\ x_4 \end{pmatrix}=c\begin{pmatrix} 1\\ 1\\ 1\\ 0 \end{pmatrix}+\begin{pmatrix} 4\\ 3\\ 0\\ -3 \end{pmatrix}. \qquad (3.4)$$

在上述消元过程中,始终把方程组作为一个整体进行变形,得到与其同解的方程组. 消元过程中用到3种变换:(i)交换两方程的次序(ⓘ↔ⓙ);(ii)用不等于0的数乘某个方程(ⓘ×k);(iii)某个方程乘以数 k 加到另一个方程上(ⓘ+kⓙ).

进一步观察发现,上述变换中,只对方程组中未知数的系数及常数项进行运算,未知数并没有参与运算. 消元法解线性方程组的3种变换,实际上相当于

对线性方程组的增广矩阵施行相应的3种初等行变换，化增广矩阵为行阶梯形矩阵、行最简形矩阵. 因为初等变换是可逆变换，所以行阶梯形矩阵、行最简形矩阵对应的线性方程组与原线性方程组是同解的. 于是可用矩阵的初等变换来解例3.9中的方程组，其过程可与消元法的求解过程一一对应：

$$\boldsymbol{B}=(\boldsymbol{A}\vdots\boldsymbol{b})=\begin{pmatrix}3&6&-9&7&9\\1&1&-2&1&4\\2&4&-6&4&8\\8&-12&4&-4&8\end{pmatrix}$$

$$\xrightarrow[r_4\div 4]{\substack{r_1\leftrightarrow r_2\\ r_3\div 2}}\begin{pmatrix}1&1&-2&1&4\\3&6&-9&7&9\\1&2&-3&2&4\\2&-3&1&-1&2\end{pmatrix}=\boldsymbol{B}_1$$

$$\xrightarrow[r_4-2r_1]{\substack{r_2-3r_1\\ r_3-r_1}}\begin{pmatrix}1&1&-2&1&4\\0&3&-3&4&-3\\0&1&-1&1&0\\0&-5&5&-3&-6\end{pmatrix}=\boldsymbol{B}_2$$

$$\xrightarrow{r_3\leftrightarrow r_2}\begin{pmatrix}1&1&-2&1&4\\0&1&-1&1&0\\0&3&-3&4&-3\\0&-5&5&-3&-6\end{pmatrix}=\boldsymbol{B}_3$$

$$\xrightarrow[r_4+5r_2]{r_3-3r_2}\begin{pmatrix}1&1&-2&1&4\\0&1&-1&1&0\\0&0&0&1&-3\\0&0&0&2&-6\end{pmatrix}=\boldsymbol{B}_4$$

$$\xrightarrow{r_4-2r_3}\begin{pmatrix}1&1&-2&1&4\\0&1&-1&1&0\\0&0&0&1&-3\\0&0&0&0&0\end{pmatrix}=\boldsymbol{B}_5$$

增广矩阵 $\boldsymbol{B}$ 经过初等行变换化成行阶梯形矩阵 $\boldsymbol{B}_5$ 的过程，就是线性方程组的消元过程. 由方程组(B_5)得到解(3.4)的回代过程，也可用矩阵的初等行变换来完成.

$$B_5 \underset{r_2 - r_3}{\overset{r_1 - r_2}{\sim}} \begin{pmatrix} 1 & 0 & -1 & 0 & 4 \\ 0 & 1 & -1 & 0 & 3 \\ 0 & 0 & 0 & 1 & -3 \\ 0 & 0 & 0 & 0 & 0 \end{pmatrix} = B_6,$$

即通过初等行变换把行阶梯形矩阵 $\boldsymbol{B}_5$ 化成行最简形矩阵 $\boldsymbol{B}_6$，

$\boldsymbol{B}_6$ 对应方程组

$$\begin{cases} x_1 = x_3 + 4, \\ x_2 = x_3 + 3, \\ x_4 = -3, \end{cases}$$

取 x_3 为自由未知量，令 $x_3 = c$（c 为任意常数），得方程组的解为

$$\boldsymbol{x} = \begin{pmatrix} x_1 \\ x_2 \\ x_3 \\ x_4 \end{pmatrix} = \begin{pmatrix} c+4 \\ c+3 \\ c \\ -3 \end{pmatrix} = c\begin{pmatrix} 1 \\ 1 \\ 1 \\ 0 \end{pmatrix} + \begin{pmatrix} 4 \\ 3 \\ 0 \\ -3 \end{pmatrix}.$$

观察此例可发现，$R(\boldsymbol{A}) = R(\boldsymbol{B}) = 3 < 4 = n$（$n$ 为方程组中未知数的个数）.

例 3.10　求解线性方程组

$$\begin{cases} 2x_1 - x_2 + 3x_3 = 1, \\ 4x_1 + 2x_2 + 5x_3 = 4, \\ 2x_1 + 2x_3 = 6. \end{cases}$$

解　对线性方程组的增广矩阵 $\boldsymbol{B}$ 作初等行变换：

$$\boldsymbol{B} = (\boldsymbol{A}, \boldsymbol{b}) = \begin{pmatrix} 2 & -1 & 3 & 1 \\ 4 & 2 & 5 & 4 \\ 2 & 0 & 2 & 6 \end{pmatrix} \underset{r_3 - r_1}{\overset{r_2 - 2r_1}{\sim}} \begin{pmatrix} 2 & -1 & 3 & 1 \\ 0 & 4 & -1 & 2 \\ 0 & 1 & -1 & 5 \end{pmatrix}$$

$$\underset{r_3 \div 3}{\overset{r_2 \leftrightarrow r_3,\ r_3 - 4r_2}{\sim}} \begin{pmatrix} 2 & -1 & 3 & 1 \\ 0 & 1 & -1 & 5 \\ 0 & 0 & 1 & -6 \end{pmatrix} \underset{r_2 + r_3}{\overset{r_1 - 3r_3}{\sim}} \begin{pmatrix} 2 & -1 & 0 & 19 \\ 0 & 1 & 0 & -1 \\ 0 & 0 & 1 & -6 \end{pmatrix}$$

$$\underset{r_1 \div 2}{\overset{r_1 + r_2}{\sim}} \begin{pmatrix} 1 & 0 & 0 & 9 \\ 0 & 1 & 0 & -1 \\ 0 & 0 & 1 & -6 \end{pmatrix},$$

即得

$$\begin{cases} x_1 = 9, \\ x_2 = -1, \\ x_3 = -6. \end{cases}$$

则方程组的解为

$$\boldsymbol{x} = \begin{pmatrix} x_1 \\ x_2 \\ x_3 \end{pmatrix} = \begin{pmatrix} 9 \\ -1 \\ -6 \end{pmatrix}.$$

此例中,$R(\boldsymbol{A}) = R(\boldsymbol{B}) = 3 = n$($n$ 为方程组中未知数的个数).

例 3.11 求解线性方程组

$$\begin{cases} 2x_1 - x_2 + 3x_3 = 1, \\ 4x_1 - 2x_2 + 5x_3 = 4, \\ 2x_1 - x_2 + 4x_3 = 0. \end{cases}$$

解 对线性方程组的增广矩阵 $\boldsymbol{B}$ 作初等行变换:

$$\boldsymbol{B} = (\boldsymbol{A}, \boldsymbol{b}) = \begin{pmatrix} 2 & -1 & 3 & 1 \\ 4 & -2 & 5 & 4 \\ 2 & -1 & 4 & 0 \end{pmatrix} \overset{r_2 - 2r_1}{\underset{r_3 - r_1}{\sim}} \begin{pmatrix} 2 & -1 & 3 & 1 \\ 0 & 0 & -1 & 2 \\ 0 & 0 & 1 & -1 \end{pmatrix}$$

$$\overset{r_3 + r_2}{\sim} \begin{pmatrix} 2 & -1 & 3 & 1 \\ 0 & 0 & -1 & 2 \\ 0 & 0 & 0 & 1 \end{pmatrix} = \boldsymbol{B}_1,$$

矩阵 $\boldsymbol{B}_1$ 对应的方程组为

$$\begin{cases} 2x_1 - x_2 + 3x_3 = 1, \\ -x_3 = 2, \\ 0 = 1, \end{cases}$$

其中,第 3 个方程为“$0 = 1$”,这是一个矛盾方程,故原线性方程组无解.

此例中,$R(\boldsymbol{A}) \neq R(\boldsymbol{B})$.

3.4.2 非齐次线性方程组有解的充分必要条件

由上面3个例子可以发现,利用系数矩阵和增广矩阵的秩之间的关系,可以方便地讨论线性方程组是否有解,以及有解时是唯一解还是无穷多解等问题. 有以下结论:

定理4 n 元非齐次线性方程组 $\boldsymbol{A}\boldsymbol{x}=\boldsymbol{b}$,

(i)无解的充分必要条件是 $R(\boldsymbol{A})<R(\boldsymbol{A},\boldsymbol{b})$;

(ii)有唯一解的充分必要条件是 $R(\boldsymbol{A})=R(\boldsymbol{A},\boldsymbol{b})=n$;

(iii)有无穷多解的充分必要条件是 $R(\boldsymbol{A})=R(\boldsymbol{A},\boldsymbol{b})<n$.

证 由于(i),(ii),(iii)的必要性依次是(ii)(iii),(i)(iii),(i)(ii)的充分性的逆否命题,所以只需证明(i),(ii),(iii)的充分性即可.

设 $R(\boldsymbol{A})=r$,则 $r\leqslant R(\boldsymbol{A},\boldsymbol{b})\leqslant r+1$. 为方便讨论,不妨设 $\boldsymbol{B}=(\boldsymbol{A},\boldsymbol{b})$ 的行最简形矩阵为

$$\widetilde{\boldsymbol{B}}=\begin{pmatrix}1&0&\cdots&0&b_{11}&\cdots&b_{1,n-r}&d_1\\0&1&\cdots&0&b_{21}&\cdots&b_{2,n-r}&d_2\\\vdots&\vdots&&\vdots&\vdots&&\vdots&\vdots\\0&0&\cdots&1&b_{r1}&\cdots&b_{r,n-r}&d_r\\0&0&\cdots&0&0&\cdots&0&d_{r+1}\\0&0&\cdots&0&0&\cdots&0&0\\\vdots&\vdots&&\vdots&\vdots&&\vdots&\vdots\\0&0&\cdots&0&0&\cdots&0&0\end{pmatrix},$$

(i)若 $R(\boldsymbol{A})<R(\boldsymbol{A},\boldsymbol{b})$,则 $R(\boldsymbol{A},\boldsymbol{b})=r+1$,从而 $\widetilde{\boldsymbol{B}}$ 中的 $d_{r+1}=1$,于是 $\widetilde{\boldsymbol{B}}$ 的第 $r+1$ 行对应矛盾方程 $0=1$,故线性方程组 $\boldsymbol{A}\boldsymbol{x}=\boldsymbol{b}$ 无解.

(ii)若 $R(\boldsymbol{A})=R(\boldsymbol{A},\boldsymbol{b})=r=n$,则 $\widetilde{\boldsymbol{B}}$ 中的 $d_{r+1}=0$ 或 d_{r+1} 不出现,又矩阵 $\boldsymbol{A}$ 只有 n 列,从而 b_{ij} 都不出现,于是 $\widetilde{\boldsymbol{B}}$ 对应的线性方程组为

$$\begin{cases}x_1=d_1,\\x_2=d_2,\\\quad\vdots\\x_n=d_n,\end{cases}$$

故线性方程组 $\boldsymbol{Ax}=\boldsymbol{b}$ 有唯一解.

(iii)若 $R(\boldsymbol{A})=R(\boldsymbol{A},\boldsymbol{b})=r<n$,则 $\widetilde{\boldsymbol{B}}$ 中的 $d_{r+1}=0$ 或 d_{r+1} 不出现,$\widetilde{\boldsymbol{B}}$ 对应的线性方程组为

$$\begin{cases} x_1 = -b_{11}x_{r+1} - \cdots - b_{1,n-r}x_n + d_1, \\ x_2 = -b_{21}x_{r+1} - \cdots - b_{2,n-r}x_n + d_2, \\ \vdots \\ x_r = -b_{r1}x_{r+1} - \cdots - b_{r,n-r}x_n + d_r, \end{cases} \tag{3.5}$$

方程组(3.5)中未知数的个数多于方程的个数,因此,存在自由未知量.$x_{r+1},\cdots,x_n$ 可作为自由未知量,令 $x_{r+1}=c_1,\cdots,x_n=c_{n-r}$,即得方程组 $\boldsymbol{Ax}=\boldsymbol{b}$ 的解为

$$\begin{pmatrix} x_1 \\ \vdots \\ x_r \\ x_{r+1} \\ \vdots \\ x_n \end{pmatrix} = \begin{pmatrix} -b_{11}c_1 - \cdots - b_{1,n-r}c_{n-r} + d_1 \\ \vdots \\ -b_{r1}c_1 - \cdots - b_{r,n-r}c_{n-r} + d_r \\ c_1 \\ \vdots \\ c_{n-r} \end{pmatrix},$$

即

$$\begin{pmatrix} x_1 \\ \vdots \\ x_r \\ x_{r+1} \\ \vdots \\ x_n \end{pmatrix} = c_1\begin{pmatrix} -b_{11} \\ \vdots \\ -b_{r1} \\ 1 \\ \vdots \\ 0 \end{pmatrix} + \cdots + c_{n-r}\begin{pmatrix} -b_{1,n-r} \\ \vdots \\ -b_{r,n-r} \\ 0 \\ \vdots \\ 1 \end{pmatrix} + \begin{pmatrix} d_1 \\ \vdots \\ d_r \\ 0 \\ \vdots \\ 0 \end{pmatrix}. \tag{3.6}$$

由于 $c_1,\cdots,c_{n-r}$ 为任意常数,故线性方程组 $\boldsymbol{Ax}=\boldsymbol{b}$ 有无穷多解.

式(3.6)表示了线性方程组 $\boldsymbol{Ax}=\boldsymbol{b}$ 所有的解,称式(3.6)为线性方程组 $\boldsymbol{Ax}=\boldsymbol{b}$ 的通解.

由定理4,可知解线性方程组 $\boldsymbol{Ax}=\boldsymbol{b}$ 时,只需对增广矩阵 $\boldsymbol{B}=(\boldsymbol{A},\boldsymbol{b})$ 施行初等行变换化为行阶梯形矩阵,判别线性方程组是否有解;在有解时,继续对增广

矩阵施行初等行变换化为行最简形矩阵，而后求出线性方程组的解.

例 3.12　求解线性方程组

$$\begin{cases}4x_1+2x_2-x_3=2,\\3x_1-x_2+2x_3=10,\\11x_1+3x_2=8.\end{cases}$$

解　对线性方程组的增广矩阵 $\boldsymbol{B}$ 作初等行变换：

$$\boldsymbol{B}=(\boldsymbol{A},\boldsymbol{b})=\begin{pmatrix}4&2&-1&2\\3&-1&2&10\\11&3&0&8\end{pmatrix}\overset{r_1-r_2}{\sim}\begin{pmatrix}1&3&-3&-8\\3&-1&2&10\\11&3&0&8\end{pmatrix}$$

$$\underset{r_3-11r_1}{\overset{r_2-3r_1}{\sim}}\begin{pmatrix}1&3&-3&-8\\0&-10&11&34\\0&-30&33&96\end{pmatrix}\overset{r_3-3r_2}{\sim}\begin{pmatrix}1&3&-3&-8\\0&-10&11&34\\0&0&0&-6\end{pmatrix},$$

可见 $R(\boldsymbol{A})=2,R(\boldsymbol{B})=3$，故方程组无解.

例 3.13　求解线性方程组

微课：例 3.13

$$\begin{cases}x_1+x_2-3x_3-x_4=1,\\3x_1-x_2-3x_3+4x_4=4,\\x_1+5x_2-9x_3-8x_4=0.\end{cases}$$

解　对线性方程组的增广矩阵 $\boldsymbol{B}$ 作初等行变换：

$$\boldsymbol{B}=\begin{pmatrix}1&1&-3&-1&1\\3&-1&-3&4&4\\1&5&-9&-8&0\end{pmatrix}\underset{r_3-r_1}{\overset{r_2-3r_1}{\sim}}\begin{pmatrix}1&1&-3&-1&1\\0&-4&6&7&1\\0&4&-6&-7&-1\end{pmatrix}$$

$$\underset{r_2\div(-4)}{\overset{r_3+r_2}{\sim}}\begin{pmatrix}1&1&-3&-1&1\\0&1&-\frac{3}{2}&-\frac{7}{4}&-\frac{1}{4}\\0&0&0&0&0\end{pmatrix}\overset{r_1-r_2}{\sim}\begin{pmatrix}1&0&-\frac{3}{2}&\frac{3}{4}&\frac{5}{4}\\0&1&-\frac{3}{2}&-\frac{7}{4}&-\frac{1}{4}\\0&0&0&0&0\end{pmatrix},$$

因 $R(\boldsymbol{A})=R(\boldsymbol{B})=2<4$，所以方程组有无穷多解. 与原方程组同解的方程组为

$$\begin{cases}x_1-\frac{3}{2}x_3+\frac{3}{4}x_4=\frac{5}{4},\\x_2-\frac{3}{2}x_3-\frac{7}{4}x_4=-\frac{1}{4},\end{cases}$$

即得

$$\begin{cases} x_1 = \dfrac{3}{2}x_3 - \dfrac{3}{4}x_4 + \dfrac{5}{4}, \\ x_2 = \dfrac{3}{2}x_3 + \dfrac{7}{4}x_4 - \dfrac{1}{4}, \end{cases}$$

取 x_3,x_4 为自由未知量,令 $x_3=c_1,x_4=c_2$,得方程组的通解为

$$\begin{pmatrix} x_1 \\ x_2 \\ x_3 \\ x_4 \end{pmatrix} = c_1\begin{pmatrix} \dfrac{3}{2} \\ \dfrac{3}{2} \\ 1 \\ 0 \end{pmatrix} + c_2\begin{pmatrix} -\dfrac{3}{4} \\ \dfrac{7}{4} \\ 0 \\ 1 \end{pmatrix} + \begin{pmatrix} \dfrac{5}{4} \\ -\dfrac{1}{4} \\ 0 \\ 0 \end{pmatrix} (c_1,c_2 \in \mathbf{R}).$$

例 3.14 设有非齐次线性方程组

$$\begin{cases} \lambda x_1 + x_2 + x_3 = 1, \\ x_1 + \lambda x_2 + x_3 = \lambda, \\ x_1 + x_2 + \lambda x_3 = \lambda^2, \end{cases}$$

问 λ 取何值时,此方程组(1)有唯一解;(2)无解;(3)有无穷多解?并在有无穷多解时求其通解.

解一 对线性方程组的增广矩阵 $\boldsymbol{B}$ 作初等行变换,将其化为行阶梯形矩阵:

$$\boldsymbol{B} = \begin{pmatrix} \lambda & 1 & 1 & 1 \\ 1 & \lambda & 1 & \lambda \\ 1 & 1 & \lambda & \lambda^2 \end{pmatrix} \xrightarrow{r_1 \leftrightarrow r_3} \begin{pmatrix} 1 & 1 & \lambda & \lambda^2 \\ 1 & \lambda & 1 & \lambda \\ \lambda & 1 & 1 & 1 \end{pmatrix}$$

$$\xrightarrow[r_3 - \lambda r_1]{r_2 - r_1} \begin{pmatrix} 1 & 1 & \lambda & \lambda^2 \\ 0 & \lambda - 1 & 1 - \lambda & \lambda - \lambda^2 \\ 0 & 1 - \lambda & 1 - \lambda^2 & 1 - \lambda^3 \end{pmatrix}$$

$$\xrightarrow{r_3 + r_2} \begin{pmatrix} 1 & 1 & \lambda & \lambda^2 \\ 0 & \lambda - 1 & 1 - \lambda & \lambda(1-\lambda) \\ 0 & 0 & (1-\lambda)(2+\lambda) & (1-\lambda)(1+\lambda)^2 \end{pmatrix},$$

(1)当 $\lambda \neq 1$ 且 $\lambda \neq -2$ 时,$R(\boldsymbol{A})=R(\boldsymbol{B})=3$,方程组有唯一解;

(2) 当 $\lambda=-2$ 时，$R(\boldsymbol{A})=2<R(\boldsymbol{B})=3$，方程组无解；

(3) 当 $\lambda=1$ 时，$R(\boldsymbol{A})=R(\boldsymbol{B})=1<3$，方程组有无穷多解，此时

$$\boldsymbol{B}\overset{r}{\sim}\begin{pmatrix}1&1&1&1\\0&0&0&0\\0&0&0&0\end{pmatrix},$$

与之对应的方程组为

$$x_1+x_2+x_3=1,$$

取 x_2,x_3 为自由未知量，令 $x_2=c_1,x_3=c_2$，得方程组的通解为

$$\begin{pmatrix}x_1\\x_2\\x_3\end{pmatrix}=c_1\begin{pmatrix}-1\\1\\0\end{pmatrix}+c_2\begin{pmatrix}-1\\0\\1\end{pmatrix}+\begin{pmatrix}1\\0\\0\end{pmatrix}\quad(c_1,c_2\in\mathbf{R}).$$

解二　因为系数矩阵 $\boldsymbol{A}$ 为方阵，由克莱姆法则，方程组有唯一解的充分必要条件是系数行列式 $|\boldsymbol{A}|\neq0$，而

$$|\boldsymbol{A}|=\begin{vmatrix}\lambda&1&1\\1&\lambda&1\\1&1&\lambda\end{vmatrix}=(\lambda-1)^2(\lambda+2),$$

因此，当 $\lambda\neq1$ 且 $\lambda\neq-2$ 时，方程组有唯一解；

当 $\lambda=-2$ 时，

$$\boldsymbol{B}=\begin{pmatrix}-2&1&1&1\\1&-2&1&-2\\1&1&-2&4\end{pmatrix}\overset{r}{\sim}\begin{pmatrix}1&1&-2&4\\0&-3&3&-6\\0&0&0&3\end{pmatrix},$$

$R(\boldsymbol{A})=2<R(\boldsymbol{B})=3$，方程组无解；

当 $\lambda=1$ 时，

$$\boldsymbol{B}=\begin{pmatrix}1&1&1&1\\1&1&1&1\\1&1&1&1\end{pmatrix}\overset{r}{\sim}\begin{pmatrix}1&1&1&1\\0&0&0&0\\0&0&0&0\end{pmatrix},$$

$R(\boldsymbol{A})=R(\boldsymbol{B})=1<3$，方程组有无穷多解，且通解为

$$\begin{pmatrix}x_1\\x_2\\x_3\end{pmatrix}=c_1\begin{pmatrix}-1\\1\\0\end{pmatrix}+c_2\begin{pmatrix}-1\\0\\1\end{pmatrix}+\begin{pmatrix}1\\0\\0\end{pmatrix}\quad(c_1,c_2\in\mathbf{R}).$$

比较解一与解二，显然解二比较简单，但解二只适用于系数矩阵为方阵的情形.

对含参数的矩阵作初等行变换时，例如本例中对 $\boldsymbol{B}$ 作初等行变换时，由于 $\lambda-1$ 可以等于0，故不宜作诸如 $r_3-\frac{1}{\lambda-1}r_2$ 这样的变换，如果作了这种变换，则需对 $\lambda-1=0$ 的情形另作讨论.

为了第4章研究的需要，把定理4推广到矩阵方程.

定理5　矩阵方程 $\boldsymbol{AX}=\boldsymbol{B}$ 有解的充分必要条件是 $R(\boldsymbol{A})=R(\boldsymbol{A},\boldsymbol{B})$.

证　设 $\boldsymbol{A}$ 为 $m\times n$ 矩阵，$\boldsymbol{B}$ 为 $m\times l$ 矩阵，$\boldsymbol{X}$ 为 $n\times l$ 矩阵. 把 $\boldsymbol{X}$ 和 $\boldsymbol{B}$ 按列分块，记作

$$\boldsymbol{X}=(\boldsymbol{x}_1,\boldsymbol{x}_2,\cdots,\boldsymbol{x}_l),\boldsymbol{B}=(\boldsymbol{b}_1,\boldsymbol{b}_2,\cdots,\boldsymbol{b}_l),$$

则矩阵方程 $\boldsymbol{AX}=\boldsymbol{B}$ 等价于 l 个向量方程

$$\boldsymbol{Ax}_i=\boldsymbol{b}_i(i=1,2,\cdots,l).$$

先证充分性.

设 $R(\boldsymbol{A})=R(\boldsymbol{A},\boldsymbol{B})$，由于 $R(\boldsymbol{A})\leqslant R(\boldsymbol{A},\boldsymbol{b}_i)\leqslant R(\boldsymbol{A},\boldsymbol{B})$，故有 $R(\boldsymbol{A})=R(\boldsymbol{A},\boldsymbol{b}_i)$.

由定理4知 l 个向量方程 $\boldsymbol{Ax}_i=\boldsymbol{b}_i(i=1,2,\cdots,l)$ 都有解，故矩阵方程 $\boldsymbol{AX}=\boldsymbol{B}$ 有解.

再证必要性.

设矩阵方程 $\boldsymbol{AX}=\boldsymbol{B}$ 有解，从而 l 个向量方程 $\boldsymbol{Ax}_i=\boldsymbol{b}_i(i=1,2,\cdots,l)$ 都有解，设解为

$$\boldsymbol{x}_i=\begin{pmatrix}\lambda_{1i}\\\lambda_{2i}\\\vdots\\\lambda_{ni}\end{pmatrix}(i=1,2,\cdots,l).$$

记 $\boldsymbol{A}=(\boldsymbol{a}_1,\boldsymbol{a}_2,\cdots,\boldsymbol{a}_n)$，即有

$$\lambda_{1i}\boldsymbol{a}_1+\lambda_{2i}\boldsymbol{a}_2+\cdots+\lambda_{ni}\boldsymbol{a}_n=\boldsymbol{b}_i,$$

对矩阵 $(\boldsymbol{A},\boldsymbol{B})=(\boldsymbol{a}_1,\boldsymbol{a}_2,\cdots,\boldsymbol{a}_n,\boldsymbol{b}_1,\cdots,\boldsymbol{b}_l)$ 作初等列变换

$$c_{n+i}-\lambda_{1i}c_1-\cdots-\lambda_{ni}c_n(i=1,2,\cdots,l),$$

便把 $(\boldsymbol{A},\boldsymbol{B})$ 的第 $n+1$ 列，…，第 $n+l$ 列都变为0，即

$$(\boldsymbol{A},\boldsymbol{B})=(\boldsymbol{a}_1,\boldsymbol{a}_2,\cdots,\boldsymbol{a}_n,\boldsymbol{b}_1,\cdots,\boldsymbol{b}_l)\overset{c}{\sim}(\boldsymbol{A},\boldsymbol{O}),$$

因此

$$R(\boldsymbol{A})=R(\boldsymbol{A},\boldsymbol{B}).$$

定理 6　设 $\boldsymbol{AB}=\boldsymbol{C}$，则 $R(\boldsymbol{C})\leqslant\min\{R(\boldsymbol{A}),R(\boldsymbol{B})\}$.

证　因为 $\boldsymbol{AB}=\boldsymbol{C}$，知矩阵方程 $\boldsymbol{AX}=\boldsymbol{C}$ 有解 $\boldsymbol{X}=\boldsymbol{B}$.

由定理 5 知 $R(\boldsymbol{A},\boldsymbol{C})=R(\boldsymbol{A})$. 而 $R(\boldsymbol{C})\leqslant R(\boldsymbol{A},\boldsymbol{C})$，因此 $R(\boldsymbol{C})\leqslant R(\boldsymbol{A})$.

又 $(\boldsymbol{AB})^{\mathrm{T}}=\boldsymbol{B}^{\mathrm{T}}\boldsymbol{A}^{\mathrm{T}}=\boldsymbol{C}^{\mathrm{T}}$，由上段证明知 $R(\boldsymbol{C}^{\mathrm{T}})\leqslant R(\boldsymbol{B}^{\mathrm{T}})$，即 $R(\boldsymbol{C})\leqslant R(\boldsymbol{B})$.

综上便得 $R(\boldsymbol{C})\leqslant\min\{R(\boldsymbol{A}),R(\boldsymbol{B})\}$.

3.4.3　齐次线性方程组有非零解的充分必要条件

n 元齐次线性方程组

$$\begin{cases}a_{11}x_1+a_{12}x_2+\cdots+a_{1n}x_n=0,\\ a_{21}x_1+a_{22}x_2+\cdots+a_{2n}x_n=0,\\ \vdots\\ a_{m1}x_1+a_{m2}x_2+\cdots+a_{mn}x_n=0,\end{cases}\tag{3.7}$$

方程组(3.7)可写成以向量 $\boldsymbol{x}$ 为未知元的向量方程

$$\boldsymbol{Ax}=\boldsymbol{0},\tag{3.8}$$

其中系数矩阵

$$\boldsymbol{A}=\begin{pmatrix}a_{11}&a_{12}&\cdots&a_{1n}\\ a_{21}&a_{22}&\cdots&a_{2n}\\ \vdots&\vdots&&\vdots\\ a_{m1}&a_{m2}&\cdots&a_{mn}\end{pmatrix}.$$

齐次线性方程组 $\boldsymbol{Ax}=\boldsymbol{0}$ 总是有解的，$\boldsymbol{x}=\boldsymbol{0}$（即零解）总是它的一个解. 因此，齐次线性方程组的解只有两种情况：①有唯一解（即只有零解）；②有无穷多解（即有非零解）.

定理 7　n 元齐次线性方程组 $\boldsymbol{Ax}=\boldsymbol{0}$ 有非零解的充分必要条件是系数矩阵 $\boldsymbol{A}$ 的秩 $R(\boldsymbol{A})<n$；而只有零解的充分必要条件是 $R(\boldsymbol{A})=n$.

定理 7 请读者自行证明.

解齐次线性方程组 $\boldsymbol{Ax}=\boldsymbol{0}$ 时，只需要对系数矩阵 $\boldsymbol{A}$ 施行初等行变换，化为行阶梯形矩阵，判断齐次线性方程组是否有非零解，在有非零解时，继续对系数矩阵施行初等行变换，化为行最简形矩阵，而后求出方程组的解.

例 3.15 求解方程组

$$\begin{cases} x_1+2x_2+3x_3+x_4=0, \\ 2x_1+4x_2-x_4=0, \\ -x_1-2x_2+3x_3+2x_4=0, \\ x_1+2x_2-9x_3-5x_4=0. \end{cases}$$

解

$$A=\begin{pmatrix} 1 & 2 & 3 & 1 \\ 2 & 4 & 0 & -1 \\ -1 & -2 & 3 & 2 \\ 1 & 2 & -9 & -5 \end{pmatrix} \xrightarrow[r_4-r_1]{\substack{r_2-2r_1 \\ r_3+r_1}} \begin{pmatrix} 1 & 2 & 3 & 1 \\ 0 & 0 & -6 & -3 \\ 0 & 0 & 6 & 3 \\ 0 & 0 & -12 & -6 \end{pmatrix}$$

$$\xrightarrow[r_2\div(-6)]{\substack{r_3+r_2 \\ r_4-2r_2}} \begin{pmatrix} 1 & 2 & 3 & 1 \\ 0 & 0 & 1 & \frac{1}{2} \\ 0 & 0 & 0 & 0 \\ 0 & 0 & 0 & 0 \end{pmatrix} \xrightarrow{r_1-3r_2} \begin{pmatrix} 1 & 2 & 0 & -\frac{1}{2} \\ 0 & 0 & 1 & \frac{1}{2} \\ 0 & 0 & 0 & 0 \\ 0 & 0 & 0 & 0 \end{pmatrix},$$

因 $R(\boldsymbol{A})=2<4$,所以齐次线性方程组有非零解. 可得与原方程组同解的方程组

$$\begin{cases} x_1+2x_2-\frac{1}{2}x_4=0, \\ x_3+\frac{1}{2}x_4=0, \end{cases}$$

取 x_2,x_4 为自由未知量,令 $x_2=c_1,x_4=c_2$,得方程组的通解为

$$\begin{pmatrix} x_1 \\ x_2 \\ x_3 \\ x_4 \end{pmatrix}=c_1\begin{pmatrix} -2 \\ 1 \\ 0 \\ 0 \end{pmatrix}+c_2\begin{pmatrix} \frac{1}{2} \\ 0 \\ -\frac{1}{2} \\ 1 \end{pmatrix} \quad (c_1,c_2\in \mathbf{R}).$$

由定理 7 可得下面两个推论:

推论 1 若齐次线性方程组 $\boldsymbol{Ax}=\boldsymbol{0}$ 中方程的个数小于未知数的个数,则它必有非零解.

推论 2　n 个方程 n 个未知数的齐次线性方程组 $\boldsymbol{Ax}=\boldsymbol{0}$ 有非零解的充分必要条件是系数行列式 $|\boldsymbol{A}|=0$；而它只有零解的充分必要条件是系数行列式 $|\boldsymbol{A}|\neq 0$.

定理 7 还可以推广到矩阵方程的情形中.

定理 8　矩阵方程 $\boldsymbol{A}_{m\times n}\boldsymbol{X}_{n\times l}=\boldsymbol{O}_{m\times l}$ 只有零解的充分必要条件是 $R(\boldsymbol{A})=n$.

以上两个推论及定理 8 请读者自行证明.

小　结

1. 初等变换

(1) 对调矩阵的两行(或列)[对调 i,j 两行(或列)，记作 $r_i\leftrightarrow r_j$(或 $c_i\leftrightarrow c_j$)].

(2) 将某一行(或列)所有元素乘以数 $k\neq 0$[第 i 行(或列)乘 k，记作 $r_i\times k$(或 $c_i\times k$)].

(3) 把某一行(或列)的所有元素的 k 倍加到另一行(或列)的对应元素上去[第 j 行(或列)的 k 倍加到第 i 行(或列)上，记作 r_i+kr_j(或 c_i+kc_j)].

2. 初等矩阵

(1) $\boldsymbol{E}(i,j)$：对调单位矩阵 $\boldsymbol{E}$ 的 i,j 两行(或列)所得的矩阵.

(2) $\boldsymbol{E}(i(k))$：用数 $k\neq 0$ 乘单位矩阵 $\boldsymbol{E}$ 的第 i 行(或列)所得的矩阵.

(3) $\boldsymbol{E}(ij(k))$：将单位矩阵 $\boldsymbol{E}$ 中第 j 行的 k 倍加到第 i 行上(或第 i 列的 k 倍加到第 j 列上)所得的矩阵.

3. 初等矩阵的重要结论

(1) 初等矩阵是可逆矩阵，且初等矩阵的逆矩阵仍然是同类型的初等矩阵：

$$\boldsymbol{E}(i,j)^{-1}=\boldsymbol{E}(i,j),\boldsymbol{E}(i(k))^{-1}=\boldsymbol{E}\left(i\left(\frac{1}{k}\right)\right),\boldsymbol{E}(ij(k))^{-1}=\boldsymbol{E}(ij(-k)).$$

(2) 设 $\boldsymbol{A}$ 是一个 $m\times n$ 矩阵，则对 $\boldsymbol{A}$ 施行一次初等行变换，相当于用相应的 m 阶初等矩阵左乘 $\boldsymbol{A}$；对 $\boldsymbol{A}$ 施行一次初等列变换，相当于用相应的 n 阶初等矩阵右乘 $\boldsymbol{A}$.

(3) 方阵 $\boldsymbol{A}$ 可逆的充分必要条件是 $\boldsymbol{A}$ 可以表示为有限个初等矩阵的乘积.

4. 矩阵的秩

(1)子式:在 $m\times n$ 矩阵 $\boldsymbol{A}$ 中,任取 k 行 k 列($k\leqslant\min\{m,n\}$),位于这些行列交叉处的 k^2 个元素按原来的次序所构成的 k 阶行列式,称为 $\boldsymbol{A}$ 的 k 阶子式.

(2)矩阵的秩:设在 $m\times n$ 矩阵 $\boldsymbol{A}$ 中有一个不等于 0 的 r 阶子式 D,且所有的 $r+1$ 阶子式(如果存在的话)全等于 0,则 D 称为矩阵 $\boldsymbol{A}$ 的最高阶非零子式.数 r 称为矩阵 $\boldsymbol{A}$ 的秩,记作 $R(\boldsymbol{A})=r$.

(3)矩阵秩的性质:

(i)$0\leqslant R(\boldsymbol{A}_{m\times n})\leqslant\min\{m,n\}$,且 $R(\boldsymbol{A})=0$ 的充分必要条件是 $\boldsymbol{A}=\boldsymbol{O}$;

(ii)$R(\boldsymbol{A})=R(\boldsymbol{A}^{\mathrm{T}})$;

(iii)$R(\boldsymbol{A})=R(k\boldsymbol{A})(k\neq 0)$;

(iv)若 $\boldsymbol{A}\sim\boldsymbol{B}$,则 $R(\boldsymbol{A})=R(\boldsymbol{B})$;

(v)若 $\boldsymbol{P},\boldsymbol{Q}$ 可逆,则 $R(\boldsymbol{PAQ})=R(\boldsymbol{A})$;

(vi)$\max\{R(\boldsymbol{A}),R(\boldsymbol{B})\}\leqslant R(\boldsymbol{A},\boldsymbol{B})\leqslant R(\boldsymbol{A})+R(\boldsymbol{B})$,特别地,当 $\boldsymbol{B}=\boldsymbol{b}$ 为列向量时,有 $R(\boldsymbol{A})\leqslant R(\boldsymbol{A},\boldsymbol{b})\leqslant R(\boldsymbol{A})+1$;

(vii)$R(\boldsymbol{A}\pm\boldsymbol{B})\leqslant R(\boldsymbol{A})+R(\boldsymbol{B})$;

(viii)$R(\boldsymbol{AB})\leqslant\min\{R(\boldsymbol{A}),R(\boldsymbol{B})\}$;

(ix)若 $\boldsymbol{A}_{m\times n}\boldsymbol{B}_{n\times l}=\boldsymbol{O}$,则 $R(\boldsymbol{A})+R(\boldsymbol{B})\leqslant n$.

5. 线性方程组的解

(1)非齐次线性方程组解的存在性:对 n 元非齐次线性方程组 $\boldsymbol{Ax}=\boldsymbol{b}$.

(i)无解的充分必要条件是 $R(\boldsymbol{A})<R(\boldsymbol{A},\boldsymbol{b})$;

(ii)有唯一解的充分必要条件是 $R(\boldsymbol{A})=R(\boldsymbol{A},\boldsymbol{b})=n$;

(iii)有无穷多解的充分必要条件是 $R(\boldsymbol{A})=R(\boldsymbol{A},\boldsymbol{b})<n$.

(2)齐次线性方程组非零解的存在性:

(i)$\boldsymbol{A}_{m\times n}\boldsymbol{x}=0$ 只有零解的充分必要条件是 $R(\boldsymbol{A})=n$;

(ii)$\boldsymbol{A}_{m\times n}\boldsymbol{x}=0$ 有非零解的充分必要条件是 $R(\boldsymbol{A})<n$;

(iii)$\boldsymbol{A}_{n\times n}\boldsymbol{x}=0$ 只有零解的充分必要条件是 $|\boldsymbol{A}|\neq 0$;

(iv)$\boldsymbol{A}_{n\times n}\boldsymbol{x}=0$ 有非零解的充分必要条件是 $|\boldsymbol{A}|=0$.

拓展阅读

习题 3

1. 把下列矩阵化为行最简形矩阵:

(1) $\begin{pmatrix} 1 & 0 & 2 & -1 \\ 2 & 0 & 3 & 1 \\ 3 & 0 & 4 & 3 \end{pmatrix}$;　(2) $\begin{pmatrix} 1 & 2 & -1 & -2 \\ 2 & -1 & -1 & 1 \\ 3 & 1 & -2 & -1 \end{pmatrix}$;

(3) $\begin{pmatrix} 1 & -1 & 3 & -4 & 3 \\ 3 & -3 & 5 & -4 & 1 \\ 2 & -2 & 3 & -2 & 0 \\ 3 & -3 & 4 & -2 & -1 \end{pmatrix}$;　(4) $\begin{pmatrix} 2 & 3 & 1 & -3 & -7 \\ 1 & 2 & 0 & -2 & -4 \\ 3 & -2 & 8 & 3 & 0 \\ 2 & -3 & 7 & 4 & 3 \end{pmatrix}$.

2. 利用矩阵的初等变换求下列矩阵的逆矩阵：

(1) $\begin{pmatrix} 1 & 2 & -1 \\ 3 & 4 & -2 \\ 5 & -3 & 1 \end{pmatrix}$;　(2) $\begin{pmatrix} 1 & 2 & -1 \\ 3 & 1 & 0 \\ -1 & 0 & -2 \end{pmatrix}$;

(3) $\begin{pmatrix} 3 & -2 & 0 & -1 \\ 0 & 2 & 2 & 1 \\ 1 & -2 & -3 & -2 \\ 0 & 1 & 2 & 1 \end{pmatrix}$;　(4) $\begin{pmatrix} 1 & 3 & -5 & 7 \\ 0 & 1 & 2 & 3 \\ 0 & 0 & 1 & 2 \\ 0 & 0 & 0 & 1 \end{pmatrix}$.

3. 利用矩阵的初等变换求解下列矩阵方程：

(1) $\boldsymbol{A} = \begin{pmatrix} 4 & 1 & -2 \\ 2 & 2 & 1 \\ 3 & 1 & -1 \end{pmatrix}$, $\boldsymbol{B} = \begin{pmatrix} 1 & -3 \\ 2 & 2 \\ 3 & -1 \end{pmatrix}$, 求矩阵 $\boldsymbol{X}$ 使得 $\boldsymbol{AX} = \boldsymbol{B}$;

(2) $\boldsymbol{A} = \begin{pmatrix} 0 & 2 & 1 \\ 2 & -1 & 3 \\ -3 & 3 & -4 \end{pmatrix}$, $\boldsymbol{B} = \begin{pmatrix} 1 & 2 & 3 \\ 2 & -3 & 1 \end{pmatrix}$, 求矩阵 $\boldsymbol{X}$ 使得 $\boldsymbol{XA} = \boldsymbol{B}$;

(3) $\boldsymbol{A} = \begin{pmatrix} 1 & -1 & 0 \\ 0 & 1 & -1 \\ -1 & 0 & 1 \end{pmatrix}$, 求矩阵 $\boldsymbol{X}$ 使得 $2\boldsymbol{X} + \boldsymbol{A} = \boldsymbol{AX}$.

4. 求下列矩阵的秩，并求其一个最高阶非零子式：

(1) $\begin{pmatrix} 1 & 1 & 2 & 3 \\ 1 & 2 & 3 & 5 \\ 0 & 1 & 1 & 2 \end{pmatrix}$;　(2) $\begin{pmatrix} 3 & 2 & -1 & -3 & -1 \\ 2 & -1 & 3 & 1 & -3 \\ 7 & 0 & 5 & -1 & -8 \end{pmatrix}$;

(3) $\begin{pmatrix} 3 & 6 & -9 & 7 & 9 \\ 2 & -1 & -1 & 1 & 2 \\ 1 & 1 & -2 & 1 & 4 \\ 2 & -3 & 1 & -1 & 2 \end{pmatrix}$；　　(4) $\begin{pmatrix} 2 & 3 & -1 & -7 \\ 3 & 1 & 2 & -7 \\ 4 & 1 & -3 & 6 \\ 1 & -2 & 5 & -5 \end{pmatrix}$.

5. 设 $\boldsymbol{A}$,$\boldsymbol{B}$ 都是 $m\times n$ 矩阵,证明 $\boldsymbol{A}\sim\boldsymbol{B}$ 的充分必要条件是 $R(\boldsymbol{A})=R(\boldsymbol{B})$.

6. 设 $\boldsymbol{A}=\begin{pmatrix} 1 & k & -1 & 2 \\ 2 & -1 & k & 5 \\ 1 & 10 & -6 & 1 \end{pmatrix}$,讨论矩阵 $\boldsymbol{A}$ 的秩.

7. 求解下列齐次线性方程组:

(1) $\begin{cases} x_1+2x_2+x_3-x_4=0, \\ 3x_1+6x_2-x_3-3x_4=0, \\ 5x_1+10x_2+x_3-5x_4=0; \end{cases}$　　(2) $\begin{cases} 2x_1+3x_2-x_3-7x_4=0, \\ 3x_1+x_2+2x_3-7x_4=0, \\ 4x_1+x_2-3x_3+6x_4=0, \\ x_1-2x_2+5x_3-5x_4=0; \end{cases}$

(3) $\begin{cases} x_1+x_2-3x_3-x_4=0, \\ 3x_1-x_2-3x_3+4x_4=0, \\ x_1+5x_2-9x_3-8x_4=0; \end{cases}$　　(4) $\begin{cases} 3x_1+4x_2-5x_3+7x_4=0, \\ 2x_1-3x_2+3x_3-2x_4=0, \\ 4x_1+11x_2-13x_3+16x_4=0, \\ 7x_1-2x_2+x_3+3x_4=0. \end{cases}$

8. 求解下列非齐次线性方程组:

(1) $\begin{cases} x_1+x_2+x_3=3, \\ 3x_1+x_2-5x_3=2, \\ 4x_1+2x_2-4x_3=6; \end{cases}$　　(2) $\begin{cases} 2x_1-x_2+3x_3=3, \\ 3x_1+x_2-5x_3=0, \\ 4x_1-x_2+x_3=3, \\ x_1+3x_2-13x_3=-6; \end{cases}$

(3) $\begin{cases} 2x_1+3x_2+x_3=4, \\ x_1-2x_2+4x_3=-5, \\ 3x_1+8x_2-2x_3=13, \\ 4x_1-x_2+9x_3=-6; \end{cases}$　　(4) $\begin{cases} 2x_1+x_2-x_3+x_4=1, \\ 4x_1+2x_2-2x_3+x_4=2, \\ 2x_1+x_2-x_3-x_4=1. \end{cases}$

9. 非齐次线性方程组

$$\begin{cases} x_1 - x_2 + 2x_3 = -4, \\ x_1 + x_2 + \lambda x_3 = 4, \\ x_1 - \lambda x_2 - x_3 = -\lambda^2, \end{cases}$$

当 λ 取何值时,此方程组无解、有唯一解、有无穷多解?

10. 非齐次线性方程组

$$\begin{cases} -2x_1 + x_2 + x_3 = -2, \\ x_1 - 2x_2 + x_3 = \lambda, \\ x_1 + x_2 - 2x_3 = \lambda^2, \end{cases}$$

当 λ 取何值时有解? 并求出它的通解.

11. λ 取何值时,非齐次线性方程组

$$\begin{cases} (1+\lambda)x_1 + x_2 + x_3 = 0, \\ x_1 + (1+\lambda)x_2 + x_3 = 3, \\ x_1 + x_2 + (1+\lambda)x_3 = \lambda, \end{cases}$$

(1)有唯一解;(2)无解;(3)有无穷多解,并在此情形下求出其通解.

12. 证明 $R(\boldsymbol{A})=1$ 的充分必要条件是存在非零列向量 $\boldsymbol{a}$ 及非零行向量 $\boldsymbol{b}^{\mathrm{T}}$,使 $\boldsymbol{A}=\boldsymbol{a}\boldsymbol{b}^{\mathrm{T}}$.

13. 设 $\boldsymbol{A}$ 为 $m\times n$ 矩阵,证明:

(1)方程 $\boldsymbol{AX}=\boldsymbol{E}_m$ 有解的充分必要条件是 $R(\boldsymbol{A})=m$;

(2)方程 $\boldsymbol{YA}=\boldsymbol{E}_n$ 有解的充分必要条件是 $R(\boldsymbol{A})=n$.

14. 设 $\boldsymbol{A}$ 为 $m\times n$ 矩阵,证明:若 $\boldsymbol{AX}=\boldsymbol{AY}$,且 $R(\boldsymbol{A})=n$,则 $\boldsymbol{X}=\boldsymbol{Y}$.

第 4 章
向量组的线性相关性

本章导学

本章在介绍 n 维向量及相关概念的基础上，讨论向量组的线性相关性，引入最大无关组和向量组的秩的概念，由向量组的秩和矩阵的秩之间的关系讨论线性方程组的解的结构，最后给出向量空间的概念.

4.1　向量组及其线性组合

对二维和三维向量的概念进一步推广，我们现给出 n 维向量的定义.

定义 1　n 个有序的数 $a_1, a_2, \cdots, a_n$ 所组成的数组称为 n 维向量. 这 n 个数称为该向量的 n 个分量，第 i 个数 a_i 称为第 i 个分量.

分量全为实数的向量称为实向量，分量为复数的向量称为复向量. 本书中若无特别说明，一般都指实向量. 分量全为 0 的向量称为零向量，记作 $\mathbf{0}$.

我们把 n 个分量写成一列

$$\boldsymbol{a} = \begin{pmatrix} a_1 \\ a_2 \\ \vdots \\ a_n \end{pmatrix}$$

的形式，称为 n 维列向量. 同理，称

$$\boldsymbol{a}^{\mathrm{T}} = (a_1, a_2, \cdots, a_n)$$

为 n 维行向量. 以后将 n 维行向量和 n 维列向量看成两个不同的向量.

常用小写黑体字母 $\boldsymbol{a}, \boldsymbol{b}, \boldsymbol{\alpha}, \boldsymbol{\beta}$ 等表示列向量,而用 $\boldsymbol{a}^{\mathrm{T}}, \boldsymbol{b}^{\mathrm{T}}, \boldsymbol{\alpha}^{\mathrm{T}}, \boldsymbol{\beta}^{\mathrm{T}}$ 等表示行向量. 所讨论的向量在没有指明是行向量还是列向量时,就当成列向量. 由于行向量和列向量分别就是行矩阵和列矩阵,于是可利用矩阵的运算来进行向量间的运算.

若干个同维数的列向量(或同维数的行向量)所组成的集合称为向量组,常用大写字母表示. 例如,一个 $m \times n$ 矩阵的全体列向量构成一个含 n 个 m 维列向量的向量组,它的全体行向量构成一个含 m 个 n 维行向量的向量组;又如,线性方程组 $\boldsymbol{A}_{m \times n}\boldsymbol{x} = \boldsymbol{0}$(当 $R(\boldsymbol{A}) < n$ 时)的全体解向量构成一个含无穷多个 n 维列向量的向量组.(本章只讨论含有限个向量的向量组)

矩阵的列向量组和行向量组都是只含有限个向量的向量组;反之,一个含有限个向量的向量组总可以构成一个矩阵. 例如:

m 个 n 维列向量所组成的向量组 A:$\boldsymbol{a}_1, \boldsymbol{a}_2, \cdots, \boldsymbol{a}_m$ 构成一个 $n \times m$ 矩阵

$$\boldsymbol{A} = (\boldsymbol{a}_1, \boldsymbol{a}_2, \cdots, \boldsymbol{a}_m);$$

m 个 n 维行向量所组成的向量组 B:$\boldsymbol{\beta}_1^{\mathrm{T}}, \boldsymbol{\beta}_2^{\mathrm{T}}, \cdots, \boldsymbol{\beta}_m^{\mathrm{T}}$ 构成一个 $m \times n$ 矩阵

$$\boldsymbol{B} = \begin{pmatrix} \boldsymbol{\beta}_1^{\mathrm{T}} \\ \boldsymbol{\beta}_2^{\mathrm{T}} \\ \vdots \\ \boldsymbol{\beta}_m^{\mathrm{T}} \end{pmatrix}.$$

总之,含有限个向量的向量组可以与矩阵一一对应.

定义2　设有向量组 A:$\boldsymbol{a}_1, \boldsymbol{a}_2, \cdots, \boldsymbol{a}_m$ 及任意给定的 m 个实数 $k_1, k_2, \cdots, k_m$,表达式

$$k_1\boldsymbol{a}_1 + k_2\boldsymbol{a}_2 + \cdots + k_m\boldsymbol{a}_m$$

称为向量组 A 的一个线性组合,$k_1, k_2, \cdots, k_m$ 称为这个线性组合的系数.

若向量 $\boldsymbol{b}$ 等于向量组 A 的某一线性组合,即存在数 $\lambda_1, \lambda_2, \cdots, \lambda_m$,使

$$\boldsymbol{b} = \lambda_1\boldsymbol{a}_1 + \lambda_2\boldsymbol{a}_2 + \cdots + \lambda_m\boldsymbol{a}_m,$$

则称向量 $\boldsymbol{b}$ 可由向量组 A 线性表示.

进一步可知,向量 $\boldsymbol{b}$ 可由向量组 A 线性表示,也就是方程组

$$x_1\boldsymbol{a}_1+x_2\boldsymbol{a}_2+\cdots+x_m\boldsymbol{a}_m=\boldsymbol{b}$$

有解. 由第 3 章定理 4 可得:

定理 1 向量 $\boldsymbol{b}$ 可由向量组 $A:\boldsymbol{a}_1,\boldsymbol{a}_2,\cdots,\boldsymbol{a}_m$ 线性表示的充分必要条件是矩阵 $\boldsymbol{A}=(\boldsymbol{a}_1,\boldsymbol{a}_2,\cdots,\boldsymbol{a}_m)$ 的秩等于矩阵 $\boldsymbol{B}=(\boldsymbol{a}_1,\boldsymbol{a}_2,\cdots,\boldsymbol{a}_m,\boldsymbol{b})$ 的秩.

定义 3 若向量组 $B:\boldsymbol{b}_1,\boldsymbol{b}_2,\cdots,\boldsymbol{b}_l$ 的每个向量都可由向量组 $A:\boldsymbol{a}_1,\boldsymbol{a}_2,\cdots,\boldsymbol{a}_m$ 线性表示,则称向量组 B 可由向量组 A 线性表示;若向量组 A 与向量组 B 可相互线性表示,则称向量组 A 与 B 等价.

把向量组 A 与 B 所构成的矩阵分别记为 $\boldsymbol{A}=(\boldsymbol{a}_1,\boldsymbol{a}_2,\cdots,\boldsymbol{a}_m)$ 和 $\boldsymbol{B}=(\boldsymbol{b}_1,\boldsymbol{b}_2,\cdots,\boldsymbol{b}_l)$,向量组 B 可由向量组 A 线性表示,即对每个向量 $\boldsymbol{b}_j(1,2,\cdots,l)$ 存在数 $k_{1j},k_{2j},\cdots,k_{mj}$,使

$$\boldsymbol{b}_j=k_{1j}\boldsymbol{a}_1+k_{2j}\boldsymbol{a}_2+\cdots+k_{mj}\boldsymbol{a}_m=(\boldsymbol{a}_1,\boldsymbol{a}_2,\cdots,\boldsymbol{a}_m)\begin{pmatrix}k_{1j}\\k_{2j}\\\vdots\\k_{mj}\end{pmatrix},$$

则

$$(\boldsymbol{b}_1,\boldsymbol{b}_2,\cdots,\boldsymbol{b}_l)=(\boldsymbol{a}_1,\boldsymbol{a}_2,\cdots,\boldsymbol{a}_m)\begin{pmatrix}k_{11}&k_{12}&\cdots&k_{1l}\\k_{21}&k_{22}&\cdots&k_{2l}\\\vdots&\vdots&&\vdots\\k_{m1}&k_{m2}&\cdots&k_{ml}\end{pmatrix},$$

这里,矩阵 $\boldsymbol{K}_{m\times l}=(k_{ij})$ 称为这一线性表示的系数矩阵.

由此可知,若 $\boldsymbol{C}_{m\times n}=\boldsymbol{A}_{m\times l}\boldsymbol{B}_{l\times n}$,则矩阵 $\boldsymbol{C}$ 的列向量组可由 $\boldsymbol{A}$ 的列向量组线性表示,$\boldsymbol{B}$ 为这一线性表示的系数矩阵,即

$$(\boldsymbol{c}_1,\boldsymbol{c}_2,\cdots,\boldsymbol{c}_n)=(\boldsymbol{a}_1,\boldsymbol{a}_2,\cdots,\boldsymbol{a}_l)\begin{pmatrix}b_{11}&b_{12}&\cdots&b_{1n}\\b_{21}&b_{22}&\cdots&b_{2n}\\\vdots&\vdots&&\vdots\\b_{l1}&b_{l2}&\cdots&b_{ln}\end{pmatrix};$$

同理,$\boldsymbol{C}$ 的行向量组 $C:\boldsymbol{\gamma}_1^{\mathrm{T}},\boldsymbol{\gamma}_2^{\mathrm{T}},\cdots,\boldsymbol{\gamma}_m^{\mathrm{T}}$ 可由 B 的行向量组 $B:\boldsymbol{\beta}_1^{\mathrm{T}},\boldsymbol{\beta}_2^{\mathrm{T}},\cdots,\boldsymbol{\beta}_{l''}^{\mathrm{T}}$ 线性表示,$\boldsymbol{A}$ 为这一线性表示的系数矩阵,即

$$\begin{pmatrix} \boldsymbol{\gamma}_1^{\mathrm{T}} \\ \boldsymbol{\gamma}_2^{\mathrm{T}} \\ \vdots \\ \boldsymbol{\gamma}_m^{\mathrm{T}} \end{pmatrix} = \begin{pmatrix} a_{11} & a_{12} & \cdots & a_{1l} \\ a_{21} & a_{22} & \cdots & a_{2l} \\ \vdots & \vdots & & \vdots \\ a_{m1} & a_{m2} & \cdots & a_{ml} \end{pmatrix} \begin{pmatrix} \boldsymbol{\beta}_1^{\mathrm{T}} \\ \boldsymbol{\beta}_2^{\mathrm{T}} \\ \vdots \\ \boldsymbol{\beta}_l^{\mathrm{T}} \end{pmatrix}.$$

设矩阵 $\boldsymbol{A}$ 与 $\boldsymbol{B}$ 行等价，即矩阵 $\boldsymbol{A}$ 经初等行变换变成矩阵 $\boldsymbol{B}$，则 $\boldsymbol{B}$ 的每个行向量都是 $\boldsymbol{A}$ 的行向量的线性组合，即 $\boldsymbol{B}$ 的行向量组可由 $\boldsymbol{A}$ 的行向量组线性表示. 由于初等变换是可逆的，则矩阵 $\boldsymbol{B}$ 也可经初等行变换变成矩阵 $\boldsymbol{A}$，从而 $\boldsymbol{A}$ 的行向量组也可由 $\boldsymbol{B}$ 的行向量组线性表示. 于是 $\boldsymbol{A}$ 的行向量组与 $\boldsymbol{B}$ 的行向量组等价.

同理，若矩阵 $\boldsymbol{A}$ 与 $\boldsymbol{B}$ 列等价，则 $\boldsymbol{A}$ 的列向量组与 $\boldsymbol{B}$ 的列向量组等价.

向量组的线性组合、线性表示及等价的概念，可移用于线性方程组. 若方程组 1 与方程组 2 能相互线性表示，则称这两个方程组可以互推，可互推的方程组一定同解.

向量组 B：$\boldsymbol{b}_1,\boldsymbol{b}_2,\cdots,\boldsymbol{b}_l$ 可由向量组 A：$\boldsymbol{a}_1,\boldsymbol{a}_2,\cdots,\boldsymbol{a}_m$ 线性表示，即存在系数矩阵 $\boldsymbol{K}_{m\times l}$，使

$$(\boldsymbol{b}_1,\boldsymbol{b}_2,\cdots,\boldsymbol{b}_l) = (\boldsymbol{a}_1,\boldsymbol{a}_2,\cdots,\boldsymbol{a}_m)\boldsymbol{K},$$

也就是矩阵方程

$$\boldsymbol{AX} = \boldsymbol{B}$$

有解，由第 3 章的定理 5，即有

定理 2　向量组 B：$\boldsymbol{b}_1,\boldsymbol{b}_2,\cdots,\boldsymbol{b}_l$ 可由向量组 A：$\boldsymbol{a}_1,\boldsymbol{a}_2,\cdots,\boldsymbol{a}_m$ 线性表示的充分必要条件是矩阵 $\boldsymbol{A}=(\boldsymbol{a}_1,\boldsymbol{a}_2,\cdots,\boldsymbol{a}_m)$ 的秩等于矩阵 $(\boldsymbol{A},\boldsymbol{B})=(\boldsymbol{a}_1,\cdots,\boldsymbol{a}_m,\boldsymbol{b}_1,\cdots,\boldsymbol{b}_l)$ 的秩，即

$$R(\boldsymbol{A}) = R(\boldsymbol{A},\boldsymbol{B}).$$

推论　向量组 A：$\boldsymbol{a}_1,\boldsymbol{a}_2,\cdots,\boldsymbol{a}_m$ 与向量组 B：$\boldsymbol{b}_1,\boldsymbol{b}_2,\cdots,\boldsymbol{b}_l$ 等价的充分必要条件是

$$R(\boldsymbol{A}) = R(\boldsymbol{B}) = R(\boldsymbol{A},\boldsymbol{B}),$$

其中，$\boldsymbol{A}$ 和 $\boldsymbol{B}$ 分别是向量组 A 和向量组 B 构成的矩阵.

证　由向量组 A 和向量组 B 可相互线性表示，根据定理 2，它们等价的充要条件是

$$R(\boldsymbol{A}) = R(\boldsymbol{A},\boldsymbol{B})，且\ R(\boldsymbol{B}) = R(\boldsymbol{B},\boldsymbol{A}),$$

又因为 $R(\boldsymbol{A},\boldsymbol{B})=R(\boldsymbol{B},\boldsymbol{A})$,故充要条件是 $R(\boldsymbol{A})=R(\boldsymbol{B})=R(\boldsymbol{A},\boldsymbol{B})$.

例 4.1 设 $\boldsymbol{a}_1=\begin{pmatrix}1\\1\\2\\2\end{pmatrix},\boldsymbol{a}_2=\begin{pmatrix}1\\2\\1\\3\end{pmatrix},\boldsymbol{a}_3=\begin{pmatrix}1\\-1\\4\\0\end{pmatrix},\boldsymbol{b}=\begin{pmatrix}1\\0\\3\\1\end{pmatrix}$,证明:向量 $\boldsymbol{b}$ 可由向量组 $\boldsymbol{a}_1,\boldsymbol{a}_2,\boldsymbol{a}_3$ 线性表示,并写出其中一个线性表示式.

微课:例 4.1

证 根据定理 1,要证矩阵 $\boldsymbol{A}=(\boldsymbol{a}_1,\boldsymbol{a}_2,\boldsymbol{a}_3)$ 与矩阵 $\boldsymbol{B}=(\boldsymbol{A},\boldsymbol{b})=(\boldsymbol{a}_1,\boldsymbol{a}_2,\boldsymbol{a}_3,\boldsymbol{b})$ 的秩相等. 对 $\boldsymbol{B}$ 施行初等行变换:

$$\boldsymbol{B}=\begin{pmatrix}1&1&1&1\\1&2&-1&0\\2&1&4&3\\2&3&0&1\end{pmatrix}\xrightarrow[r_4-2r_1]{\substack{r_2-r_1\\r_3-2r_1}}\begin{pmatrix}1&1&1&1\\0&1&-2&-1\\0&-1&2&1\\0&1&-2&-1\end{pmatrix}$$

$$\xrightarrow[r_4-r_2]{r_3+r_2}\begin{pmatrix}1&1&1&1\\0&1&-2&-1\\0&0&0&0\\0&0&0&0\end{pmatrix}\xrightarrow{r_1-r_2}\begin{pmatrix}1&0&3&2\\0&1&-2&-1\\0&0&0&0\\0&0&0&0\end{pmatrix},$$

可见,$R(\boldsymbol{A})=R(\boldsymbol{B})$,所以向量 $\boldsymbol{b}$ 可由向量组 $\boldsymbol{a}_1,\boldsymbol{a}_2,\boldsymbol{a}_3$ 线性表示.

由上述行最简形矩阵,可得方程组 $\boldsymbol{Ax}=\boldsymbol{b}$ 的同解方程组为

$$\begin{cases}x_1+3x_3=2,\\x_2-2x_3=-1,\end{cases}$$

即

$$\begin{cases}x_1=-3x_3+2,\\x_2=2x_3-1,\end{cases}$$

x_3 为自由未知量,令 $x_3=0$,可得方程组的一个特解为

$$\begin{pmatrix}x_1\\x_2\\x_3\end{pmatrix}=\begin{pmatrix}2\\-1\\0\end{pmatrix},$$

所以有

$$\boldsymbol{b}=2\boldsymbol{a}_1-\boldsymbol{a}_2.$$

例 4.2　设 $\boldsymbol{a}_1=\begin{pmatrix}1\\1\\0\\0\end{pmatrix},\boldsymbol{a}_2=\begin{pmatrix}1\\0\\1\\1\end{pmatrix},\boldsymbol{b}_1=\begin{pmatrix}2\\-1\\3\\3\end{pmatrix},\boldsymbol{b}_2=\begin{pmatrix}0\\1\\-1\\-1\end{pmatrix},\boldsymbol{b}_3=\begin{pmatrix}4\\-1\\5\\5\end{pmatrix}$,

证明:向量组 $\boldsymbol{a}_1,\boldsymbol{a}_2$ 与向量组 $\boldsymbol{b}_1,\boldsymbol{b}_2,\boldsymbol{b}_3$ 等价.

证　记 $\boldsymbol{A}=(\boldsymbol{a}_1,\boldsymbol{a}_2)$,$\boldsymbol{B}=(\boldsymbol{b}_1,\boldsymbol{b}_2,\boldsymbol{b}_3)$. 根据定理2的推论,只需证

$$R(\boldsymbol{A})=R(\boldsymbol{B})=R(\boldsymbol{A},\boldsymbol{B}).$$

对矩阵$(\boldsymbol{A},\boldsymbol{B})$施行初等行变换:

$$(\boldsymbol{A},\boldsymbol{B})=\begin{pmatrix}1&1&2&0&4\\1&0&-1&1&-1\\0&1&3&-1&5\\0&1&3&-1&5\end{pmatrix}\xrightarrow{r_2-r_1}\begin{pmatrix}1&1&2&0&4\\0&-1&-3&1&-5\\0&1&3&-1&5\\0&1&3&-1&5\end{pmatrix}$$

$$\xrightarrow[r_4+r_2]{r_3+r_2}\begin{pmatrix}1&1&2&0&4\\0&-1&-3&1&-5\\0&0&0&0&0\\0&0&0&0&0\end{pmatrix},$$

可见,$R(\boldsymbol{A})=2$,$R(\boldsymbol{B})=2$,$R(\boldsymbol{A},\boldsymbol{B})=2$,

因此

$$R(\boldsymbol{A})=R(\boldsymbol{B})=R(\boldsymbol{A},\boldsymbol{B}),$$

故向量组 $\boldsymbol{a}_1,\boldsymbol{a}_2$ 与向量组 $\boldsymbol{b}_1,\boldsymbol{b}_2,\boldsymbol{b}_3$ 等价.

定理3　设 $\boldsymbol{A}=(\boldsymbol{a}_1,\boldsymbol{a}_2,\cdots,\boldsymbol{a}_m)$,$\boldsymbol{B}=(\boldsymbol{b}_1,\boldsymbol{b}_2,\cdots,\boldsymbol{b}_l)$,若向量组 B:$\boldsymbol{b}_1,\boldsymbol{b}_2,\cdots,\boldsymbol{b}_l$ 可由向量组 A:$\boldsymbol{a}_1,\boldsymbol{a}_2,\cdots,\boldsymbol{a}_m$ 线性表示,则 $R(\boldsymbol{B})\leqslant R(\boldsymbol{A})$.

证　依题意,由定理2有 $R(\boldsymbol{A})=R(\boldsymbol{A},\boldsymbol{B})$,而 $R(\boldsymbol{B})\leqslant R(\boldsymbol{A},\boldsymbol{B})$,故

$$R(\boldsymbol{B})\leqslant R(\boldsymbol{A}).$$

4.2　向量组的线性相关性

定义4　给定向量组 A:$\boldsymbol{a}_1,\boldsymbol{a}_2,\cdots,\boldsymbol{a}_m$,若存在不全为零的一组数 $k_1,k_2,\cdots,$

k_m，使

$$k_1\boldsymbol{a}_1+k_2\boldsymbol{a}_2+\cdots+k_m\boldsymbol{a}_m=\boldsymbol{0},$$

则称向量组 A 是线性相关的，否则称向量组 A 线性无关.

根据相关性的定义，易得如下结论：

(i) 对于只有一个向量 $\boldsymbol{a}$ 的向量组，当 $\boldsymbol{a}=\boldsymbol{0}$ 时线性相关，当 $\boldsymbol{a}\neq\boldsymbol{0}$ 时线性无关；

(ii) 含两个向量 $\boldsymbol{a}_1,\boldsymbol{a}_2$ 的向量组线性相关$\Leftrightarrow\boldsymbol{a}_1,\boldsymbol{a}_2$ 的分量对应成比例；

(iii) 含有零向量的向量组一定线性相关.

向量组线性相关概念也可移用于线性方程组，当方程组中某个方程是其余方程的线性组合时，这个方程就是多余的，这时称方程组是线性相关的；当方程组中没有多余方程时，就称方程组是线性无关的.

设 $\boldsymbol{A}=(\boldsymbol{a}_1,\boldsymbol{a}_2,\cdots,\boldsymbol{a}_m)$，则向量组 $A:\boldsymbol{a}_1,\boldsymbol{a}_2,\cdots,\boldsymbol{a}_m$ 线性相关，就是齐次线性方程组

$$x_1\boldsymbol{a}_1+x_2\boldsymbol{a}_2+\cdots+x_m\boldsymbol{a}_m=\boldsymbol{0},$$

即 $\boldsymbol{A}x=\boldsymbol{0}$ 有非零解. 由第 3 章定理 7，可得

定理 4　向量组 $A:\boldsymbol{a}_1,\boldsymbol{a}_2,\cdots,\boldsymbol{a}_m$ 线性相关的充分必要条件是矩阵 $\boldsymbol{A}=(\boldsymbol{a}_1,\boldsymbol{a}_2,\cdots,\boldsymbol{a}_m)$ 的秩 $R(\boldsymbol{A})<m$；线性无关的充分必要条件是 $R(\boldsymbol{A})=m$（m 为向量组 A 中向量的个数）.

推论　m 个 n 维列向量构成的向量组 $A:\boldsymbol{a}_1,\boldsymbol{a}_2,\cdots,\boldsymbol{a}_m$，当 $m>n$ 时，一定线性相关.

证　记 $\boldsymbol{A}=(\boldsymbol{a}_1,\boldsymbol{a}_2,\cdots,\boldsymbol{a}_m)$，则 $\boldsymbol{A}$ 为 $n\times m$ 矩阵，于是有

$$R(\boldsymbol{A})\leqslant\min\{n,m\}=n<m,$$

故由定理 4 可知结论成立.

例 4.3　讨论 n 维单位坐标向量组 $\boldsymbol{e}_1=\begin{pmatrix}1\\0\\\vdots\\0\end{pmatrix},\boldsymbol{e}_2=\begin{pmatrix}0\\1\\\vdots\\0\end{pmatrix},\cdots,\boldsymbol{e}_n=\begin{pmatrix}0\\0\\\vdots\\1\end{pmatrix}$的线性相关性.

解　n 维单位坐标向量组构成的矩阵

$$\boldsymbol{E}=(\boldsymbol{e}_1,\boldsymbol{e}_2,\cdots,\boldsymbol{e}_n)$$

是 n 阶单位矩阵. 由于 $|\boldsymbol{E}|=1\neq0$，所以 $R(\boldsymbol{E})=n$，由定理 4 可知该向量组线

性无关.

例 4.4　已知

$$a_1=\begin{pmatrix}-1\\-1\\0\end{pmatrix},a_2=\begin{pmatrix}1\\-1\\-2\end{pmatrix},a_3=\begin{pmatrix}-1\\-3\\-2\end{pmatrix},$$

讨论向量组 a_1,a_2,a_3 及向量组 a_1,a_2 的线性相关性.

解　由

$$A=(a_1,a_2,a_3)=\begin{pmatrix}-1&1&-1\\-1&-1&-3\\0&-2&-2\end{pmatrix}\overset{r_2-r_1}{\sim}\begin{pmatrix}-1&1&-1\\0&-2&-2\\0&-2&-2\end{pmatrix}\overset{r_3-r_2}{\sim}\begin{pmatrix}-1&1&-1\\0&-2&-2\\0&0&0\end{pmatrix},$$

可知 $R(a_1,a_2,a_3)=2$,故 a_1,a_2,a_3 线性相关,而 $R(a_1,a_2)=2$,故 a_1,a_2 线性无关.

例 4.5　已知向量组 a_1,a_2,a_3 线性无关,而

$$b_1=a_1+a_2,b_2=a_2+a_3,b_3=a_3+a_1,$$

试证向量组 b_1,b_2,b_3 线性无关.

微课:例 4.5

证一　设有 x_1,x_2,x_3 使

$$x_1b_1+x_2b_2+x_3b_3=\mathbf{0},$$

即

$$x_1(a_1+a_2)+x_2(a_2+a_3)+x_3(a_3+a_1)=\mathbf{0},$$

也即

$$(x_1+x_3)a_1+(x_1+x_2)a_2+(x_2+x_3)a_3=\mathbf{0},$$

又因 a_1,a_2,a_3 线性无关,故有

$$\begin{cases}x_1+x_3=0,\\x_1+x_2=0,\\x_2+x_3=0,\end{cases}$$

此齐次线性方程组的系数行列式

$$\begin{vmatrix}1&0&1\\1&1&0\\0&1&1\end{vmatrix}=2\neq 0,$$

故方程组只有零解,即 $x_1=x_2=x_3=0$,所以向量组 b_1,b_2,b_3 线性无关.

证二 可把已知条件合写成

$$(\boldsymbol{b}_1,\boldsymbol{b}_2,\boldsymbol{b}_3)=(\boldsymbol{a}_1,\boldsymbol{a}_2,\boldsymbol{a}_3)\begin{pmatrix}1&0&1\\1&1&0\\0&1&1\end{pmatrix},$$

记为 $\boldsymbol{B}=\boldsymbol{AK}$. 因为 $|\boldsymbol{K}|=2\neq0$,所以 $\boldsymbol{K}$ 可逆,根据第 3 章定理 3 知 $R(\boldsymbol{B})=R(\boldsymbol{A})$.

因为 $\boldsymbol{A}$ 的列向量组线性无关,根据定理 4 知 $R(\boldsymbol{A})=3$,从而 $R(\boldsymbol{B})=3$,再由定理 4 知 $\boldsymbol{B}$ 的 3 个列向量线性无关,即 $\boldsymbol{b}_1,\boldsymbol{b}_2,\boldsymbol{b}_3$ 线性无关.

本例给出了两种方法,证一的基本思想:按定义 4 把证明向量组线性相关性转化为讨论齐次线性方程组有无非零解. 证二的基本思想:采用矩阵形式,并用了矩阵的秩的相关知识及定理 4,从而可以不涉及线性方程组而直接证得结论.

下面再给出几个向量组线性相关性方面的重要结论.

定理 5 (1)向量组 A:$\boldsymbol{a}_1,\boldsymbol{a}_2,\cdots,\boldsymbol{a}_m(m\geqslant2)$线性相关的充分必要条件是向量组中至少有一个向量可由其余 $m-1$ 个向量线性表示.

(2)若向量组 A:$\boldsymbol{a}_1,\boldsymbol{a}_2,\cdots,\boldsymbol{a}_m$ 线性相关,则向量组 B:$\boldsymbol{a}_1,\boldsymbol{a}_2,\cdots,\boldsymbol{a}_m,\boldsymbol{a}_{m+1}$ 也线性相关;反之,若向量组 B:$\boldsymbol{a}_1,\boldsymbol{a}_2,\cdots,\boldsymbol{a}_m,\boldsymbol{a}_{m+1}$ 线性无关,则向量组 A:$\boldsymbol{a}_1,\boldsymbol{a}_2,\cdots,\boldsymbol{a}_m$ 也线性无关.

(3)设向量组 A:$\boldsymbol{a}_1,\boldsymbol{a}_2,\cdots,\boldsymbol{a}_m$ 线性无关,而向量组 B:$\boldsymbol{a}_1,\boldsymbol{a}_2,\cdots,\boldsymbol{a}_m,\boldsymbol{b}$ 线性相关,则向量 $\boldsymbol{b}$ 必能由向量组 A 线性表示,且表示唯一.

证 (1)先证必要性.

若 A:$\boldsymbol{a}_1,\boldsymbol{a}_2,\cdots,\boldsymbol{a}_m$ 线性相关,则有不全为零的数 $k_1,k_2,\cdots,k_m$ 使

$$k_1\boldsymbol{a}_1+k_2\boldsymbol{a}_2+\cdots+k_m\boldsymbol{a}_m=\boldsymbol{0},$$

不妨设 $k_1\neq0$,则有

$$\boldsymbol{a}_1=-\frac{k_2}{k_1}\boldsymbol{a}_2-\frac{k_3}{k_1}\boldsymbol{a}_3-\cdots-\frac{k_m}{k_1}\boldsymbol{a}_m,$$

所以 $\boldsymbol{a}_1$ 可由其余 $m-1$ 个向量 $\boldsymbol{a}_2,\cdots,\boldsymbol{a}_m$ 线性表示.

再证充分性.

已知 $\boldsymbol{a}_1,\boldsymbol{a}_2,\cdots,\boldsymbol{a}_m$ 中至少有一向量可由其余 $m-1$ 个向量线性表示. 不妨设 $\boldsymbol{a}_1$ 可由 $\boldsymbol{a}_2,\cdots,\boldsymbol{a}_m$ 线性表示,即

$$a_1 = k_2 a_2 + k_3 a_3 + \cdots + k_m a_m,$$

所以

$$-a_1 + k_2 a_2 + k_3 a_3 + \cdots + k_m a_m = \mathbf{0},$$

因为 $-1, k_2, k_3, \cdots, k_m$ 不全为零，故 $a_1, a_2, \cdots, a_m$ 线性相关.

(2)记 $\boldsymbol{A} = (a_1, a_2, \cdots, a_m)$，$\boldsymbol{B} = (a_1, a_2, \cdots, a_m, a_{m+1})$，则有 $R(\boldsymbol{B}) \leqslant R(\boldsymbol{A}) + 1$. 若向量组 A 线性相关，根据定理 4，有 $R(\boldsymbol{A}) < m$，从而 $R(\boldsymbol{B}) \leqslant R(\boldsymbol{A}) + 1 < m + 1$，因此根据定理 4 可知向量组 B 线性相关.

结论(2)是对向量组增加一个向量而言的，对增加多个向量结论仍然成立. 即设向量组 A 是向量组 B 的一部分(这时称 A 是 B 的部分组)，结论(2)可叙述为：一个向量组若有线性相关的部分组，则该向量组线性相关；一个向量组若线性无关，则它的任一部分组都线性无关.

(3)记 $\boldsymbol{A} = (a_1, a_2, \cdots, a_m)$，$\boldsymbol{B} = (a_1, a_2, \cdots, a_m, b)$，有 $R(\boldsymbol{A}) \leqslant R(\boldsymbol{B})$. 因为向量组 A 线性无关，所以 $R(\boldsymbol{A}) = m$，而向量组 B 线性相关，所以 $R(\boldsymbol{B}) < m + 1$，即有 $m \leqslant R(\boldsymbol{B}) < m + 1$，故 $R(\boldsymbol{B}) = m$.

由于 $R(\boldsymbol{A}) = R(\boldsymbol{B}) = m$，根据第 3 章定理 4，可知方程组

$$x_1 a_1 + x_2 a_2 + \cdots + x_m a_m = b$$

有唯一解，即向量 b 能由向量组 A 线性表示，且表示唯一.

4.3　向量组的秩

从 4.2 节定理 4 可以看出，向量组的线性相关性与矩阵的秩有密切的联系. 为使讨论进一步深入，我们引入向量组的秩的概念，并给出向量组的秩和矩阵的秩之间的关系.

定义 5　给定向量组 A，若在 A 中能选出一个含 r 个向量的部分组 A_0：$a_1, a_2, \cdots, a_r$，满足：

(i)向量组 A_0 线性无关；

(ii)向量组 A 中任意 $r+1$ 个向量(如果 A 中有 $r+1$ 个向量的话)都线性相关，则称向量组 A_0 为向量组 A 的一个最大线性无关组，简称为最大无关组. 最大无关组 A_0 中所含向量个数 r 称为向量组 A 的秩. 向量组 A：$a_1, a_2, \cdots, a_m$ 的

秩,记作 R_A 或 $R(\boldsymbol{a}_1,\boldsymbol{a}_2,\cdots,\boldsymbol{a}_m)$.

只含有零向量的向量组没有最大无关组,规定它的秩为0.

由定义可知:

(1)若向量组 A 线性无关,则 A 的最大无关组就是 A 本身,它的秩就等于它所含向量的个数.

(2)向量组 A 线性相关的充分必要条件是向量组 A 的秩小于所含向量的个数.

(3)向量组 A 与它的最大无关组 A_0 等价. 因为 A_0 是 A 的一个部分组,故 A_0 总能由 A 线性表示;在 A 中任取一向量 $\boldsymbol{a}$,则有 $\boldsymbol{a}_1,\boldsymbol{a}_2,\cdots,\boldsymbol{a}_r,\boldsymbol{a}$ 这 $r+1$ 个向量线性相关,而 $\boldsymbol{a}_1,\boldsymbol{a}_2,\cdots,\boldsymbol{a}_r$ 线性无关,由4.2节定理5可知 $\boldsymbol{a}$ 能由 $\boldsymbol{a}_1,\boldsymbol{a}_2,\cdots,\boldsymbol{a}_r$ 线性表示,即 A 能由 A_0 线性表示.

对于只含有限个向量的向量组 $A:\boldsymbol{a}_1,\boldsymbol{a}_2,\cdots,\boldsymbol{a}_m$,它可以构成矩阵 $\boldsymbol{A}=(\boldsymbol{a}_1,\boldsymbol{a}_2,\cdots,\boldsymbol{a}_m)$,把定义5与第3章矩阵的秩的定义作比较,容易想到向量组 A 的秩就等于矩阵 $\boldsymbol{A}$ 的秩,即有

定理6 矩阵的秩等于它的列向量组的秩,也等于它的行向量组的秩.

证 设 $\boldsymbol{A}=(\boldsymbol{a}_1,\boldsymbol{a}_2,\cdots,\boldsymbol{a}_m)$,$R(\boldsymbol{A})=r$,并设某个 r 阶子式 $D_r\neq0$. 根据定理4,由 $D_r\neq0$ 可知 D_r 所在的 r 列线性无关;而 $\boldsymbol{A}$ 中所有 $r+1$ 阶子式均为零,知 A 中任意 $r+1$ 个列向量都线性相关. 因此 D_r 所在的 r 列是 $\boldsymbol{A}$ 的列向量组的一个最大无关组,所以 $\boldsymbol{A}$ 的列向量组的秩等于 r.

同理可证矩阵 $\boldsymbol{A}$ 的行向量组的秩也等于 $R(\boldsymbol{A})$.

定理6表明,含有限个向量的向量组的秩就等于该向量组所构成矩阵的秩. 据此,向量组 $A:\boldsymbol{a}_1,\boldsymbol{a}_2,\cdots,\boldsymbol{a}_m$ 的秩也可记作 $R(\boldsymbol{A})$.

由上述证明可知,$\boldsymbol{A}$ 中最高阶非零子式 D_r 所在的 r 列,即为 $\boldsymbol{A}$ 的列向量组的一个最大无关组,D_r 所在的 r 行,即为 $\boldsymbol{A}$ 的行向量组的一个最大无关组.

向量组的最大无关组一般不是唯一的. 如例4.4

$$(\boldsymbol{a}_1,\boldsymbol{a}_2,\boldsymbol{a}_3)=\begin{pmatrix}-1 & 1 & -1\\ -1 & -1 & -3\\ 0 & -2 & -2\end{pmatrix},$$

由 $R(\boldsymbol{a}_1,\boldsymbol{a}_2)=2$ 知 $\boldsymbol{a}_1,\boldsymbol{a}_2$ 线性无关,由 $R(\boldsymbol{a}_1,\boldsymbol{a}_2,\boldsymbol{a}_3)=2$ 知 $\boldsymbol{a}_1,\boldsymbol{a}_2,\boldsymbol{a}_3$ 线性相关,因此 $\boldsymbol{a}_1,\boldsymbol{a}_2$ 是向量组 $\boldsymbol{a}_1,\boldsymbol{a}_2,\boldsymbol{a}_3$ 的一个最大无关组. 此外,由 $R(\boldsymbol{a}_1,\boldsymbol{a}_3)=2$ 及

$R(\boldsymbol{a}_2,\boldsymbol{a}_3)=2$ 可知 $\boldsymbol{a}_1,\boldsymbol{a}_3$ 和 $\boldsymbol{a}_2,\boldsymbol{a}_3$ 都是向量组 $\boldsymbol{a}_1,\boldsymbol{a}_2,\boldsymbol{a}_3$ 的最大无关组.

根据4.2节定理5的第三个结论,定义5有如下等价定义:

最大无关组的等价定义　设向量组 $A_0:\boldsymbol{a}_1,\boldsymbol{a}_2,\cdots,\boldsymbol{a}_r$ 是向量组 A 的一个部分组,且满足

(i)向量组 A_0 线性无关;

(ii)向量组 A 中任一向量都能由向量组 A_0 线性表示,则向量组 A_0 为向量组 A 的一个最大无关组.

由于向量组的秩与其构成矩阵的秩相等,故本章介绍的定理1,2,3,4中出现的矩阵的秩都可以改成向量组的秩来表示. 且以上有关向量组的定理,都是建立在有限个向量的基础上的,利用最大无关组作过渡,可将这些定理推广到无限个向量的情形.

例4.6　已知向量组 A:

$$\boldsymbol{a}_1=\begin{pmatrix}3\\1\\2\\8\end{pmatrix},\boldsymbol{a}_2=\begin{pmatrix}6\\1\\4\\-12\end{pmatrix},\boldsymbol{a}_3=\begin{pmatrix}-9\\-2\\-6\\4\end{pmatrix},\boldsymbol{a}_4=\begin{pmatrix}7\\1\\4\\-4\end{pmatrix},\boldsymbol{a}_5=\begin{pmatrix}9\\4\\8\\8\end{pmatrix},$$

微课:例4.6

求向量组 A 的一个最大无关组,并将其余向量用最大无关组线性表示.

解　设 $\boldsymbol{A}=(\boldsymbol{a}_1,\boldsymbol{a}_2,\boldsymbol{a}_3,\boldsymbol{a}_4,\boldsymbol{a}_5)$,对矩阵 $\boldsymbol{A}$ 施行初等行变换,化成行最简形矩阵(参看第3章3.4节例3.9):

$$\boldsymbol{A}=\begin{pmatrix}3&6&-9&7&9\\1&1&-2&1&4\\2&4&-6&4&8\\8&-12&4&-4&8\end{pmatrix}\overset{r}{\sim}\begin{pmatrix}1&0&-1&0&4\\0&1&-1&0&3\\0&0&0&1&-3\\0&0&0&0&0\end{pmatrix}=\boldsymbol{B},$$

可知 $R(\boldsymbol{A})=3$,故向量组 A 的最大无关组中含3个向量. 而3个非零行的第一个非零元在第1,2,4三列,且因为

$$(\boldsymbol{a}_1,\boldsymbol{a}_2,\boldsymbol{a}_4)\overset{r}{\sim}\begin{pmatrix}1&0&0\\0&1&0\\0&0&1\\0&0&0\end{pmatrix},$$

所以 $R(\boldsymbol{a}_1,\boldsymbol{a}_2,\boldsymbol{a}_4)=3$,故 $\boldsymbol{a}_1,\boldsymbol{a}_2,\boldsymbol{a}_4$ 为向量组 A 的一个最大无关组.

由于方程组 $\boldsymbol{Ax}=\boldsymbol{0}$ 与 $\boldsymbol{Bx}=\boldsymbol{0}$ 同解,即方程组

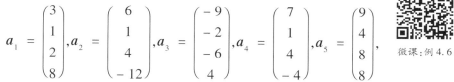

$$x_1\boldsymbol{a}_1+x_2\boldsymbol{a}_2+x_3\boldsymbol{a}_3+x_4\boldsymbol{a}_4+x_5\boldsymbol{a}_5=\mathbf{0}$$

与

$$x_1\boldsymbol{b}_1+x_2\boldsymbol{b}_2+x_3\boldsymbol{b}_3+x_4\boldsymbol{b}_4+x_5\boldsymbol{b}_5=\mathbf{0}[\text{令 }\boldsymbol{B}=(\boldsymbol{b}_1,\boldsymbol{b}_2,\boldsymbol{b}_3,\boldsymbol{b}_4,\boldsymbol{b}_5)]$$

同解，因此向量组 $\boldsymbol{a}_1,\boldsymbol{a}_2,\boldsymbol{a}_3,\boldsymbol{a}_4,\boldsymbol{a}_5$ 与向量组 $\boldsymbol{b}_1,\boldsymbol{b}_2,\boldsymbol{b}_3,\boldsymbol{b}_4,\boldsymbol{b}_5$ 之间有相同的线性关系，

由于

$$\boldsymbol{b}_3=\begin{pmatrix}-1\\-1\\0\\0\end{pmatrix}=(-1)\times\begin{pmatrix}1\\0\\0\\0\end{pmatrix}+(-1)\times\begin{pmatrix}0\\1\\0\\0\end{pmatrix}=-\boldsymbol{b}_1-\boldsymbol{b}_2,$$

$$\boldsymbol{b}_5=\begin{pmatrix}4\\3\\-3\\0\end{pmatrix}=4\times\begin{pmatrix}1\\0\\0\\0\end{pmatrix}+3\times\begin{pmatrix}0\\1\\0\\0\end{pmatrix}+(-3)\times\begin{pmatrix}0\\0\\1\\0\end{pmatrix}=4\boldsymbol{b}_1+3\boldsymbol{b}_2-3\boldsymbol{b}_4,$$

因此

$$\boldsymbol{a}_3=-\boldsymbol{a}_1-\boldsymbol{a}_2,$$
$$\boldsymbol{a}_5=4\boldsymbol{a}_1+3\boldsymbol{a}_2-3\boldsymbol{a}_4.$$

4.4 线性方程组的解的结构

线性方程组的求解方法和解的理论，是线性代数的核心内容. 在第 1 章中介绍了克莱姆法则，但克莱姆法则只适用于讨论方程个数与未知数个数相同的线性方程组；在第 3 章中，介绍了用初等行变换求线性方程组的解的方法，并给出了齐次线性方程组有非零解的充分必要条件以及非齐次线性方程组有解的充分必要条件. 本节将利用向量组的线性相关性理论，讨论线性方程组的解.

4.4.1 齐次线性方程组解的结构

设有齐次线性方程组

$$\begin{cases} a_{11}x_1 + a_{12}x_2 + \cdots + a_{1n}x_n = 0, \\ a_{21}x_1 + a_{22}x_2 + \cdots + a_{2n}x_n = 0, \\ \vdots \\ a_{m1}x_1 + a_{m2}x_2 + \cdots + a_{mn}x_n = 0, \end{cases} \tag{4.1}$$

可以写成向量形式

$$\boldsymbol{A}\boldsymbol{x} = \boldsymbol{0}, \tag{4.2}$$

若 $\begin{cases} x_1 = \xi_{11}, \\ x_2 = \xi_{21}, \\ \vdots \\ x_n = \xi_{n1}, \end{cases}$ 为方程组(4.1)的解,则称 $\boldsymbol{x} = \boldsymbol{\xi}_1 = \begin{pmatrix} \xi_{11} \\ \xi_{21} \\ \vdots \\ \xi_{n1} \end{pmatrix}$ 为方程组(4.1)的解向量. 下面来讨论齐次线性方程组解向量的性质.

性质 1 若 $\boldsymbol{x} = \boldsymbol{\xi}_1, \boldsymbol{x} = \boldsymbol{\xi}_2$ 为 $\boldsymbol{A}\boldsymbol{x} = \boldsymbol{0}$ 的解,则 $\boldsymbol{x} = \boldsymbol{\xi}_1 + \boldsymbol{\xi}_2$ 也是 $\boldsymbol{A}\boldsymbol{x} = \boldsymbol{0}$ 的解.

证 只需验证 $\boldsymbol{x} = \boldsymbol{\xi}_1 + \boldsymbol{\xi}_2$ 满足方程 $\boldsymbol{A}\boldsymbol{x} = \boldsymbol{0}$:

$$\boldsymbol{A}(\boldsymbol{\xi}_1 + \boldsymbol{\xi}_2) = \boldsymbol{A}\boldsymbol{\xi}_1 + \boldsymbol{A}\boldsymbol{\xi}_2 = \boldsymbol{0} + \boldsymbol{0} = \boldsymbol{0}.$$

性质 2 若 $\boldsymbol{x} = \boldsymbol{\xi}_1$ 为 $\boldsymbol{A}\boldsymbol{x} = \boldsymbol{0}$ 的解,k 为实数,则 $\boldsymbol{x} = k\boldsymbol{\xi}_1$ 也是 $\boldsymbol{A}\boldsymbol{x} = \boldsymbol{0}$ 的解.

证
$$\boldsymbol{A}(k\boldsymbol{\xi}_1) = k(\boldsymbol{A}\boldsymbol{\xi}_1) = k\boldsymbol{0} = \boldsymbol{0}.$$

定义 6 若向量 $\boldsymbol{\xi}_1, \boldsymbol{\xi}_2, \cdots, \boldsymbol{\xi}_t$ 为齐次线性方程组 $\boldsymbol{A}\boldsymbol{x} = \boldsymbol{0}$ 的解向量,且满足:

(i) $\boldsymbol{\xi}_1, \boldsymbol{\xi}_2, \cdots, \boldsymbol{\xi}_t$ 线性无关;

(ii) $\boldsymbol{A}\boldsymbol{x} = \boldsymbol{0}$ 的所有解均可由 $\boldsymbol{\xi}_1, \boldsymbol{\xi}_2, \cdots, \boldsymbol{\xi}_t$ 线性表示,

则称 $\boldsymbol{\xi}_1, \boldsymbol{\xi}_2, \cdots, \boldsymbol{\xi}_t$ 为方程组 $\boldsymbol{A}\boldsymbol{x} = \boldsymbol{0}$ 的一个基础解系,称

$$\boldsymbol{x} = k_1\boldsymbol{\xi}_1 + k_2\boldsymbol{\xi}_2 + \cdots + k_t\boldsymbol{\xi}_t \text{(其中 } k_1, k_2, \cdots, k_t \text{ 为任意实数)}$$

为方程组 $\boldsymbol{A}\boldsymbol{x} = \boldsymbol{0}$ 的通解.

若把方程组 $\boldsymbol{A}\boldsymbol{x} = \boldsymbol{0}$ 的所有解组成一个向量组 S,则基础解系 $\boldsymbol{\xi}_1, \boldsymbol{\xi}_2, \cdots, \boldsymbol{\xi}_t$ 为向量组 S 的一个最大无关组.

由定义 6 可知,要求方程组 $\boldsymbol{A}\boldsymbol{x} = \boldsymbol{0}$ 的通解,只需求出它的基础解系.

第 3 章中,我们用初等行变换来求线性方程组的通解,下面将用同一方法来求齐次线性方程组的基础解系.

设方程组(4.1)的系数矩阵 $\boldsymbol{A}$ 的秩为 r,并假设 $\boldsymbol{A}$ 的前 r 个列向量线性无关,于是 $\boldsymbol{A}$ 的行最简形矩阵为:

$$
\boldsymbol{B}=\begin{pmatrix}
1 & \cdots & 0 & b_{11} & \cdots & b_{1,n-r}\\
\vdots & & \vdots & \vdots & & \vdots\\
0 & \cdots & 1 & b_{r1} & \cdots & b_{r,n-r}\\
0 & \cdots & 0 & 0 & \cdots & 0\\
\vdots & & \vdots & \vdots & & \vdots\\
0 & \cdots & 0 & 0 & \cdots & 0
\end{pmatrix},
$$

与 $\boldsymbol{B}$ 对应的方程组为

$$
\begin{cases}
x_1=-b_{11}x_{r+1}-\cdots-b_{1,n-r}x_n,\\
x_2=-b_{21}x_{r+1}-\cdots-b_{2,n-r}x_n,\\
\vdots\\
x_r=-b_{r1}x_{r+1}-\cdots-b_{r,n-r}x_n,
\end{cases}
\tag{4.3}
$$

取 $x_{r+1},\cdots,x_n$ 作为自由未知量,并令它们依次等于 $c_1,\cdots,c_{n-r}$,可得方程(4.1)的通解

$$
\begin{pmatrix} x_1\\ \vdots\\ x_r\\ x_{r+1}\\ x_{r+2}\\ \vdots\\ x_n \end{pmatrix}
=c_1\begin{pmatrix} -b_{11}\\ \vdots\\ -b_{r1}\\ 1\\ 0\\ \vdots\\ 0 \end{pmatrix}
+c_2\begin{pmatrix} -b_{12}\\ \vdots\\ -b_{r2}\\ 0\\ 1\\ \vdots\\ 0 \end{pmatrix}
+\cdots+c_{n-r}\begin{pmatrix} -b_{1,n-r}\\ \vdots\\ -b_{r,n-r}\\ 0\\ 0\\ \vdots\\ 1 \end{pmatrix}.
$$

把上式记为

$$
\boldsymbol{x}=c_1\boldsymbol{\xi}_1+c_2\boldsymbol{\xi}_2+\cdots+c_{n-r}\boldsymbol{\xi}_{n-r},
$$

可知 $\boldsymbol{\xi}_1,\boldsymbol{\xi}_2,\cdots,\boldsymbol{\xi}_{n-r}$ 均为方程组(4.1)的解向量,且解集 S 中的任一向量 $\boldsymbol{x}$ 均能由 $\boldsymbol{\xi}_1,\boldsymbol{\xi}_2,\cdots,\boldsymbol{\xi}_{n-r}$ 线性表示,又因为矩阵$(\boldsymbol{\xi}_1,\boldsymbol{\xi}_2,\cdots,\boldsymbol{\xi}_{n-r})$中有一个 $n-r$ 阶子式 $|\boldsymbol{E}_{n-r}|\neq 0$ 故 $R(\boldsymbol{\xi}_1,\boldsymbol{\xi}_2,\cdots,\boldsymbol{\xi}_{n-r})=n-r$,所以 $\boldsymbol{\xi}_1,\boldsymbol{\xi}_2,\cdots,\boldsymbol{\xi}_{n-r}$ 线性无关,从而由定义 6 可知 $\boldsymbol{\xi}_1,\boldsymbol{\xi}_2,\cdots,\boldsymbol{\xi}_{n-r}$ 为方程组(4.1)的基础解系.

在上面的讨论中,先求出通解,再从通解中求得基础解系. 也可以先求出基础解系,再写出通解. 这只需在得到方程组(4.3)后,把自由未知量 x_{r+1},$x_{r+2},\cdots,x_n$ 构成的向量令为如下 $n-r$ 个无关向量:

$$\begin{pmatrix} x_{r+1} \\ x_{r+2} \\ \vdots \\ x_n \end{pmatrix} = \begin{pmatrix} 1 \\ 0 \\ \vdots \\ 0 \end{pmatrix}, \begin{pmatrix} 0 \\ 1 \\ \vdots \\ 0 \end{pmatrix}, \cdots, \begin{pmatrix} 0 \\ 0 \\ \vdots \\ 1 \end{pmatrix},$$

将上述 $n-r$ 个无关向量依次代入方程组(4.3),可得

$$\begin{pmatrix} x_1 \\ \vdots \\ x_r \end{pmatrix} = \begin{pmatrix} -b_{11} \\ \vdots \\ -b_{r1} \end{pmatrix}, \begin{pmatrix} -b_{12} \\ \vdots \\ -b_{r2} \end{pmatrix}, \cdots, \begin{pmatrix} -b_{1,n-r} \\ \vdots \\ -b_{r,n-r} \end{pmatrix},$$

合起来即得基础解系

$$\boldsymbol{\xi}_1 = \begin{pmatrix} -b_{11} \\ \vdots \\ -b_{r1} \\ 1 \\ 0 \\ \vdots \\ 0 \end{pmatrix}, \boldsymbol{\xi}_2 = \begin{pmatrix} -b_{12} \\ \vdots \\ -b_{r2} \\ 0 \\ 1 \\ \vdots \\ 0 \end{pmatrix}, \cdots, \boldsymbol{\xi}_{n-r} = \begin{pmatrix} -b_{1,n-r} \\ \vdots \\ -b_{r,n-r} \\ 0 \\ 0 \\ \vdots \\ 1 \end{pmatrix}.$$

根据以上讨论,可以得到:

定理 7　设 $\boldsymbol{A}$ 为 $m \times n$ 矩阵,若 $R(\boldsymbol{A}) = r$,则 n 元齐次线性方程组 $\boldsymbol{Ax} = \boldsymbol{0}$ 的解集 S 的秩 $R_S = n - r$.

由最大无关组的性质可知,方程组 $\boldsymbol{Ax} = \boldsymbol{0}$ 的任何 $n-r$ 个线性无关的解都可构成它的基础解系,由此可知齐次线性方程组的基础解系并不是唯一的,它的通解形式也不是唯一的.

例 4.7　求齐次线性方程组

$$\begin{cases} x_1 + x_2 - 2x_3 + 3x_4 = 0, \\ x_1 - x_2 + 5x_3 - x_4 = 0, \\ x_1 + 3x_2 - 9x_3 + 7x_4 = 0, \end{cases}$$

微课:例 4.7

的基础解系,并写出其通解.

解　对系数矩阵 $\boldsymbol{A}$ 作初等行变换,变为行最简形矩阵,有

$$
\boldsymbol{A}=\begin{pmatrix}1&1&-2&3\\1&-1&5&-1\\1&3&-9&7\end{pmatrix}\xrightarrow[r_3-r_1]{r_2-r_1}\begin{pmatrix}1&1&-2&3\\0&-2&7&-4\\0&2&-7&4\end{pmatrix}
$$

$$
\xrightarrow{r_3+r_2}\begin{pmatrix}1&1&-2&3\\0&-2&7&-4\\0&0&0&0\end{pmatrix}\xrightarrow{r_2\div(-2)}\begin{pmatrix}1&1&-2&3\\0&1&-\frac{7}{2}&2\\0&0&0&0\end{pmatrix}
$$

$$
\xrightarrow{r_1-r_2}\begin{pmatrix}1&0&\frac{3}{2}&1\\0&1&-\frac{7}{2}&2\\0&0&0&0\end{pmatrix},
$$

可得

$$
\begin{cases}x_1=-\frac{3}{2}x_3-x_4,\\x_2=\frac{7}{2}x_3-2x_4,\end{cases}
$$

令$\begin{pmatrix}x_3\\x_4\end{pmatrix}=\begin{pmatrix}1\\0\end{pmatrix}$及$\begin{pmatrix}0\\1\end{pmatrix}$,则对应有$\begin{pmatrix}x_1\\x_2\end{pmatrix}=\begin{pmatrix}-\frac{3}{2}\\\frac{7}{2}\end{pmatrix}$及$\begin{pmatrix}-1\\-2\end{pmatrix}$,即得基础解系

$$
\boldsymbol{\xi}_1=\begin{pmatrix}-\frac{3}{2}\\\frac{7}{2}\\1\\0\end{pmatrix},\boldsymbol{\xi}_2=\begin{pmatrix}-1\\-2\\0\\1\end{pmatrix},
$$

则通解为

$$
\begin{pmatrix}x_1\\x_2\\x_3\\x_4\end{pmatrix}=c_1\begin{pmatrix}-\frac{3}{2}\\\frac{7}{2}\\1\\0\end{pmatrix}+c_2\begin{pmatrix}-1\\-2\\0\\1\end{pmatrix}\quad(c_1,c_2\in\mathbf{R});
$$

若取$\begin{pmatrix}x_3\\x_4\end{pmatrix}=\begin{pmatrix}2\\0\end{pmatrix}$及$\begin{pmatrix}0\\-1\end{pmatrix}$,则对应有$\begin{pmatrix}x_1\\x_2\end{pmatrix}=\begin{pmatrix}-3\\7\end{pmatrix}$及$\begin{pmatrix}1\\2\end{pmatrix}$,即得基础解系

$$\boldsymbol{\eta}_1=\begin{pmatrix}-3\\7\\2\\0\end{pmatrix},\boldsymbol{\eta}_2=\begin{pmatrix}1\\2\\0\\-1\end{pmatrix},$$

则通解为

$$\begin{pmatrix}x_1\\x_2\\x_3\\x_4\end{pmatrix}=k_1\begin{pmatrix}-3\\7\\1\\0\end{pmatrix}+k_2\begin{pmatrix}1\\2\\0\\-1\end{pmatrix}\quad(k_1,k_2\in\mathbf{R}).$$

例 4.8　设 $\boldsymbol{A}_{m\times n}\boldsymbol{B}_{n\times l}=\boldsymbol{O}$,证明 $R(\boldsymbol{A})+R(\boldsymbol{B})\leqslant n$.

证　记 $\boldsymbol{B}=(\boldsymbol{b}_1,\boldsymbol{b}_2,\cdots,\boldsymbol{b}_l)$,则

$$\boldsymbol{AB}=\boldsymbol{A}(\boldsymbol{b}_1,\boldsymbol{b}_2,\cdots,\boldsymbol{b}_l)=(\boldsymbol{0},\boldsymbol{0},\cdots,\boldsymbol{0}),$$

即 $\boldsymbol{Ab}_i=\boldsymbol{0}\quad(i=1,2,\cdots,l)$.

该式表明,矩阵 $\boldsymbol{B}$ 的 l 个列向量都是齐次线性方程组 $\boldsymbol{Ax}=\boldsymbol{0}$ 的解. 记方程组$\boldsymbol{Ax}=\boldsymbol{0}$的解集为 S,由 $\boldsymbol{b}_i\in\boldsymbol{S}(i=1,2,\cdots,l)$知,$R(\boldsymbol{b}_1,\boldsymbol{b}_2,\cdots,\boldsymbol{b}_l)\leqslant R_S$,即 $R(\boldsymbol{B})\leqslant R_S$. 由定理 7 可知 $R(\boldsymbol{A})=n-R_S$,故 $R(\boldsymbol{A})+R(\boldsymbol{B})\leqslant(n-R_S)+R_S=n$.

例 4.9　证明 $R(\mathbf{A}^{\mathrm{T}}\mathbf{A})=R(\mathbf{A})$.

证　设 $\mathbf{A}$ 为 $m\times n$ 矩阵,$\boldsymbol{x}$ 为 n 维列向量,若 $\boldsymbol{x}$ 满足 $\mathbf{A}\boldsymbol{x}=\mathbf{0}$,则有 $\mathbf{A}^{\mathrm{T}}(\mathbf{A}\boldsymbol{x})=\mathbf{0}$,即$(\mathbf{A}^{\mathrm{T}}\mathbf{A})\boldsymbol{x}=\mathbf{0}$;若 $\boldsymbol{x}$ 满足$(\mathbf{A}^{\mathrm{T}}\mathbf{A})\boldsymbol{x}=\mathbf{0}$,则 $\boldsymbol{x}^{\mathrm{T}}(\mathbf{A}^{\mathrm{T}}\mathbf{A})\boldsymbol{x}=0$,即$(\mathbf{A}\boldsymbol{x})^{\mathrm{T}}(\mathbf{A}\boldsymbol{x})=0$,从而推知 $\mathbf{A}\boldsymbol{x}=\mathbf{0}$.

综上可知,方程组 $\mathbf{A}\boldsymbol{x}=\mathbf{0}$ 与$(\mathbf{A}^{\mathrm{T}}\mathbf{A})\boldsymbol{x}=\mathbf{0}$ 同解,设解集为 S,根据定理 7,有 $\boldsymbol{R}(\mathbf{A})=n-R_S$,$R(\mathbf{A}^{\mathrm{T}}\mathbf{A})=n-R_S$,因此 $R(\mathbf{A}^{\mathrm{T}}\mathbf{A})=R(\mathbf{A})$.

4.4.2　非齐次线性方程组解的结构

设有非齐次线性方程组

$$\begin{cases} a_{11}x_1 + a_{12}x_2 + \cdots + a_{1n}x_n = b_1, \\ a_{21}x_1 + a_{22}x_2 + \cdots + a_{2n}x_n = b_2, \\ \vdots \\ a_{m1}x_1 + a_{m2}x_2 + \cdots + a_{mn}x_n = b_m, \end{cases} \tag{4.4}$$

可以写成向量形式

$$\boldsymbol{Ax} = \boldsymbol{b}, \tag{4.5}$$

它的解向量有如下性质:

性质 3 若 $\boldsymbol{x} = \boldsymbol{\eta}_1, \boldsymbol{x} = \boldsymbol{\eta}_2$ 为 $\boldsymbol{Ax} = \boldsymbol{b}$ 的解,则 $\boldsymbol{x} = \boldsymbol{\eta}_1 - \boldsymbol{\eta}_2$ 为对应齐次线性方程组 $\boldsymbol{Ax} = \boldsymbol{0}$ 的解.

证 $$\boldsymbol{A}(\boldsymbol{\eta}_1 - \boldsymbol{\eta}_2) = \boldsymbol{A\eta}_1 - \boldsymbol{A\eta}_2 = \boldsymbol{b} - \boldsymbol{b} = \boldsymbol{0},$$

即 $\boldsymbol{x} = \boldsymbol{\eta}_1 - \boldsymbol{\eta}_2$ 满足方程 $\boldsymbol{Ax} = \boldsymbol{0}$.

性质 4 设 $\boldsymbol{x} = \boldsymbol{\eta}$ 是方程 $\boldsymbol{Ax} = \boldsymbol{b}$ 的解, $\boldsymbol{x} = \boldsymbol{\xi}$ 是方程 $\boldsymbol{Ax} = \boldsymbol{0}$ 的解,则 $\boldsymbol{x} = \boldsymbol{\xi} + \boldsymbol{\eta}$ 仍是方程 $\boldsymbol{Ax} = \boldsymbol{b}$ 的解.

证 $$\boldsymbol{A}(\boldsymbol{\xi} + \boldsymbol{\eta}) = \boldsymbol{A\xi} + \boldsymbol{A\eta} = \boldsymbol{0} + \boldsymbol{b} = \boldsymbol{b},$$

即 $\boldsymbol{x} = \boldsymbol{\xi} + \boldsymbol{\eta}$ 满足方程 $\boldsymbol{Ax} = \boldsymbol{b}$.

由性质 3 可知,若求得方程 $\boldsymbol{Ax} = \boldsymbol{b}$ 的一个特解 $\boldsymbol{\eta}^*$,则方程 $\boldsymbol{Ax} = \boldsymbol{b}$ 的任一解都可表示为

$$\boldsymbol{x} = \boldsymbol{\xi} + \boldsymbol{\eta}^*. \text{(其中 } \boldsymbol{\xi} \text{ 为方程 } \boldsymbol{Ax} = \boldsymbol{0} \text{ 的解)}$$

若方程 $\boldsymbol{Ax} = \boldsymbol{0}$ 的通解为

$$\boldsymbol{x} = k_1\boldsymbol{\xi}_1 + k_2\boldsymbol{\xi}_2 + \cdots + k_{n-r}\boldsymbol{\xi}_{n-r},$$

则方程 $\boldsymbol{Ax} = \boldsymbol{b}$ 的任一解都可表示为

$$\boldsymbol{x} = k_1\boldsymbol{\xi}_1 + k_2\boldsymbol{\xi}_2 + \cdots + k_{n-r}\boldsymbol{\xi}_{n-r} + \boldsymbol{\eta}^*,$$

由性质 4 可知,方程 $\boldsymbol{Ax} = \boldsymbol{b}$ 的通解为

$$\boldsymbol{x} = k_1\boldsymbol{\xi}_1 + k_2\boldsymbol{\xi}_2 + \cdots + k_{n-r}\boldsymbol{\xi}_{n-r} + \boldsymbol{\eta}^*,$$

其中, $k_1, k_2, \cdots, k_{n-r}$ 为任意实数, $\boldsymbol{\xi}_1, \boldsymbol{\xi}_2, \cdots, \boldsymbol{\xi}_{n-r}$ 是方程 $\boldsymbol{Ax} = \boldsymbol{0}$ 的基础解系.

例 4.10 求非齐次线性方程组

$$\begin{cases} x_1 - x_2 - x_3 + x_4 = 0, \\ x_1 - x_2 + x_3 - 3x_4 = 2, \\ x_1 - x_2 - 2x_3 + 3x_4 = -1, \end{cases}$$

的通解.

微课:例 4.10

解　对增广矩阵 $\boldsymbol{B}$ 施行初等行变换：

$$\boldsymbol{B}=(\boldsymbol{A},\boldsymbol{b})=\begin{pmatrix}1&-1&-1&1&0\\1&-1&1&-3&2\\1&-1&-2&3&-1\end{pmatrix}\underset{r_3-r_1}{\overset{r_2-r_1}{\sim}}\begin{pmatrix}1&-1&-1&1&0\\0&0&2&-4&2\\0&0&-1&2&-1\end{pmatrix}$$

$$\underset{r_3+r_2}{\overset{r_2\div 2}{\sim}}\begin{pmatrix}1&-1&-1&1&0\\0&0&1&-2&1\\0&0&0&0&0\end{pmatrix}\overset{r_1+r_2}{\sim}\begin{pmatrix}1&-1&0&-1&1\\0&0&1&-2&1\\0&0&0&0&0\end{pmatrix},$$

可得

$$\begin{cases}x_1=x_2+x_4+1,\\x_3=2x_4+1,\end{cases}$$

取 $x_2=x_4=0$，则 $x_1=x_3=1$，即得方程组的一个特解为

$$\boldsymbol{\eta}^*=\begin{pmatrix}1\\0\\1\\0\end{pmatrix}.$$

对应的齐次方程组为

$$\begin{cases}x_1=x_2+x_4,\\x_3=2x_4,\end{cases}$$

取 $\begin{pmatrix}x_2\\x_4\end{pmatrix}=\begin{pmatrix}1\\0\end{pmatrix}$ 及 $\begin{pmatrix}0\\1\end{pmatrix}$，则对应有 $\begin{pmatrix}x_1\\x_3\end{pmatrix}=\begin{pmatrix}1\\0\end{pmatrix}$ 及 $\begin{pmatrix}1\\2\end{pmatrix}$，即得基础解系

$$\boldsymbol{\xi}_1=\begin{pmatrix}1\\1\\0\\0\end{pmatrix},\boldsymbol{\xi}_2=\begin{pmatrix}1\\0\\2\\1\end{pmatrix},$$

于是所求通解为

$$\begin{pmatrix}x_1\\x_2\\x_3\\x_4\end{pmatrix}=c_1\begin{pmatrix}1\\1\\0\\0\end{pmatrix}+c_2\begin{pmatrix}1\\0\\2\\1\end{pmatrix}+\begin{pmatrix}1\\0\\1\\0\end{pmatrix}\quad(c_1,c_2\in\mathbf{R}).$$

4.5 向量空间

4.5.1 向量空间的概念

定义 7 设 V 是非空的 n 维向量的集合,若集合 V 对向量的加法及向量的数乘这两种运算封闭,则称集合 V 是一个向量空间.

所谓对运算"封闭"是指,对任何 $\boldsymbol{a}\in V,\boldsymbol{b}\in V$,有 $\boldsymbol{a}+\boldsymbol{b}\in V$;对任何 $\boldsymbol{a}\in V$, $\lambda\in\mathbf{R}$,有 $\lambda\boldsymbol{a}\in V$.

例 4.11 所有 n 维向量的全体所组成的集合 $\boldsymbol{R}^n$ 是一个向量空间,它是 $\boldsymbol{R}^2$ 和 $\boldsymbol{R}^3$ 的推广.

例 4.12 集合 $V_1=\{(0,x_2,\cdots,x_n)\mid x_2,\cdots,x_n\in\mathbf{R}\}$ 是一个向量空间. 因为对任意 $\boldsymbol{a}=(0,x_2,\cdots,x_n),\boldsymbol{b}=(0,y_2,\cdots,y_n)\in V_1$,有 $\boldsymbol{a}+\boldsymbol{b}=(0,x_2+y_2,\cdots,x_n+y_n)\in V_1$;对数 $\lambda\in\mathbf{R}$,有 $\lambda\boldsymbol{a}=(0,\lambda x_2,\cdots,\lambda x_n)\in V_1$.

例 4.13 集合 $V_2=\{(1,x_2,\cdots,x_n)\mid x_2,\cdots,x_n\in\mathbf{R}\}$ 不是向量空间. 因为对任意 $\boldsymbol{a}=(1,x_2,\cdots,x_n)\in V_2$,而 $2\boldsymbol{a}=(2,2x_2,\cdots,2x_n)\notin V_2$.

例 4.14 齐次线性方程组的解集 $S=\{\boldsymbol{x}\mid\mathbf{A}\boldsymbol{x}=\mathbf{0}\}$ 是一个向量空间(称为齐次线性方程组的解空间). 因为由齐次线性方程组的解的性质可知其解集 S 对向量的线性运算封闭.

例 4.15 非齐次线性方程组的解集 $S=\{\boldsymbol{x}\mid\mathbf{A}\boldsymbol{x}=\boldsymbol{b}\}$ 不是向量空间. 因为当 S 为空集时,S 不是向量空间;当 S 非空时,若 $\boldsymbol{\eta}\in S$,则 $\mathbf{A}(2\boldsymbol{\eta})=2\boldsymbol{b}\neq\boldsymbol{b}$,知 $2\boldsymbol{\eta}\notin S$.

定义 8 设 $\boldsymbol{a},\boldsymbol{b}$ 是两个已知的 n 维向量,则它们的一切线性组合构成的集合

$$V=\{\boldsymbol{x}=\lambda\boldsymbol{a}+\mu\boldsymbol{b}\mid\lambda,\mu\in\mathbf{R}\}$$

是一个向量空间,称为向量 $\boldsymbol{a},\boldsymbol{b}$ 的生成空间,记作 $L(\boldsymbol{a},\boldsymbol{b})$.

事实上,对任意的 $\boldsymbol{x}_1\in V$ 及 $\boldsymbol{x}_2\in V$,存在 $\lambda_1,\lambda_2,\mu_1,\mu_2\in\mathbf{R}$,使得

$$\boldsymbol{x}_1=\lambda_1\boldsymbol{a}+\mu_1\boldsymbol{b},$$
$$\boldsymbol{x}_2=\lambda_2\boldsymbol{a}+\mu_2\boldsymbol{b},$$

于是

$$\boldsymbol{x}_1+\boldsymbol{x}_2=(\lambda_1+\lambda_2)\boldsymbol{a}+(\mu_1+\mu_2)\boldsymbol{b}\in V,$$

并对任意 $\lambda \in \mathbf{R}$ 有

$$\lambda \boldsymbol{x}_1 = \lambda(\lambda_1 \boldsymbol{a} + \mu_1 \boldsymbol{b}) = (\lambda\lambda_1)\boldsymbol{a} + (\lambda\mu_1)\boldsymbol{b} \in V,$$

这表明集合 V 对线性运算封闭,因此 V 是一个向量空间.

一般地,向量组 $\boldsymbol{a}_1,\boldsymbol{a}_2,\cdots,\boldsymbol{a}_m$ 的生成空间为

$$V = \{\boldsymbol{x} = \lambda_1\boldsymbol{a}_1 + \lambda_2\boldsymbol{a}_2 + \cdots + \lambda_m\boldsymbol{a}_m \mid \lambda_1,\lambda_2,\cdots,\lambda_m \in \mathbf{R}\},$$

记作 $L(\boldsymbol{a}_1,\boldsymbol{a}_2,\cdots,\boldsymbol{a}_m)$.

微课:例 4.16

例 4.16　证明等价向量组生成的向量空间相等.

证　设向量组 $\boldsymbol{a}_1,\boldsymbol{a}_2,\cdots,\boldsymbol{a}_m$ 与向量组 $\boldsymbol{b}_1,\boldsymbol{b}_2,\cdots,\boldsymbol{b}_l$ 等价,记

$$L_1 = L(\boldsymbol{a}_1,\boldsymbol{a}_2,\cdots,\boldsymbol{a}_m) = \{\boldsymbol{x} = \lambda_1\boldsymbol{a}_1 + \lambda_2\boldsymbol{a}_2 + \cdots + \lambda_m\boldsymbol{a}_m \mid \lambda_1,\lambda_2,\cdots,\lambda_m \in \mathbf{R}\},$$

$$L_2 = L(\boldsymbol{b}_1,\boldsymbol{b}_2,\cdots,\boldsymbol{b}_l) = \{\boldsymbol{x} = \mu_1\boldsymbol{b}_1 + \mu_2\boldsymbol{b}_2 + \cdots + \mu_l\boldsymbol{b}_l \mid \mu_1,\mu_2,\cdots,\mu_l \in \mathbf{R}\},$$

要证明 $L_1 = L_2$.

设 $\boldsymbol{x} \in L_1$,则 $\boldsymbol{x}$ 可由 $\boldsymbol{a}_1,\boldsymbol{a}_2,\cdots,\boldsymbol{a}_m$ 线性表示,又因 $\boldsymbol{a}_1,\boldsymbol{a}_2,\cdots,\boldsymbol{a}_m$ 可由 $\boldsymbol{b}_1,\boldsymbol{b}_2,\cdots,\boldsymbol{b}_l$ 线性表示,故 $\boldsymbol{x}$ 可由 $\boldsymbol{b}_1,\boldsymbol{b}_2,\cdots,\boldsymbol{b}_l$ 线性表示,所以 $\boldsymbol{x} \in L_2$,所以 $L_1 \subset L_2$.

同理可证:$L_2 \subset L_1$.

因为 $L_1 \subset L_2$,$L_2 \subset L_1$,所以 $L_1 = L_2$.

定义 9　设有向量空间 V_1、V_2,若 $V_1 \subset V_2$,则称 V_1 是 V_2 的子空间.

例如任何由 n 维向量所组成的向量空间 V,总有 $V \subset \boldsymbol{R}^n$,所以这样的向量空间总是 $\boldsymbol{R}^n$ 的子空间.

4.5.2　向量空间的基与维数

定义 10　设向量 $\boldsymbol{a}_1,\boldsymbol{a}_2,\cdots,\boldsymbol{a}_r$ 是向量空间 V 中的 r 个向量,且满足:

(i) $\boldsymbol{a}_1,\boldsymbol{a}_2,\cdots,\boldsymbol{a}_r$ 线性无关;

(ii) V 中的任一向量都可由 $\boldsymbol{a}_1,\boldsymbol{a}_2,\cdots,\boldsymbol{a}_r$ 线性表示;

则称 $\boldsymbol{a}_1,\boldsymbol{a}_2,\cdots,\boldsymbol{a}_r$ 为向量空间 V 的一个基,r 称为向量空间 V 的维数,并称 V 是 r 维向量空间.

只含零向量的集合也是一个向量空间,它没有基,它的维数规定为 0.

若把向量空间 V 看成向量组,则 V 的基就是向量组的最大无关组,V 的维数就是向量组的秩.

任何 n 个线性无关的 n 维向量都可以是 $\boldsymbol{R}^n$ 的一个基,由此可知 $\boldsymbol{R}^n$ 的维数为 n.

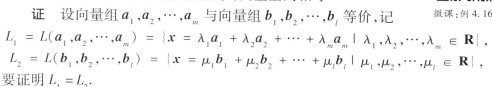

定义 11 设向量 $\boldsymbol{a}_1,\boldsymbol{a}_2,\cdots,\boldsymbol{a}_r$ 是向量空间 V 的一个基，$\boldsymbol{a}\in V$，若

$$\boldsymbol{a}=x_1\boldsymbol{a}_1+x_2\boldsymbol{a}_2+\cdots+x_r\boldsymbol{a}_r,$$

则称有序数组 $x_1,x_2,\cdots,x_r$ 为向量 $\boldsymbol{a}$ 在基 $\boldsymbol{a}_1,\boldsymbol{a}_2,\cdots,\boldsymbol{a}_r$ 下的坐标，记作 $(x_1,x_2,\cdots,x_r)^{\mathrm{T}}$.

特别地，在 n 维向量空间 $\boldsymbol{R}^n$ 中取单位坐标向量组 $\boldsymbol{e}_1,\boldsymbol{e}_2,\cdots,\boldsymbol{e}_n$ 为基，则以 $x_1,x_2,\cdots,x_n$ 为分量的向量 $\boldsymbol{x}$，可以表示为

$$\boldsymbol{x}=x_1\boldsymbol{e}_1+x_2\boldsymbol{e}_2+\cdots+x_n\boldsymbol{e}_n,$$

可见向量在基 $\boldsymbol{e}_1,\boldsymbol{e}_2,\cdots,\boldsymbol{e}_n$ 中的坐标就是该向量的分量. $\boldsymbol{e}_1,\boldsymbol{e}_2,\cdots,\boldsymbol{e}_n$ 称为 $\boldsymbol{R}^n$ 的自然基.

例 4.17 设

$$\boldsymbol{A}=(\boldsymbol{a}_1,\boldsymbol{a}_2,\boldsymbol{a}_3)=\begin{pmatrix}2&2&-1\\2&-1&2\\-1&2&2\end{pmatrix},\boldsymbol{B}=(\boldsymbol{b}_1,\boldsymbol{b}_2)=\begin{pmatrix}1&4\\0&3\\-4&2\end{pmatrix},$$

验证 $\boldsymbol{a}_1,\boldsymbol{a}_2,\boldsymbol{a}_3$ 是 $\boldsymbol{R}^3$ 的一个基，并求 $\boldsymbol{b}_1,\boldsymbol{b}_2$ 在这个基中的坐标.

解 要证 $\boldsymbol{a}_1,\boldsymbol{a}_2,\boldsymbol{a}_3$ 是 $\boldsymbol{R}^3$ 的一个基，只要证 $\boldsymbol{a}_1,\boldsymbol{a}_2,\boldsymbol{a}_3$ 线性无关，即证 $\boldsymbol{A}\sim\boldsymbol{E}$.

设 $\boldsymbol{b}_1=x_{11}\boldsymbol{a}_1+x_{21}\boldsymbol{a}_2+x_{31}\boldsymbol{a}_3,\boldsymbol{b}_2=x_{12}\boldsymbol{a}_1+x_{22}\boldsymbol{a}_2+x_{32}\boldsymbol{a}_3$，即

$$(\boldsymbol{b}_1,\boldsymbol{b}_2)=(\boldsymbol{a}_1,\boldsymbol{a}_2,\boldsymbol{a}_3)\begin{pmatrix}x_{11}&x_{12}\\x_{21}&x_{22}\\x_{31}&x_{32}\end{pmatrix},$$

记为 $\boldsymbol{B}=\boldsymbol{A}\boldsymbol{X}$，对矩阵 $(\boldsymbol{A},\boldsymbol{B})$ 进行初等行变换，若 $\boldsymbol{A}$ 能变为 $\boldsymbol{E}$，则 $\boldsymbol{a}_1,\boldsymbol{a}_2,\boldsymbol{a}_3$ 就是 $\boldsymbol{R}^3$ 的一个基，且当 $\boldsymbol{A}$ 变为 $\boldsymbol{E}$ 时，$\boldsymbol{B}$ 变为 $\boldsymbol{X}=\boldsymbol{A}^{-1}\boldsymbol{B}$.

$$(\boldsymbol{A},\boldsymbol{B})=\begin{pmatrix}2&2&-1&1&4\\2&-1&2&0&3\\-1&2&2&-4&2\end{pmatrix}\xrightarrow[r_3+r_1]{\substack{(r_1+r_2+r_3)\div 3\\ r_2-2r_1}}\begin{pmatrix}1&1&1&-1&3\\0&-3&0&2&-3\\0&3&3&-5&5\end{pmatrix}$$

$$\xrightarrow[r_3\div 3]{r_2\div(-3)}\begin{pmatrix}1&1&1&-1&3\\0&1&0&-\frac{2}{3}&1\\0&1&1&-\frac{5}{3}&\frac{5}{3}\end{pmatrix}\xrightarrow[r_3-r_2]{r_1-r_3}\begin{pmatrix}1&0&0&\frac{2}{3}&\frac{4}{3}\\0&1&0&-\frac{2}{3}&1\\0&0&1&-1&\frac{2}{3}\end{pmatrix},$$

可见 $\boldsymbol{A}\sim\boldsymbol{E}$，故 $\boldsymbol{a}_1,\boldsymbol{a}_2,\boldsymbol{a}_3$ 是 $\boldsymbol{R}^3$ 的一个基，且

$$(\boldsymbol{b}_1,\boldsymbol{b}_2)=(\boldsymbol{a}_1,\boldsymbol{a}_2,\boldsymbol{a}_3)\begin{pmatrix}\frac{2}{3} & \frac{4}{3}\\ -\frac{2}{3} & 1\\ -1 & \frac{2}{3}\end{pmatrix},$$

即 $\boldsymbol{b}_1,\boldsymbol{b}_2$ 在基 $\boldsymbol{a}_1,\boldsymbol{a}_2,\boldsymbol{a}_3$ 中的坐标依次为

$$\frac{2}{3},\ -\frac{2}{3},\ -1\ 及\ \frac{4}{3},1,\frac{2}{3}.$$

小　结

1. 向量

(1)向量的概念：n 个有序的数 $a_1,a_2,\cdots,a_n$ 所组成的数组称为 n 维向量. 这 n 个数称为该向量的 n 个分量，第 i 个数 a_i 称为第 i 个分量.

列向量：$\boldsymbol{a}=\begin{pmatrix}a_1\\ a_2\\ \vdots\\ a_n\end{pmatrix}$

行向量：$\boldsymbol{a}^{\mathrm{T}}=(a_1,a_2,\cdots,a_n)$

(2)向量的运算：由于行向量和列向量分别就是行矩阵和列矩阵，于是可利用矩阵的运算来进行向量间的运算.

2. 线性组合

(1)线性表示：设有向量组 A：$\boldsymbol{a}_1,\boldsymbol{a}_2,\cdots,\boldsymbol{a}_m$ 及任意给定的 m 个实数 $k_1,k_2,\cdots,k_m$，表达式 $k_1\boldsymbol{a}_1+k_2\boldsymbol{a}_2+\cdots+k_m\boldsymbol{a}_m$ 称为向量组 A 的一个线性组合，$k_1,k_2,\cdots,k_m$ 称为这个线性组合的系数.

若向量 $\boldsymbol{b}$ 等于向量组 A 的某一线性组合，即存在数 $\lambda_1,\lambda_2,\cdots,\lambda_m$，使 $\boldsymbol{b}=\lambda_1\boldsymbol{a}_1+\lambda_2\boldsymbol{a}_2+\cdots+\lambda_m\boldsymbol{a}_m$，则称向量 $\boldsymbol{b}$ 可由向量组 A 线性表示.

(2)等价向量组:若向量组 $B:\boldsymbol{b}_1,\boldsymbol{b}_2,\cdots,\boldsymbol{b}_l$ 的每个向量都可由向量组 $A:\boldsymbol{a}_1,\boldsymbol{a}_2,\cdots,\boldsymbol{a}_m$ 线性表示,则称向量组 B 可由向量组 A 线性表示;若向量组 A 与向量组 B 可相互线性表示,则称向量组 A 与 B 等价.

3. 线性相关性

(1)线性相关与线性无关:给定向量组 $A:\boldsymbol{a}_1,\boldsymbol{a}_2,\cdots,\boldsymbol{a}_m$,若存在不全为零的一组数 $k_1,k_2,\cdots,k_m$,使 $k_1\boldsymbol{a}_1+k_2\boldsymbol{a}_2+\cdots+k_m\boldsymbol{a}_m=\boldsymbol{0}$,则称向量组 A 是线性相关的,否则称向量组 A 线性无关.

(2)线性相关性的定理及重要结论:

(i)向量组 $A:\boldsymbol{a}_1,\boldsymbol{a}_2,\cdots,\boldsymbol{a}_m$ 线性相关的充分必要条件是矩阵 $\mathbf{A}=(\boldsymbol{a}_1,\boldsymbol{a}_2,\cdots,\boldsymbol{a}_m)$ 的秩 $R(\mathbf{A})<m$;线性无关的充分必要条件是 $R(\mathbf{A})=m$(m 为向量组 A 中向量的个数).

(ii)m 个 n 维列向量构成的向量组 $A:\boldsymbol{a}_1,\boldsymbol{a}_2,\cdots,\boldsymbol{a}_m$,当 $m>n$ 时,一定线性相关.

(iii)向量组 $A:\boldsymbol{a}_1,\boldsymbol{a}_2,\cdots,\boldsymbol{a}_m(m\geqslant 2)$线性相关的充分必要条件是向量组中至少有一个向量可由其余 $m-1$ 个向量线性表示.

(iv)若向量组 $A:\boldsymbol{a}_1,\boldsymbol{a}_2,\cdots,\boldsymbol{a}_m$ 线性相关,则向量组 $B:\boldsymbol{a}_1,\boldsymbol{a}_2,\cdots,\boldsymbol{a}_m,\boldsymbol{a}_{m+1}$ 也线性相关;反之,若向量组 $B:\boldsymbol{a}_1,\boldsymbol{a}_2,\cdots,\boldsymbol{a}_m,\boldsymbol{a}_{m+1}$ 线性无关,则向量组 $A:\boldsymbol{a}_1,\boldsymbol{a}_2,\cdots,\boldsymbol{a}_m$ 也线性无关.

(v)设向量组 $A:\boldsymbol{a}_1,\boldsymbol{a}_2,\cdots,\boldsymbol{a}_m$ 线性无关,而向量组 $B:\boldsymbol{a}_1,\boldsymbol{a}_2,\cdots,\boldsymbol{a}_m,\boldsymbol{b}$ 线性相关,则向量 $\boldsymbol{b}$ 必能由向量组 A 线性表示,且表示唯一.

4. 向量组的秩与最大线性无关组

(1)最大线性无关组:给定向量组 A,若在 A 中能选出一个含 r 个向量的部分组 $A_0:\boldsymbol{a}_1,\boldsymbol{a}_2,\cdots,\boldsymbol{a}_r$,满足:

(i)向量组 A_0 线性无关;

(ii)向量组 A 中任意 $r+1$ 个向量(如果 A 中有 $r+1$ 个向量的话)都线性相关,则称向量组 A_0 为向量组 A 的一个最大线性无关组,简称最大无关组.

(2)向量组的秩:向量组 A 的最大线性无关组 A_0 中所含向量个数 r 称为向量组 A 的秩. 向量组 $A:\boldsymbol{a}_1,\boldsymbol{a}_2,\cdots,\boldsymbol{a}_m$ 的秩,记作 R_A 或 $R(\boldsymbol{a}_1,\boldsymbol{a}_2,\cdots,\boldsymbol{a}_m)$.

(3)向量组的秩与矩阵的秩的关系:矩阵的秩等于它的列向量组的秩,也等于它的行向量组的秩.

5. 线性方程组解的结构

(1)解的性质：

(i)若 $\boldsymbol{x}=\boldsymbol{\xi}_1,\boldsymbol{x}=\boldsymbol{\xi}_2$ 为 $\boldsymbol{Ax}=\boldsymbol{0}$ 的解，则 $\boldsymbol{x}=\boldsymbol{\xi}_1+\boldsymbol{\xi}_2$ 也是 $\boldsymbol{Ax}=\boldsymbol{0}$ 的解.

(ii)若 $\boldsymbol{x}=\boldsymbol{\xi}_1$ 为 $\boldsymbol{Ax}=\boldsymbol{0}$ 的解，k 为实数，则 $\boldsymbol{x}=k\boldsymbol{\xi}_1$ 也是 $\boldsymbol{Ax}=\boldsymbol{0}$ 的解.

(iii)若 $\boldsymbol{x}=\boldsymbol{\eta}_1,\boldsymbol{x}=\boldsymbol{\eta}_2$ 为 $\boldsymbol{Ax}=\boldsymbol{b}$ 的解，则 $\boldsymbol{x}=\boldsymbol{\eta}_1-\boldsymbol{\eta}_2$ 为对应齐次线性方程组 $\boldsymbol{Ax}=\boldsymbol{0}$ 的解.

(iv)设 $\boldsymbol{x}=\boldsymbol{\eta}$ 是方程 $\boldsymbol{Ax}=\boldsymbol{b}$ 的解，$\boldsymbol{x}=\boldsymbol{\xi}$ 是方程 $\boldsymbol{Ax}=\boldsymbol{0}$ 的解，则 $\boldsymbol{x}=\boldsymbol{\xi}+\boldsymbol{\eta}$ 仍是方程 $\boldsymbol{Ax}=\boldsymbol{b}$ 的解.

(2)基础解系：若向量 $\boldsymbol{\xi}_1,\boldsymbol{\xi}_2,\cdots,\boldsymbol{\xi}_t$ 为齐次线性方程组 $\boldsymbol{Ax}=\boldsymbol{0}$ 的解向量，且满足：

(i)$\boldsymbol{\xi}_1,\boldsymbol{\xi}_2,\cdots,\boldsymbol{\xi}_t$ 线性无关.

(ii)$\boldsymbol{Ax}=\boldsymbol{0}$ 的所有解均可由 $\boldsymbol{\xi}_1,\boldsymbol{\xi}_2,\cdots,\boldsymbol{\xi}_t$ 线性表示.

则称 $\boldsymbol{\xi}_1,\boldsymbol{\xi}_2,\cdots,\boldsymbol{\xi}_t$ 为方程组 $\boldsymbol{Ax}=\boldsymbol{0}$ 的一个基础解系.

(3)基础解系的重要结论：设 $\boldsymbol{A}$ 为 $m\times n$ 矩阵，若 $R(\boldsymbol{A})=r$，则 n 元齐次线性方程组 $\boldsymbol{Ax}=\boldsymbol{0}$ 的解集 S 的秩 $R_S=n-r$，即方程组 $\boldsymbol{Ax}=\boldsymbol{0}$ 的基础解系中恰好有 $n-r$ 个解.

(4)线性方程组解的结构：

(i)若向量 $\boldsymbol{\xi}_1,\boldsymbol{\xi}_2,\cdots,\boldsymbol{\xi}_t$ 为齐次线性方程组 $\boldsymbol{Ax}=\boldsymbol{0}$ 的一个基础解系，则 $\boldsymbol{Ax}=0$ 的通解为 $\boldsymbol{x}=k_1\boldsymbol{\xi}_1+k_2\boldsymbol{\xi}_2+\cdots+k_t\boldsymbol{\xi}_t$（其中 $k_1,k_2,\cdots,k_t$ 为任意实数）.

(ii)若向量 $\boldsymbol{\xi}_1,\boldsymbol{\xi}_2,\cdots,\boldsymbol{\xi}_t$ 为齐次线性方程组 $\boldsymbol{Ax}=\boldsymbol{0}$ 的一个基础解系，$\boldsymbol{x}=\boldsymbol{\eta}^*$ 是非齐次线性方程组 $\boldsymbol{Ax}=\boldsymbol{b}$ 的一个解，则 $\boldsymbol{Ax}=\boldsymbol{b}$ 的通解为 $\boldsymbol{x}=k_1\boldsymbol{\xi}_1+k_2\boldsymbol{\xi}_2+\cdots+k_t\boldsymbol{\xi}_t+\boldsymbol{\eta}^*$（其中 $k_1,k_2,\cdots,k_t$ 为任意实数）.

6. 向量空间

(1)向量空间的概念：设 V 是非空的 n 维向量的集合，若集合 V 对向量的加法及向量的数乘这两种运算封闭，则称集合 V 是一个向量空间.

(2)向量空间的基与维数：设向量 $\boldsymbol{a}_1,\boldsymbol{a}_2,\cdots,\boldsymbol{a}_r$ 是向量空间 V 中的 r 个向量，且满足：

(i)$\boldsymbol{a}_1,\boldsymbol{a}_2,\cdots,\boldsymbol{a}_r$ 线性无关；

(ii)V 中的任一向量都可由 $\boldsymbol{a}_1,\boldsymbol{a}_2,\cdots,\boldsymbol{a}_r$ 线性表示.

则称 $\boldsymbol{a}_1,\boldsymbol{a}_2,\cdots,\boldsymbol{a}_r$ 为向量空间 V 的一个基，r 称为向量空间 V 的维数，并称 V 是 r 维向量空间.

拓展阅读

习题 4

1. 设向量 $\boldsymbol{\alpha}_1=\begin{pmatrix}1\\1\\0\\2\end{pmatrix},\boldsymbol{\alpha}_2=\begin{pmatrix}2\\1\\1\\0\end{pmatrix},\boldsymbol{\alpha}_3=\begin{pmatrix}0\\2\\1\\1\end{pmatrix},\boldsymbol{\alpha}_4=\begin{pmatrix}2\\0\\1\\1\end{pmatrix}$,求 $2\boldsymbol{\alpha}_1+\boldsymbol{\alpha}_2+3\boldsymbol{\alpha}_3-4\boldsymbol{\alpha}_4$.

2. 已知向量 $\boldsymbol{\alpha}=\begin{pmatrix}1\\0\\1\end{pmatrix},\boldsymbol{\beta}=\begin{pmatrix}5\\-3\\1\end{pmatrix}$,

(1)设 $(\boldsymbol{\alpha}-\boldsymbol{\xi})+2(\boldsymbol{\beta}-\boldsymbol{\xi})=3(\boldsymbol{\alpha}-\boldsymbol{\beta})$,求向量 $\boldsymbol{\xi}$;

(2)设 $2\boldsymbol{\xi}-\boldsymbol{\eta}=\boldsymbol{\alpha},\boldsymbol{\xi}+\boldsymbol{\eta}=\boldsymbol{\beta}$,求向量 $\boldsymbol{\xi},\boldsymbol{\eta}$.

3. 设向量 $\boldsymbol{\beta}=\begin{pmatrix}-1\\0\\1\\b\end{pmatrix},\boldsymbol{\alpha}_1=\begin{pmatrix}3\\1\\0\\0\end{pmatrix},\boldsymbol{\alpha}_2=\begin{pmatrix}2\\1\\1\\-1\end{pmatrix},\boldsymbol{\alpha}_3=\begin{pmatrix}1\\1\\2\\a-3\end{pmatrix}$,问 a,b 取何值时,$\boldsymbol{\beta}$ 可由 $\boldsymbol{\alpha}_1,\boldsymbol{\alpha}_2,\boldsymbol{\alpha}_3$ 线性表示?并求此表达式.

4. 已知向量组

$$A:\boldsymbol{a}_1=\begin{pmatrix}0\\1\\2\\3\end{pmatrix},\boldsymbol{a}_2=\begin{pmatrix}3\\0\\1\\2\end{pmatrix},\boldsymbol{a}_3=\begin{pmatrix}2\\3\\0\\1\end{pmatrix};B:\boldsymbol{b}_1=\begin{pmatrix}2\\1\\1\\2\end{pmatrix},\boldsymbol{b}_2=\begin{pmatrix}0\\-2\\1\\1\end{pmatrix},\boldsymbol{b}_3=\begin{pmatrix}4\\4\\1\\3\end{pmatrix},$$

证明向量组 B 能由 A 线性表示,但向量组 A 不能由 B 线性表示.

5. 已知向量组

$$A:\boldsymbol{a}_1=\begin{pmatrix}0\\1\\1\end{pmatrix},\boldsymbol{a}_2=\begin{pmatrix}1\\1\\0\end{pmatrix};B:\boldsymbol{b}_1=\begin{pmatrix}-1\\0\\1\end{pmatrix},\boldsymbol{b}_2=\begin{pmatrix}1\\2\\1\end{pmatrix},\boldsymbol{b}_3=\begin{pmatrix}3\\2\\-1\end{pmatrix},$$

证明向量组 A 与 B 等价.

6. 判定下列向量组的线性相关性:

(1) $\begin{pmatrix}1\\1\\-1\\-1\end{pmatrix},\begin{pmatrix}0\\2\\1\\3\end{pmatrix},\begin{pmatrix}2\\0\\-3\\-5\end{pmatrix}$;　　(2) $\begin{pmatrix}-1\\3\\1\end{pmatrix},\begin{pmatrix}2\\1\\0\end{pmatrix},\begin{pmatrix}1\\1\\0\end{pmatrix}$.

7. 举例说明下列各命题是错误的:

(1) 若向量组 $\boldsymbol{a}_1,\boldsymbol{a}_2,\cdots,\boldsymbol{a}_m$ 是线性相关的,则 $\boldsymbol{a}_1$ 可由 $\boldsymbol{a}_2,\cdots,\boldsymbol{a}_m$ 线性表示.

(2) 若有不全为 0 的数 $\lambda_1,\lambda_2,\cdots,\lambda_m$,使

$$\lambda_1\boldsymbol{a}_1+\cdots+\lambda_m\boldsymbol{a}_m+\lambda_1\boldsymbol{b}_1+\cdots+\lambda_m\boldsymbol{b}_m=\boldsymbol{0}$$

成立,则 $\boldsymbol{a}_1,\boldsymbol{a}_2,\cdots,\boldsymbol{a}_m$ 线性相关,$\boldsymbol{b}_1,\boldsymbol{b}_2,\cdots,\boldsymbol{b}_m$ 也线性相关.

(3) 若只有当 $\lambda_1,\lambda_2,\cdots,\lambda_m$ 全为 0 时,等式

$$\lambda_1\boldsymbol{a}_1+\cdots+\lambda_m\boldsymbol{a}_m+\lambda_1\boldsymbol{b}_1+\cdots+\lambda_m\boldsymbol{b}_m=\boldsymbol{0}$$

才能成立,则 $\boldsymbol{a}_1,\boldsymbol{a}_2,\cdots,\boldsymbol{a}_m$ 线性无关,$\boldsymbol{b}_1,\boldsymbol{b}_2,\cdots,\boldsymbol{b}_m$ 也线性无关.

(4) 若 $\boldsymbol{a}_1,\cdots,\boldsymbol{a}_m$ 线性相关,$\boldsymbol{b}_1,\cdots,\boldsymbol{b}_m$ 也线性相关,则有不全为 0 的数 $\lambda_1,\cdots,\lambda_m$,使

$$\lambda_1\boldsymbol{a}_1+\cdots+\lambda_m\boldsymbol{a}_m=\boldsymbol{0},\lambda_1\boldsymbol{b}_1+\cdots+\lambda_m\boldsymbol{b}_m=\boldsymbol{0}$$

同时成立.

8. 如果向量组 $\boldsymbol{a}_1,\boldsymbol{a}_2,\cdots,\boldsymbol{a}_m$ 线性无关,试证明 $\boldsymbol{a}_1,\boldsymbol{a}_1+\boldsymbol{a}_2,\cdots,\boldsymbol{a}_1+\boldsymbol{a}_2+\cdots+\boldsymbol{a}_m$ 也线性无关.

9. 如果向量组 $\boldsymbol{a}_1,\boldsymbol{a}_2,\cdots,\boldsymbol{a}_m$ 线性无关,且

$$\boldsymbol{b}_1=\boldsymbol{a}_1+\boldsymbol{a}_2,\boldsymbol{b}_2=\boldsymbol{a}_2+\boldsymbol{a}_3,\cdots,\boldsymbol{b}_m=\boldsymbol{a}_m+\boldsymbol{a}_1,$$

试证明:(1) m 为奇数时,$\boldsymbol{b}_1,\boldsymbol{b}_2,\cdots,\boldsymbol{b}_m$ 线性无关;

(2) m 为偶数时,$\boldsymbol{b}_1,\boldsymbol{b}_2,\cdots,\boldsymbol{b}_m$ 线性相关.

10. 求下列向量组的秩和一个最大无关组,并将剩余向量用最大无关组线性表示:

(1) $\boldsymbol{a}_1=\begin{pmatrix}1\\0\\2\\1\end{pmatrix},\boldsymbol{a}_2=\begin{pmatrix}1\\2\\0\\1\end{pmatrix},\boldsymbol{a}_3=\begin{pmatrix}2\\1\\3\\0\end{pmatrix},\boldsymbol{a}_4=\begin{pmatrix}2\\5\\-1\\4\end{pmatrix},\boldsymbol{a}_5=\begin{pmatrix}1\\-1\\3\\-1\end{pmatrix}$;

(2) $\boldsymbol{a}_1=\begin{pmatrix}1\\1\\3\\1\end{pmatrix},\boldsymbol{a}_2=\begin{pmatrix}-1\\1\\-1\\3\end{pmatrix},\boldsymbol{a}_3=\begin{pmatrix}5\\-2\\8\\-9\end{pmatrix},\boldsymbol{a}_4=\begin{pmatrix}-1\\3\\1\\7\end{pmatrix}$;

(3) $\boldsymbol{a}_1=\begin{pmatrix}1\\1\\2\\3\end{pmatrix},\boldsymbol{a}_2=\begin{pmatrix}1\\-1\\1\\1\end{pmatrix},\boldsymbol{a}_3=\begin{pmatrix}4\\-2\\5\\6\end{pmatrix},\boldsymbol{a}_4=\begin{pmatrix}1\\3\\3\\5\end{pmatrix},\boldsymbol{a}_5=\begin{pmatrix}-3\\-1\\-5\\-7\end{pmatrix}$.

11. 设向量组

$$\begin{pmatrix}a\\3\\1\end{pmatrix},\begin{pmatrix}2\\b\\3\end{pmatrix},\begin{pmatrix}1\\2\\1\end{pmatrix},\begin{pmatrix}2\\3\\1\end{pmatrix}$$

的秩为 2,求 a,b.

12. 设 $\boldsymbol{a}_1,\boldsymbol{a}_2,\cdots,\boldsymbol{a}_n$ 是一组 n 维向量,已知 n 维单位坐标向量 $\boldsymbol{e}_1,\boldsymbol{e}_2,\cdots,\boldsymbol{e}_n$ 能由它们线性表示,证明 $\boldsymbol{a}_1,\boldsymbol{a}_2,\cdots,\boldsymbol{a}_n$ 线性无关.

13. 设 $\boldsymbol{a}_1,\boldsymbol{a}_2,\cdots,\boldsymbol{a}_n$ 是一组 n 维向量,证明它们线性无关的充分必要条件是:任一 n 维向量都可由它们线性表示.

14. 设向量组 $\boldsymbol{a}_1,\boldsymbol{a}_2,\cdots,\boldsymbol{a}_m$ 线性相关,且 $\boldsymbol{a}_1\neq\boldsymbol{0}$,证明存在某个向量 $\boldsymbol{a}_k(2\leqslant k\leqslant m)$,使 $\boldsymbol{a}_k$ 能由 $\boldsymbol{a}_1,\cdots,\boldsymbol{a}_{k-1}$线性表示.

15. 设$\begin{cases}\boldsymbol{b}_1=\boldsymbol{a}_2+\boldsymbol{a}_3+\cdots+\boldsymbol{a}_n,\\\boldsymbol{b}_2=\boldsymbol{a}_1+\boldsymbol{a}_3+\cdots+\boldsymbol{a}_n,\\\vdots\\\boldsymbol{b}_n=\boldsymbol{a}_1+\boldsymbol{a}_2+\cdots+\boldsymbol{a}_{n-1},\end{cases}$

证明向量组 $\boldsymbol{a}_1,\boldsymbol{a}_2,\cdots,\boldsymbol{a}_n$ 与向量组 $\boldsymbol{b}_1,\boldsymbol{b}_2,\cdots,\boldsymbol{b}_n$ 等价.

16. 已知 3 阶矩阵 $\boldsymbol{A}$ 与 3 维列向量 $\boldsymbol{x}$ 满足 $\boldsymbol{A}^3\boldsymbol{x}=3\boldsymbol{A}\boldsymbol{x}-\boldsymbol{A}^2\boldsymbol{x}$,且向量组 $\boldsymbol{x},\boldsymbol{A}\boldsymbol{x},\boldsymbol{A}^2\boldsymbol{x}$ 线性无关,

(1)记 $\boldsymbol{P}=(\boldsymbol{x},\boldsymbol{A}\boldsymbol{x},\boldsymbol{A}^2\boldsymbol{x})$,求 3 阶矩阵 $\boldsymbol{B}$,使 $\boldsymbol{A}\boldsymbol{P}=\boldsymbol{P}\boldsymbol{B}$;

(2)求 $|\boldsymbol{A}|$.

17. 求解下列齐次线性方程组的基础解系:

(1) $\begin{cases} x_1 - 8x_2 + 10x_3 + 2x_4 = 0, \\ 2x_1 + 4x_2 + 5x_3 - x_4 = 0, \\ 3x_1 + 8x_2 + 6x_3 - 2x_4 = 0; \end{cases}$　　(2) $\begin{cases} 2x_1 - 3x_2 - 2x_3 + x_4 = 0, \\ 3x_1 + 5x_2 + 4x_3 - 2x_4 = 0, \\ 8x_1 + 7x_2 + 6x_3 - 3x_4 = 0. \end{cases}$

18. 设四元齐次线性方程组

$$\begin{cases} 2x_1 + 3x_2 - x_3 = 0, \\ x_1 + 2x_2 + x_3 - x_4 = 0, \end{cases} \qquad (\text{Ⅰ})$$

已知另一个四元齐次线性方程组(Ⅱ)的基础解系为

$$\boldsymbol{\eta}_1 = (2, -1, a+2, 1)^{\mathrm{T}}, \boldsymbol{\eta}_2 = (-1, 2, 4, a+8)^{\mathrm{T}}$$

(1)求方程组(Ⅰ)的一个基础解系;

(2)当 a 为何值时,方程组(Ⅰ)与方程组(Ⅱ)有非零公共解?

19. 设 $\boldsymbol{A} = \begin{pmatrix} 2 & -2 & 1 & 3 \\ 9 & -5 & 2 & 8 \end{pmatrix}$,求一个 4×2 矩阵 $\boldsymbol{B}$,使 $\boldsymbol{AB} = \boldsymbol{O}$,且 $R(\boldsymbol{B}) = 2$.

20. 求一个齐次线性方程组,使它的基础解系为

$$\boldsymbol{\xi}_1 = (0, 1, 2, 3)^{\mathrm{T}}, \boldsymbol{\xi}_2 = (3, 2, 1, 0)^{\mathrm{T}}.$$

21. 设 n 阶矩阵 $\boldsymbol{A}$ 满足 $\boldsymbol{A}^2 = \boldsymbol{A}$,$\boldsymbol{E}$ 为 n 阶单位矩阵,证明

$$R(\boldsymbol{A}) + R(\boldsymbol{A} - \boldsymbol{E}) = n.$$

22. 设 $\boldsymbol{A}$ 为 n 阶矩阵($n \geqslant 2$),$\boldsymbol{A}^*$ 为 $\boldsymbol{A}$ 的伴随矩阵,证明

$$R(\boldsymbol{A}^*) = \begin{cases} n, & \text{当 } R(\boldsymbol{A}) = n, \\ 1, & \text{当 } R(\boldsymbol{A}) = n-1, \\ 0, & \text{当 } R(\boldsymbol{A}) \leqslant n-2. \end{cases}$$

23. 求下列非齐次线性方程组的通解:

(1) $\begin{cases} x_1 + x_2 + x_3 + x_4 + x_5 = 7, \\ 3x_1 + 2x_2 + x_3 + x_4 - 3x_5 = -2, \\ x_2 + 2x_3 + 2x_4 + 6x_5 = 23, \\ 5x_1 + 4x_2 - 3x_3 + 3x_4 - x_5 = 12; \end{cases}$　　(2) $\begin{cases} x_1 + 3x_2 + 5x_3 - 4x_4 = 1, \\ x_1 + 3x_2 + 2x_3 - 2x_4 + x_5 = -1, \\ x_1 - 2x_2 + x_3 - x_4 - x_5 = 3, \\ x_1 - 4x_2 + x_3 + x_4 - x_5 = 3, \\ x_1 + 2x_2 + x_3 - x_4 + x_5 = -1. \end{cases}$

24. 设 $\boldsymbol{\alpha}_1 = (1, 2, 0)^{\mathrm{T}}, \boldsymbol{\alpha}_2 = (1, a+2, -3a)^{\mathrm{T}}, \boldsymbol{\alpha}_3 = (-1, -b-2, a+2b)^{\mathrm{T}}$,$\boldsymbol{\beta} = (1, 3, -3)^{\mathrm{T}}$,试讨论当 a, b 为何值时:

(1)$\boldsymbol{\beta}$ 不能由 $\boldsymbol{\alpha}_1, \boldsymbol{\alpha}_2, \boldsymbol{\alpha}_3$ 线性表示;

(2)$\boldsymbol{\beta}$ 可由 $\boldsymbol{\alpha}_1,\boldsymbol{\alpha}_2,\boldsymbol{\alpha}_3$ 唯一地线性表示,并求出表示式;

(3)$\boldsymbol{\beta}$ 可由 $\boldsymbol{\alpha}_1,\boldsymbol{\alpha}_2,\boldsymbol{\alpha}_3$ 线性表示,但表示不唯一,并求出表示式.

25. 设矩阵 $\boldsymbol{A}=(\boldsymbol{a}_1,\boldsymbol{a}_2,\boldsymbol{a}_3,\boldsymbol{a}_4)$,其中,$\boldsymbol{a}_2,\boldsymbol{a}_3,\boldsymbol{a}_4$ 线性无关,$\boldsymbol{a}_1=2\boldsymbol{a}_2-\boldsymbol{a}_3$. 向量 $\boldsymbol{b}=\boldsymbol{a}_1+\boldsymbol{a}_2+\boldsymbol{a}_3+\boldsymbol{a}_4$,求方程组 $\boldsymbol{Ax}=\boldsymbol{b}$ 的通解.

26. 设 $\boldsymbol{\eta}^*$ 是非齐次线性方程组 $\boldsymbol{Ax}=\boldsymbol{b}$ 的一个解,$\boldsymbol{\xi}_1,\cdots,\boldsymbol{\xi}_{n-r}$是对应的齐次线性方程组的一个基础解系,证明:

(1)$\boldsymbol{\eta}^*,\boldsymbol{\xi}_1,\cdots,\boldsymbol{\xi}_{n-r}$线性无关;

(2)$\boldsymbol{\eta}^*,\boldsymbol{\eta}^*+\boldsymbol{\xi}_1,\cdots,\boldsymbol{\eta}^*+\boldsymbol{\xi}_{n-r}$线性无关.

27. 设 $\boldsymbol{\eta}_1,\cdots,\boldsymbol{\eta}_s$ 是非齐次线性方程组 $\boldsymbol{Ax}=\boldsymbol{b}$ 的 s 个解,$k_1,\cdots,k_s$ 为实数,满足 $k_1+k_2\cdots+k_s=1$,证明

$$\boldsymbol{x}=k_1\boldsymbol{\eta}_1+k_2\boldsymbol{\eta}_2+\cdots+k_s\boldsymbol{\eta}_s$$

也是它的解.

28. 设非齐次线性方程组 $\boldsymbol{Ax}=\boldsymbol{b}$ 的系数矩阵的秩为 r,$\boldsymbol{\eta}_1,\cdots,\boldsymbol{\eta}_{n-r+1}$是它的 $n-r+1$ 个线性无关的解(由 26 题知,它确有 $n-r+1$ 个线性无关的解). 试证明它的任一解可表示为

$$\boldsymbol{x}=k_1\boldsymbol{\eta}_1+k_2\boldsymbol{\eta}_2+\cdots+k_{n-r+1}\boldsymbol{\eta}_{n-r+1}\quad(\text{其中 } k_1+k_2+\cdots+k_{n-r+1}=1).$$

29. 由 $\boldsymbol{a}_1=(1,1,0,0)^{\mathrm{T}},\boldsymbol{a}_2=(1,0,1,1)^{\mathrm{T}}$ 所生成的向量空间记为 L_1,由 $\boldsymbol{b}_1=(2,-1,3,3)^{\mathrm{T}},\boldsymbol{b}_2=(0,1,-1,-1)^{\mathrm{T}}$ 所生成的向量空间记为 L_2,试证明 $L_1=L_2$.

30. 验证 $\boldsymbol{a}_1=\begin{pmatrix}1\\-1\\0\end{pmatrix},\boldsymbol{a}_2=\begin{pmatrix}2\\1\\3\end{pmatrix},\boldsymbol{a}_3=\begin{pmatrix}3\\1\\2\end{pmatrix}$为 $\boldsymbol{R}^3$ 的一个基,并把 $\boldsymbol{b}_1=\begin{pmatrix}5\\0\\7\end{pmatrix}$,$\boldsymbol{b}_2=\begin{pmatrix}-9\\-8\\-13\end{pmatrix}$用这个基线性表示.

第 5 章 相似矩阵

本章导学

矩阵的特征值与特征向量是线性代数中十分重要的内容,是矩阵和向量理论深层次上的发展.本章主要讨论矩阵的特征值与特征向量的概念、性质与计算及矩阵的相似对角化问题,特别是对称矩阵的正交相似对角化问题.

5.1 向量的内积及正交性

5.1.1 向量的内积

定义 1 设有 n 维向量

$$\boldsymbol{x}=\begin{pmatrix}x_1\\x_2\\\vdots\\x_n\end{pmatrix},\boldsymbol{y}=\begin{pmatrix}y_1\\y_2\\\vdots\\y_n\end{pmatrix},$$

称 $x_1y_1+x_2y_2+\cdots+x_ny_n$ 为向量 $\boldsymbol{x}$ 与 $\boldsymbol{y}$ 的内积,记作$[\boldsymbol{x},\boldsymbol{y}]$,即

$$[\boldsymbol{x},\boldsymbol{y}]=x_1y_1+x_2y_2+\cdots+x_ny_n.$$

内积是两个向量之间的一种运算,其结果是一个实数,将向量看成列矩阵,由矩阵乘法内积还可表示为

$$[\boldsymbol{x},\boldsymbol{y}] = \boldsymbol{x}^{\mathrm{T}}\boldsymbol{y}.$$

内积的运算规律(其中 $\boldsymbol{x},\boldsymbol{y},\boldsymbol{z}$ 为 n 维向量,λ 为实数):

(i) $[\boldsymbol{x},\boldsymbol{y}]=[\boldsymbol{y},\boldsymbol{x}]$;

(ii) $[\lambda\boldsymbol{x},\boldsymbol{y}]=\lambda[\boldsymbol{x},\boldsymbol{y}]$;

(iii) $[\boldsymbol{x}+\boldsymbol{y},\boldsymbol{z}]=[\boldsymbol{x},\boldsymbol{z}]+[\boldsymbol{y},\boldsymbol{z}]$;

(iv) $[\boldsymbol{x},\boldsymbol{x}]\geqslant 0$,当且仅当 $\boldsymbol{x}=\boldsymbol{0}$ 时,$[\boldsymbol{x},\boldsymbol{x}]=0$;

(v)柯西-施瓦茨(Cauchy-Schwarz)不等式:$[\boldsymbol{x},\boldsymbol{y}]^2\leqslant[\boldsymbol{x},\boldsymbol{x}][\boldsymbol{y},\boldsymbol{y}]$,当且仅当 $\boldsymbol{x}$ 与 $\boldsymbol{y}$ 线性相关时等号成立.

5.1.2 向量的长度

定义2 设 $\boldsymbol{x}$ 是 n 维向量,称 $\sqrt{[\boldsymbol{x},\boldsymbol{x}]}$ 为向量 $\boldsymbol{x}$ 的长度(或范数),记作 $\|\boldsymbol{x}\|$. 即若 $\boldsymbol{x}=(x_1,x_2,\cdots,x_n)^{\mathrm{T}}$,则有

$$\|\boldsymbol{x}\| = \sqrt{[\boldsymbol{x},\boldsymbol{x}]} = \sqrt{x_1^2+x_2^2+\cdots+x_n^2}.$$

向量的长度具有以下性质:

(i)非负性 $\|\boldsymbol{x}\|\geqslant 0$,当且仅当 $\boldsymbol{x}=\boldsymbol{0}$ 时等号成立;

(ii)齐次性 $\|\lambda\boldsymbol{x}\|=|\lambda|\,\|\boldsymbol{x}\|$,$\lambda$ 为任意实数;

(iii)三角不等式 $\|\boldsymbol{x}+\boldsymbol{y}\|\leqslant\|\boldsymbol{x}\|+\|\boldsymbol{y}\|$.

证 (i)与(ii)是显然的,下面证明(iii).

$$\|\boldsymbol{x}+\boldsymbol{y}\|^2 = [\boldsymbol{x}+\boldsymbol{y},\boldsymbol{x}+\boldsymbol{y}] = [\boldsymbol{x},\boldsymbol{x}]+2[\boldsymbol{x},\boldsymbol{y}]+[\boldsymbol{y},\boldsymbol{y}],$$

由柯西-施瓦茨不等式,有

$$[\boldsymbol{x},\boldsymbol{y}] \leqslant \sqrt{[\boldsymbol{x},\boldsymbol{x}][\boldsymbol{y},\boldsymbol{y}]},$$

从而

$$\begin{aligned}\|\boldsymbol{x}+\boldsymbol{y}\|^2 &\leqslant [\boldsymbol{x},\boldsymbol{x}]+2\sqrt{[\boldsymbol{x},\boldsymbol{x}][\boldsymbol{y},\boldsymbol{y}]}+[\boldsymbol{y},\boldsymbol{y}]\\ &= \|\boldsymbol{x}\|^2+2\|\boldsymbol{x}\|\cdot\|\boldsymbol{y}\|+\|\boldsymbol{y}\|^2=(\|\boldsymbol{x}\|+\|\boldsymbol{y}\|)^2\end{aligned}$$

即

$$\|\boldsymbol{x}+\boldsymbol{y}\| \leqslant \|\boldsymbol{x}\|+\|\boldsymbol{y}\|.$$

若 $\|\boldsymbol{x}\|=1$,则称 $\boldsymbol{x}$ 为单位向量.

设 $\boldsymbol{a}$ 为任意非零向量,则向量 $\boldsymbol{b}=\dfrac{1}{\|\boldsymbol{a}\|}\boldsymbol{a}$ 为单位向量,因为

$$\|\boldsymbol{b}\| = \left\|\frac{1}{\|\boldsymbol{a}\|}\boldsymbol{a}\right\| = \frac{1}{\|\boldsymbol{a}\|}\cdot\|\boldsymbol{a}\| = 1.$$

对于一个非零向量，用 $\boldsymbol{a}$ 的长度 $\|\boldsymbol{a}\|$ 去除 $\boldsymbol{a}$，即得到一个单位向量，这个过程称为将 $\boldsymbol{a}$ 单位化.

5.1.3　向量的夹角与正交向量组

由柯西-施瓦茨不等式，有

$$-1 \leqslant \frac{[\boldsymbol{x},\boldsymbol{y}]}{\|\boldsymbol{x}\| \cdot \|\boldsymbol{y}\|} \leqslant 1,(\text{当 } \|\boldsymbol{x}\| \cdot \|\boldsymbol{y}\| \neq 0 \text{ 时})$$

于是对 $\boldsymbol{R}^n$ 中的向量引入夹角的概念.

定义 3　设向量 $\boldsymbol{x}$ 与 $\boldsymbol{y}$ 均是 n 维非零向量，称

$$\theta = \arccos \frac{[\boldsymbol{x},\boldsymbol{y}]}{\|\boldsymbol{x}\| \cdot \|\boldsymbol{y}\|}(0 \leqslant \theta \leqslant \pi)$$

为向量 $\boldsymbol{x}$ 与 $\boldsymbol{y}$ 的夹角.

当 $[\boldsymbol{x},\boldsymbol{y}]=0$ 时，称向量 $\boldsymbol{x}$ 与 $\boldsymbol{y}$ 正交. 显然，零向量与任何向量都正交.

两两正交的非零向量组，称为正交向量组.

定理 1　若向量组 $\boldsymbol{a}_1,\boldsymbol{a}_2,\cdots,\boldsymbol{a}_m$ 是正交向量组，则 $\boldsymbol{a}_1,\boldsymbol{a}_2,\cdots,\boldsymbol{a}_m$ 线性无关.

证　设有 $k_1,k_2,\cdots,k_m$ 使

$$k_1\boldsymbol{a}_1 + k_2\boldsymbol{a}_2 + \cdots + k_m\boldsymbol{a}_m = \boldsymbol{0},$$

用 $\boldsymbol{a}_i(i=1,2,\cdots,m)$ 与上式两端作内积，得

$$k_1\boldsymbol{a}_i^{\mathrm{T}}\boldsymbol{a}_1 + k_2\boldsymbol{a}_i^{\mathrm{T}}\boldsymbol{a}_2 + \cdots + k_m\boldsymbol{a}_i^{\mathrm{T}}\boldsymbol{a}_m = k_i\boldsymbol{a}_i^{\mathrm{T}}\boldsymbol{a}_i = 0.\ (i = 1,2,\cdots,m)$$

微课：定理 1

因为 $\boldsymbol{a}_i \neq \boldsymbol{0}$，所以 $\boldsymbol{a}_i^{\mathrm{T}}\boldsymbol{a}_i = \|\boldsymbol{a}_i\|^2 \neq 0$，从而必有

$$k_i = 0,(i = 1,2,\cdots,m)$$

故向量组 $\boldsymbol{a}_1,\boldsymbol{a}_2,\cdots,\boldsymbol{a}_m$ 线性无关.

例 5.1　已知三维向量空间 $\boldsymbol{R}^3$ 中两个向量正交，

$$\boldsymbol{a}_1 = \begin{pmatrix} 1 \\ 1 \\ 1 \end{pmatrix},\boldsymbol{a}_2 = \begin{pmatrix} 1 \\ -2 \\ 1 \end{pmatrix},$$

试求一个非零向量 $\boldsymbol{a}_3$，使 $\boldsymbol{a}_1,\boldsymbol{a}_2,\boldsymbol{a}_3$ 两两正交.

解　记

$$\boldsymbol{A} = \begin{pmatrix} \boldsymbol{a}_1^{\mathrm{T}} \\ \boldsymbol{a}_2^{\mathrm{T}} \end{pmatrix} = \begin{pmatrix} 1 & 1 & 1 \\ 1 & -2 & 1 \end{pmatrix},$$

$\boldsymbol{a}_3$ 应满足齐次线性方程组 $\boldsymbol{A}\boldsymbol{x}=\boldsymbol{0}$，即

$$\begin{pmatrix}1&1&1\\1&-2&1\end{pmatrix}\begin{pmatrix}x_1\\x_2\\x_3\end{pmatrix}=\begin{pmatrix}0\\0\end{pmatrix},$$

有
$$\boldsymbol{A}=\begin{pmatrix}1&1&1\\1&-2&1\end{pmatrix}\overset{r}{\sim}\begin{pmatrix}1&1&1\\0&-3&0\end{pmatrix}\overset{r}{\sim}\begin{pmatrix}1&0&1\\0&1&0\end{pmatrix},$$

得
$$\begin{cases}x_1=-x_3,\\x_2=0,\end{cases}$$

从而有基础解系 $\boldsymbol{\xi}=\begin{pmatrix}-1\\0\\1\end{pmatrix}$. 取 $\boldsymbol{a}_3=\boldsymbol{\xi}=\begin{pmatrix}-1\\0\\1\end{pmatrix}$即为所求.

定义 4 设 n 维向量组 $\boldsymbol{e}_1,\boldsymbol{e}_2,\cdots,\boldsymbol{e}_r$ 是向量空间 $V(V\subset\boldsymbol{R}^n)$ 的一个基,若 $\boldsymbol{e}_1,\boldsymbol{e}_2,\cdots,\boldsymbol{e}_r$ 两两正交,且都是单位向量,则称 $\boldsymbol{e}_1,\boldsymbol{e}_2,\cdots,\boldsymbol{e}_r$ 是 V 的一个规范正交基.

例如
$$\boldsymbol{e}_1=\begin{pmatrix}\frac{1}{\sqrt{2}}\\\frac{1}{\sqrt{2}}\\0\\0\end{pmatrix},\boldsymbol{e}_2=\begin{pmatrix}\frac{1}{\sqrt{2}}\\-\frac{1}{\sqrt{2}}\\0\\0\end{pmatrix},\boldsymbol{e}_3=\begin{pmatrix}0\\0\\\frac{1}{\sqrt{2}}\\\frac{1}{\sqrt{2}}\end{pmatrix},\boldsymbol{e}_4=\begin{pmatrix}0\\0\\\frac{1}{\sqrt{2}}\\-\frac{1}{\sqrt{2}}\end{pmatrix},$$

就是 $\boldsymbol{R}^4$ 的一个规范正交基.

设向量组 $\boldsymbol{a}_1,\boldsymbol{a}_2,\cdots,\boldsymbol{a}_r$ 是向量空间 V 的一个基,求 V 的一个规范正交基. 这也就是要找一组两两正交的单位向量组 $\boldsymbol{e}_1,\boldsymbol{e}_2,\cdots,\boldsymbol{e}_r$,使 $\boldsymbol{e}_1,\boldsymbol{e}_2,\cdots,\boldsymbol{e}_r$ 与 $\boldsymbol{a}_1,\boldsymbol{a}_2,\cdots,\boldsymbol{a}_r$ 等价. 这样的问题,称为将 $\boldsymbol{a}_1,\boldsymbol{a}_2,\cdots,\boldsymbol{a}_r$ 这个基规范正交化.

可以用以下步骤将 $\boldsymbol{a}_1,\boldsymbol{a}_2,\cdots,\boldsymbol{a}_r$ 规范正交化,取

$$\boldsymbol{b}_1=\boldsymbol{a}_1;$$

$$\boldsymbol{b}_2=\boldsymbol{a}_2-\frac{[\boldsymbol{b}_1,\boldsymbol{a}_2]}{[\boldsymbol{b}_1,\boldsymbol{b}_1]}\boldsymbol{b}_1;$$

$$\vdots$$

$$\boldsymbol{b}_r=\boldsymbol{a}_r-\frac{[\boldsymbol{b}_1,\boldsymbol{a}_r]}{[\boldsymbol{b}_1,\boldsymbol{b}_1]}\boldsymbol{b}_1-\frac{[\boldsymbol{b}_2,\boldsymbol{a}_r]}{[\boldsymbol{b}_2,\boldsymbol{b}_2]}\boldsymbol{b}_2-\cdots-\frac{[\boldsymbol{b}_{r-1},\boldsymbol{a}_r]}{[\boldsymbol{b}_{r-1},\boldsymbol{b}_{r-1}]}\boldsymbol{b}_{r-1}.$$

验证可知 $b_1,b_2,\cdots,b_r$ 两两正交，且 $b_1,b_2,\cdots,b_r$ 与 $a_1,a_2,\cdots,a_r$ 等价.

然后再对 $b_1,b_2,\cdots,b_r$ 单位化，得

$$e_1=\frac{1}{\|b_1\|}b_1,e_2=\frac{1}{\|b_2\|}b_2,\cdots,e_r=\frac{1}{\|b_r\|}b_r,$$

即为 V 的一个规范正交基.

上述从线性无关向量组 $a_1,a_2,\cdots,a_r$ 导出正交向量组 $b_1,b_2,\cdots,b_r$ 的过程称为施密特(Schimidt)正交化过程.

例 5.2　设向量 $a_1=(1,1,0,0)^{\mathrm{T}},a_2=(0,1,1,0)^{\mathrm{T}},a_3=(1,0,1,0)^{\mathrm{T}}$，试把这组向量规范正交化.

微课：例 5.2

解　先正交化：

令
$$b_1=a_1=\begin{pmatrix}1\\1\\0\\0\end{pmatrix},$$

$$b_2=a_2-\frac{[b_1,a_2]}{[b_1,b_1]}b_1=\begin{pmatrix}-\frac{1}{2}\\ \frac{1}{2}\\1\\0\end{pmatrix},$$

$$b_3=a_3-\frac{[b_1,a_3]}{[b_1,b_1]}b_1-\frac{[b_2,a_3]}{[b_2,b_2]}b_2=\begin{pmatrix}\frac{2}{3}\\-\frac{2}{3}\\ \frac{2}{3}\\0\end{pmatrix},$$

再单位化：取

$$e_1=\frac{1}{\|b_1\|}b_1=\begin{pmatrix}\frac{1}{\sqrt{2}}\\ \frac{1}{\sqrt{2}}\\ 0\\ 0\end{pmatrix},e_2=\frac{1}{\|b_2\|}b_2=\begin{pmatrix}-\frac{1}{\sqrt{6}}\\ \frac{1}{\sqrt{6}}\\ \frac{2}{\sqrt{6}}\\ 0\end{pmatrix},e_3=\frac{1}{\|b_3\|}b_3=\begin{pmatrix}\frac{1}{\sqrt{3}}\\ -\frac{1}{\sqrt{3}}\\ \frac{1}{\sqrt{3}}\\ 0\end{pmatrix},$$

则 e_1,e_2,e_3 即为所求.

例 5.3 已知 $a_1=(1,1,1)^T$,求一组非零向量 a_2,a_3 使 a_1,a_2,a_3 两两正交.

解 依题意 a_2,a_3 满足 $a_1^Tx=0$,即有

$$x_1+x_2+x_3=0,$$

它的基础解系为

$$\xi_1=\begin{pmatrix}1\\0\\-1\end{pmatrix},\xi_2=\begin{pmatrix}0\\1\\-1\end{pmatrix}.$$

把 ξ_1,ξ_2 正交化,取

$$a_2=\xi_1=\begin{pmatrix}1\\0\\-1\end{pmatrix},$$

$$a_3=\xi_2-\frac{[\xi_1,\xi_2]}{[\xi_1,\xi_1]}\xi_1=\begin{pmatrix}-\frac{1}{2}\\1\\-\frac{1}{2}\end{pmatrix},$$

则 a_1,a_2,a_3 两两正交.

5.1.4 正交矩阵与正交变换

定义 5 若 n 阶方阵 A 满足

$$A^TA=E(\text{或}AA^T=E),$$

则称 A 为正交矩阵,简称正交阵.

定理 2 n 阶方阵 A 为正交阵的充分必要条件是 A 的 n 个列(行)向量都

是单位向量,且两两正交.

证　设 n 阶方阵 $\boldsymbol{A}$ 的 n 个列向量为 $\boldsymbol{a}_1,\boldsymbol{a}_2,\cdots,\boldsymbol{a}_n$,即 $\boldsymbol{A}=(\boldsymbol{a}_1,\boldsymbol{a}_2,\cdots,\boldsymbol{a}_n)$,由于 $\boldsymbol{A}^{\mathrm{T}}\boldsymbol{A}=\boldsymbol{E}$,即有

$$\boldsymbol{A}^{\mathrm{T}}\boldsymbol{A}=\begin{pmatrix}\boldsymbol{a}_1^{\mathrm{T}}\\\boldsymbol{a}_2^{\mathrm{T}}\\\vdots\\\boldsymbol{a}_n^{\mathrm{T}}\end{pmatrix}(\boldsymbol{a}_1,\boldsymbol{a}_2,\cdots,\boldsymbol{a}_n)=\begin{pmatrix}\boldsymbol{a}_1^{\mathrm{T}}\boldsymbol{a}_1&\boldsymbol{a}_1^{\mathrm{T}}\boldsymbol{a}_2&\cdots&\boldsymbol{a}_1^{\mathrm{T}}\boldsymbol{a}_n\\\boldsymbol{a}_2^{\mathrm{T}}\boldsymbol{a}_1&\boldsymbol{a}_2^{\mathrm{T}}\boldsymbol{a}_2&\cdots&\boldsymbol{a}_2^{\mathrm{T}}\boldsymbol{a}_n\\\vdots&\vdots&&\vdots\\\boldsymbol{a}_n^{\mathrm{T}}\boldsymbol{a}_1&\boldsymbol{a}_n^{\mathrm{T}}\boldsymbol{a}_2&\cdots&\boldsymbol{a}_n^{\mathrm{T}}\boldsymbol{a}_n\end{pmatrix}=\boldsymbol{E},$$

亦即

$$\boldsymbol{a}_i^{\mathrm{T}}\boldsymbol{a}_j=[\boldsymbol{a}_i,\boldsymbol{a}_j]=\begin{cases}\|\boldsymbol{a}_i\|^2=1, i=j\\0, \quad i\neq j\end{cases}\quad(i,j=1,2,\cdots,n).$$

所以 $\boldsymbol{A}$ 的 n 个列向量都是单位向量,且两两正交.

又因为 $\boldsymbol{A}\boldsymbol{A}^{\mathrm{T}}=\boldsymbol{E}$,所以同理可证,$\boldsymbol{A}$ 的 n 个行向量都是单位向量,且两两正交.

正交矩阵的性质:

(i)若 $\boldsymbol{A}$ 为正交矩阵,则 $\boldsymbol{A}$ 可逆,且 $\boldsymbol{A}^{-1}=\boldsymbol{A}^{\mathrm{T}}$;

(ii)若 $\boldsymbol{A}$ 为正交矩阵,则 $|\boldsymbol{A}|=\pm1$;

(iii)若 $\boldsymbol{A}$ 与 $\boldsymbol{B}$ 均为正交矩阵,则 $\boldsymbol{AB}$ 也是正交矩阵;

(iv)若 $\boldsymbol{A}$ 为正交矩阵,则 $\boldsymbol{A}^{\mathrm{T}},\boldsymbol{A}^{-1},\boldsymbol{A}^{k}$($k$ 为整数)也是正交矩阵.

定义 6　若 $\boldsymbol{P}$ 为正交矩阵,则称线性变换 $\boldsymbol{y}=\boldsymbol{Px}$ 为正交变换.

正交变换的性质:

(i)正交变换保持任意两个向量的内积不变;

(ii)正交变换保持向量的长度不变;

(iii)正交变换保持两个向量的夹角不变.

5.2　方阵的特征值与特征向量

在数学及物理中的一些问题,如解微分方程组、方阵的对角化、动力学系统和结构系统中的振动及稳定性等问题,常常可归结为求一个矩阵的特征值与特征向量的问题.

5.2.1　特征值与特征向量的概念

定义 7　设 $\boldsymbol{A}$ 为 n 阶方阵,若存在数 λ 和非零 n 维列向量 $\boldsymbol{x}$,使得

$$\boldsymbol{A}\boldsymbol{x} = \lambda\boldsymbol{x} \tag{5.1}$$

成立,则称数 λ 为方阵 $\boldsymbol{A}$ 的特征值,非零向量 $\boldsymbol{x}$ 称为 $\boldsymbol{A}$ 的对应于特征值 λ 的特征向量.

式(5.1)也可写成

$$(\boldsymbol{A} - \lambda\boldsymbol{E})\boldsymbol{x} = \boldsymbol{0}, \tag{5.2}$$

这是 n 个未知数 n 个方程的齐次线性方程组,它有非零解的充分必要条件是系数行列式

$$|\boldsymbol{A} - \lambda\boldsymbol{E}| = 0, \tag{5.3}$$

即

$$\begin{vmatrix} a_{11}-\lambda & a_{12} & \cdots & a_{1n} \\ a_{21} & a_{22}-\lambda & \cdots & a_{2n} \\ \vdots & \vdots & & \vdots \\ a_{n1} & a_{n2} & \cdots & a_{nn}-\lambda \end{vmatrix} = 0.$$

上式是以 λ 为未知数的一元 n 次方程,称为方阵 $\boldsymbol{A}$ 的特征方程. 其左端 $|\boldsymbol{A}-\lambda\boldsymbol{E}|$ 是 λ 的 n 次多项式,称为方阵 $\boldsymbol{A}$ 的特征多项式,记作 $f(\lambda)$. 显然,$\boldsymbol{A}$ 的特征值就是特征方程的解. 特征方程在复数范围内恒有解,其个数为方程的次数(重根按重数计算),因此,n 阶方阵 $\boldsymbol{A}$ 在复数范围内有 n 个特征值. 在本教材中,我们只考虑特征值为实数时的情形.

求 n 阶方阵 $\boldsymbol{A}$ 的特征值和特征向量的步骤:

第一步:求出 $\boldsymbol{A}$ 的特征多项式 $|\boldsymbol{A}-\lambda\boldsymbol{E}|$;

第二步:求解特征方程 $|\boldsymbol{A}-\lambda\boldsymbol{E}|=0$,得到 $\boldsymbol{A}$ 的 n 个特征值 $\lambda_1,\lambda_2,\cdots,\lambda_n$;

第三步:对于 $\boldsymbol{A}$ 的每一个特征值 λ_i,求出齐次线性方程组

$$(\boldsymbol{A} - \lambda_i\boldsymbol{E})\boldsymbol{x} = \boldsymbol{0}$$

的一个基础解系 $\boldsymbol{\xi}_1,\boldsymbol{\xi}_2,\cdots,\boldsymbol{\xi}_s$,则 $\boldsymbol{A}$ 的对应于特征值 λ_i 的全部特征向量为

$$\boldsymbol{p}_i = c_1\boldsymbol{\xi}_1 + c_2\boldsymbol{\xi}_2 + \cdots + c_s\boldsymbol{\xi}_s,$$

其中,$c_1,c_2,\cdots,c_s$ 为不全为零的任意实数.

例 5.4　求方阵

$$A=\begin{pmatrix}1&0&0\\0&1&2\\0&2&1\end{pmatrix}$$

微课：例 5.4

的特征值与特征向量.

解　A 的特征多项式为

$$|A-\lambda E|=\begin{vmatrix}1-\lambda&0&0\\0&1-\lambda&2\\0&2&1-\lambda\end{vmatrix}=(1-\lambda)(\lambda-3)(\lambda+1),$$

所以 A 的特征值为 $\lambda_1=-1,\lambda_2=1,\lambda_3=3$.

当 $\lambda_1=-1$ 时，解齐次线性方程组 $(A+E)x=0$，由

$$A+E=\begin{pmatrix}2&0&0\\0&2&2\\0&2&2\end{pmatrix}\overset{r}{\sim}\begin{pmatrix}1&0&0\\0&1&1\\0&0&0\end{pmatrix},$$

得基础解系为

$$p_1=\begin{pmatrix}0\\-1\\1\end{pmatrix},$$

所以 $c_1p_1(c_1\neq0)$ 是对应于 $\lambda_1=-1$ 的全部特征向量.

当 $\lambda_2=1$ 时，解齐次线性方程组 $(A-E)x=0$，由

$$A-E=\begin{pmatrix}0&0&0\\0&0&2\\0&2&0\end{pmatrix}\overset{r}{\sim}\begin{pmatrix}0&1&0\\0&0&1\\0&0&0\end{pmatrix},$$

得基础解系为

$$p_2=\begin{pmatrix}1\\0\\0\end{pmatrix},$$

所以 $c_2p_2(c_2\neq0)$ 是对应于 $\lambda_2=1$ 的全部特征向量.

当 $\lambda_3=3$ 时，解齐次线性方程组 $(A-3E)x=0$，由

$$A-3E=\begin{pmatrix}-2&0&0\\0&-2&2\\0&2&-2\end{pmatrix}\overset{r}{\sim}\begin{pmatrix}1&0&0\\0&1&-1\\0&0&0\end{pmatrix},$$

得基础解系为

$$p_3=\begin{pmatrix}0\\1\\1\end{pmatrix},$$

所以 $c_3\boldsymbol{p}_3(c_3\neq0)$ 是对应于 $\lambda_3=3$ 的全部特征向量.

例 5.5 求方阵

$$A=\begin{pmatrix}-2&1&1\\0&2&0\\-4&1&3\end{pmatrix}$$

的特征值与特征向量.

解 $\boldsymbol{A}$ 的特征多项式为

$$|A-\lambda E|=\begin{vmatrix}-2-\lambda&1&1\\0&2-\lambda&0\\-4&1&3-\lambda\end{vmatrix}=-(\lambda+1)(\lambda-2)^2,$$

所以 $\boldsymbol{A}$ 的特征值为 $\lambda_1=-1,\lambda_2=\lambda_3=2$.

当 $\lambda_1=-1$ 时,解齐次线性方程组 $(A+E)x=0$,由

$$A+E=\begin{pmatrix}-1&1&1\\0&3&0\\-4&1&4\end{pmatrix}\overset{r}{\sim}\begin{pmatrix}1&0&-1\\0&1&0\\0&0&0\end{pmatrix},$$

得基础解系为

$$p_1=\begin{pmatrix}1\\0\\1\end{pmatrix},$$

所以 $c_1\boldsymbol{p}_1(c_1\neq0)$ 是对应于 $\lambda_1=-1$ 的全部特征向量.

当 $\lambda_2=\lambda_3=2$ 时,解齐次线性方程组 $(A-2E)x=0$,由

$$A-2E=\begin{pmatrix}-4&1&1\\0&0&0\\-4&1&1\end{pmatrix}\overset{r}{\sim}\begin{pmatrix}-4&1&1\\0&0&0\\0&0&0\end{pmatrix},$$

得基础解系为

$$p_2 = \begin{pmatrix} 0 \\ 1 \\ -1 \end{pmatrix}, p_3 = \begin{pmatrix} 1 \\ 0 \\ 4 \end{pmatrix},$$

所以 $c_2\boldsymbol{p}_2 + c_3\boldsymbol{p}_3$（$c_2, c_3$ 不同时为零）是对应于 $\lambda_2 = \lambda_3 = 2$ 的全部特征向量.

例 5.6　求方阵

$$\boldsymbol{A} = \begin{pmatrix} 0 & 0 & 1 \\ 1 & 1 & 1 \\ 1 & 0 & 0 \end{pmatrix}$$

的特征值与特征向量.

解　$\boldsymbol{A}$ 的特征多项式为

$$|\boldsymbol{A} - \lambda\boldsymbol{E}| = \begin{vmatrix} -\lambda & 0 & 1 \\ 1 & 1-\lambda & 1 \\ 1 & 0 & -\lambda \end{vmatrix} = -(\lambda+1)(\lambda-1)^2,$$

所以 $\boldsymbol{A}$ 的特征值为 $\lambda_1 = -1, \lambda_2 = \lambda_3 = 1$.

当 $\lambda_1 = -1$ 时，解齐次线性方程组 $(\boldsymbol{A}+\boldsymbol{E})\boldsymbol{x} = \boldsymbol{0}$，由

$$\boldsymbol{A} + \boldsymbol{E} = \begin{pmatrix} 1 & 0 & 1 \\ 1 & 2 & 1 \\ 1 & 0 & 1 \end{pmatrix} \overset{r}{\sim} \begin{pmatrix} 1 & 0 & 1 \\ 0 & 1 & 0 \\ 0 & 0 & 0 \end{pmatrix},$$

得基础解系为

$$\boldsymbol{p}_1 = \begin{pmatrix} -1 \\ 0 \\ 1 \end{pmatrix},$$

所以 $c_1\boldsymbol{p}_1$（$c_1 \neq 0$）是对应于 $\lambda_1 = -1$ 的全部特征向量.

当 $\lambda_2 = \lambda_3 = 1$ 时，解齐次线性方程组 $(\boldsymbol{A}-\boldsymbol{E})\boldsymbol{x} = \boldsymbol{0}$，由

$$\boldsymbol{A} - \boldsymbol{E} = \begin{pmatrix} -1 & 0 & 1 \\ 1 & 0 & 1 \\ 1 & 0 & -1 \end{pmatrix} \overset{r}{\sim} \begin{pmatrix} 1 & 0 & 0 \\ 0 & 0 & 1 \\ 0 & 0 & 0 \end{pmatrix},$$

得基础解系为

$$p_2 = \begin{pmatrix} 0 \\ 1 \\ 0 \end{pmatrix},$$

所以 $c_2\boldsymbol{p}_2(c_2 \neq 0)$是对应于 $\lambda_2 = \lambda_3 = 1$ 的全部特征向量.

5.2.2 方阵的特征值和特征向量的性质

性质 1 一个特征向量只能属于一个特征值(相同的看成一个).

证 假设 $\boldsymbol{x}$ 是 $\boldsymbol{A}$ 的不同特征值 λ_1 和 $\lambda_2(\lambda_1 \neq \lambda_2)$的特征向量,则

$$\boldsymbol{Ax} = \lambda_1\boldsymbol{x} \text{ 和 } \boldsymbol{Ax} = \lambda_2\boldsymbol{x},$$

即有

$$\lambda_1\boldsymbol{x} = \lambda_2\boldsymbol{x} \text{ 即}(\lambda_1 - \lambda_2)\boldsymbol{x} = \boldsymbol{0},$$

因为 $\lambda_1 - \lambda_2 \neq 0$,则 $\boldsymbol{x} = \boldsymbol{0}$,与特征向量为非零向量矛盾,故原假设不成立.

性质 2 若 λ 是方阵 $\boldsymbol{A}$ 的特征值,$\boldsymbol{x}$ 是属于 λ 的特征向量,则:

(i)$\mu\lambda$ 是 $\mu\boldsymbol{A}$ 的特征值,$\boldsymbol{x}$ 是属于 $\mu\lambda$ 的特征向量(μ 是常数);

(ii)λ^k 是 $\boldsymbol{A}^k$ 的特征值,$\boldsymbol{x}$ 是属于 λ^k 的特征向量(k 是正整数);

(iii)当$|\boldsymbol{A}| \neq 0$ 时,λ^{-1}是 $\boldsymbol{A}^{-1}$的特征值,$\lambda^{-1}|\boldsymbol{A}|$为 $\boldsymbol{A}^*$ 的特征值,且 $\boldsymbol{x}$ 为对应的特征向量.

(iv)$\varphi(\lambda)$是 $\varphi(\boldsymbol{A})$的特征值(其中 $\varphi(\lambda) = a_0 + a_1\lambda + \cdots + a_m\lambda^m$ 是 λ 的多项式,$\varphi(\boldsymbol{A}) = a_0\boldsymbol{E} + a_1\boldsymbol{A} + \cdots + a_m\boldsymbol{A}^m$ 是方阵 $\boldsymbol{A}$ 的多项式).

证 由 $\boldsymbol{Ax} = \lambda\boldsymbol{x}$ 可得:

(i)$(\mu\boldsymbol{A})\boldsymbol{x} = \mu(\boldsymbol{Ax}) = \mu(\lambda\boldsymbol{x}) = (\mu\lambda)\boldsymbol{x}$;

(ii)$\boldsymbol{A}^2\boldsymbol{x} = \boldsymbol{A}(\boldsymbol{Ax}) = \boldsymbol{A}(\lambda\boldsymbol{x}) = \lambda(\boldsymbol{Ax}) = \lambda^2\boldsymbol{x}$,由归纳法即得

$$\boldsymbol{A}^k\boldsymbol{x} = \lambda^k\boldsymbol{x}, (k \text{ 是正整数});$$

(iii)$|\boldsymbol{A}| \neq 0$,则 $\lambda \neq 0$,于是

$$\boldsymbol{A}^{-1}(\boldsymbol{Ax}) = \boldsymbol{A}^{-1}(\lambda\boldsymbol{x}), \text{即 } \boldsymbol{x} = \lambda\boldsymbol{A}^{-1}\boldsymbol{x}, \text{则 } \boldsymbol{A}^{-1}\boldsymbol{x} = \lambda^{-1}\boldsymbol{x},$$

而

$$\boldsymbol{A}^*\boldsymbol{x} = (|\boldsymbol{A}|\boldsymbol{A}^{-1})\boldsymbol{x} = |\boldsymbol{A}|\boldsymbol{A}^{-1}\boldsymbol{x} = \lambda^{-1}|\boldsymbol{A}|\boldsymbol{x}.$$

(iv)根据性质 2(ii),可知 λ^m 是 $\boldsymbol{A}^m$ 的特征值(m 是正整数),故存在非零向量 $\boldsymbol{x}$,使

$$\boldsymbol{A}^m\boldsymbol{x} = \lambda^m\boldsymbol{x},$$

因此

$$\varphi(\boldsymbol{A})\boldsymbol{x}=(a_0\boldsymbol{E}+a_1\boldsymbol{A}+\cdots+a_m\boldsymbol{A}^m)\boldsymbol{x}=a_0\boldsymbol{E}\boldsymbol{x}+a_1\boldsymbol{A}\boldsymbol{x}+\cdots+a_m\boldsymbol{A}^m\boldsymbol{x}$$
$$=a_0\boldsymbol{x}+a_1\lambda\boldsymbol{x}+\cdots+a_m\lambda^m\boldsymbol{x}=(a_0+a_1\lambda+\cdots+a_m\lambda^m)\boldsymbol{x}=\varphi(\lambda)\boldsymbol{x},$$

故 $\varphi(\lambda)$ 是 $\varphi(\boldsymbol{A})$ 的特征值.

性质3　$\boldsymbol{A}$ 与 $\boldsymbol{A}^{\mathrm{T}}$ 有相同的特征值.

证　因为

$$(\boldsymbol{A}-\lambda\boldsymbol{E})^{\mathrm{T}}=\boldsymbol{A}^{\mathrm{T}}-(\lambda\boldsymbol{E})^{\mathrm{T}}=\boldsymbol{A}^{\mathrm{T}}-\lambda\boldsymbol{E},$$

所以

$$|\boldsymbol{A}-\lambda\boldsymbol{E}|=|(\boldsymbol{A}-\lambda\boldsymbol{E})^{\mathrm{T}}|=|\boldsymbol{A}^{\mathrm{T}}-\lambda\boldsymbol{E}|,$$

即 $\boldsymbol{A}$ 与 $\boldsymbol{A}^{\mathrm{T}}$ 有相同的特征多项式,从而特征值相同.

性质4　设 n 阶方阵 $\boldsymbol{A}=(a_{ij})$ 的 n 个特征值为 $\lambda_1,\lambda_2,\cdots,\lambda_n$,则:

(i) $\sum\limits_{i=1}^{n}\lambda_i=\sum\limits_{i=1}^{n}a_{ii}=\mathrm{tr}(\boldsymbol{A})$;

(ii) $\lambda_1\lambda_2\cdots\lambda_n=|\boldsymbol{A}|$.

其中,$\mathrm{tr}(\boldsymbol{A})$ 称为 $\boldsymbol{A}$ 的迹,为 $\boldsymbol{A}$ 的主对角线元素之和.(证明略)

由性质4可知,$\boldsymbol{A}$ 可逆当且仅当 $\boldsymbol{A}$ 的特征值全不为零.

性质5　设 $\lambda_1,\lambda_2,\cdots,\lambda_m$ 是 m 阶方阵 $\boldsymbol{A}$ 的 m 个特征值,$\boldsymbol{p}_1,\boldsymbol{p}_2,\cdots,\boldsymbol{p}_m$ 是依次与之对应的特征向量.若 $\lambda_1,\lambda_2,\cdots,\lambda_m$ 互不相等,则 $\boldsymbol{p}_1,\boldsymbol{p}_2,\cdots,\boldsymbol{p}_m$ 线性无关.

微课:性质5

证　设有常数 $x_1,x_2,\cdots,x_m$,使

$$x_1\boldsymbol{p}_1+x_2\boldsymbol{p}_2+\cdots+x_m\boldsymbol{p}_m=\boldsymbol{0},$$

则

$$\boldsymbol{A}(x_1\boldsymbol{p}_1+x_2\boldsymbol{p}_2+\cdots+x_m\boldsymbol{p}_m)=\boldsymbol{0},$$

即

$$\lambda_1x_1\boldsymbol{p}_1+\lambda_2x_2\boldsymbol{p}_2+\cdots+\lambda_mx_m\boldsymbol{p}_m=\boldsymbol{0},$$

以此类推,有

$$\lambda_1^kx_1\boldsymbol{p}_1+\lambda_2^kx_2\boldsymbol{p}_2+\cdots+\lambda_m^kx_m\boldsymbol{p}_m=\boldsymbol{0},(k=1,2,\cdots,m-1).$$

把上列各式合写成矩阵形式,得

$$(x_1\boldsymbol{p}_1,x_2\boldsymbol{p}_2,\cdots,x_m\boldsymbol{p}_m)\begin{pmatrix}1 & \lambda_1 & \cdots & \lambda_1^{m-1}\\ 1 & \lambda_2 & \cdots & \lambda_2^{m-1}\\ \vdots & \vdots & & \vdots\\ 1 & \lambda_m & \cdots & \lambda_m^{m-1}\end{pmatrix}=(\boldsymbol{0},\boldsymbol{0},\cdots,\boldsymbol{0}),$$

上式等号左边第 2 个矩阵的行列式为范德蒙行列式,当 λ_i 各不相等时,该行列式不为 0,从而该矩阵可逆,于是有

$$(x_1\boldsymbol{p}_1,x_2\boldsymbol{p}_2,\cdots,x_m\boldsymbol{p}_m)=(\boldsymbol{0},\boldsymbol{0},\cdots,\boldsymbol{0}),$$

即有 $x_j\boldsymbol{p}_j=\boldsymbol{0}(j=1,2,\cdots,m)$,由 $\boldsymbol{p}_j\neq\boldsymbol{0}$,则 $x_j=0(j=1,2,\cdots,m)$,所以 $\boldsymbol{p}_1$, $\boldsymbol{p}_2,\cdots,\boldsymbol{p}_m$ 线性无关.

例 5.7 设三阶方阵 $\boldsymbol{A}$ 的特征值为 1,2,−3,求:

(1) $|\boldsymbol{A}^2-2\boldsymbol{A}-\boldsymbol{E}|$;

(2) $|\boldsymbol{A}^*+3\boldsymbol{A}+2\boldsymbol{E}|$.

解 设 λ 是 $\boldsymbol{A}$ 的特征值,则 $\lambda=1,2,-3$.

(1)设 $\varphi_1(\boldsymbol{A})=\boldsymbol{A}^2-2\boldsymbol{A}-\boldsymbol{E}$,则 $\varphi_1(\lambda)=\lambda^2-2\lambda-1$ 为 $\varphi_1(\boldsymbol{A})$ 的特征值,即 $\varphi_1(1),\varphi_1(2),\varphi_1(-3)$ 为 $\varphi_1(\boldsymbol{A})$ 的特征值,故

$$|\boldsymbol{A}^2-2\boldsymbol{A}-\boldsymbol{E}|=|\varphi_1(\boldsymbol{A})|=\varphi_1(1)\varphi_1(2)\varphi_1(-3)=(-2)\times(-1)\times 14=28.$$

(2)由 $|\boldsymbol{A}|=1\times 2\times(-3)=-6\neq 0$ 可知 $\boldsymbol{A}$ 可逆,故得 $\boldsymbol{A}^*=|\boldsymbol{A}|\boldsymbol{A}^{-1}=-6\boldsymbol{A}^{-1}$,所以

$$\boldsymbol{A}^*+3\boldsymbol{A}+2\boldsymbol{E}=-6\boldsymbol{A}^{-1}+3\boldsymbol{A}+2\boldsymbol{E},$$

记 $\varphi_2(\boldsymbol{A})=-6\boldsymbol{A}^{-1}+3\boldsymbol{A}+2\boldsymbol{E}$,则 $\varphi_2(\lambda)=-6\lambda^{-1}+3\lambda+2$ 为 $\varphi_2(\boldsymbol{A})$ 的特征值,故

$$|\boldsymbol{A}^*+3\boldsymbol{A}+2\boldsymbol{E}|=\varphi_2(1)\varphi_2(2)\varphi_2(-3)=-1\times 5\times(-5)=25.$$

例 5.8 设 $\boldsymbol{x}_1$ 是方阵 $\boldsymbol{A}$ 的属于特征值 λ_1 的特征向量,$\boldsymbol{x}_2$ 是属于特征值 λ_2 的特征向量,若 $\lambda_1\neq\lambda_2$,则 $\boldsymbol{x}_1+\boldsymbol{x}_2$ 不是 $\boldsymbol{A}$ 的特征向量.

证 假设 $\boldsymbol{x}_1+\boldsymbol{x}_2$ 是 $\boldsymbol{A}$ 的属于特征值 λ 的特征向量,则

$$\boldsymbol{A}(\boldsymbol{x}_1+\boldsymbol{x}_2)=\lambda(\boldsymbol{x}_1+\boldsymbol{x}_2),$$

而

$$\boldsymbol{A}(\boldsymbol{x}_1+\boldsymbol{x}_2)=\boldsymbol{A}\boldsymbol{x}_1+\boldsymbol{A}\boldsymbol{x}_2=\lambda_1\boldsymbol{x}_1+\lambda_2\boldsymbol{x}_2,$$

所以

$$(\lambda-\lambda_1)\boldsymbol{x}_1+(\lambda-\lambda_2)\boldsymbol{x}_2=\boldsymbol{0},$$

因为 $\boldsymbol{x}_1$ 和 $\boldsymbol{x}_2$ 是属于不同特征值的特征向量，所以 $\boldsymbol{x}_1$ 和 $\boldsymbol{x}_2$ 线性无关，则

$$\lambda-\lambda_1=0,\lambda-\lambda_2=0,$$

即 $\lambda=\lambda_1=\lambda_2$，与题设矛盾，故 $\boldsymbol{x}_1+\boldsymbol{x}_2$ 不是 $\boldsymbol{A}$ 的特征向量.

5.3　相似矩阵

5.3.1　相似矩阵定义

定义 8　设 $\boldsymbol{A},\boldsymbol{B}$ 都是 n 阶方阵，若存在一个 n 阶可逆矩阵 $\boldsymbol{P}$，使

$$\boldsymbol{P}^{-1}\boldsymbol{A}\boldsymbol{P}=\boldsymbol{B},$$

则称 $\boldsymbol{A}$ 与 $\boldsymbol{B}$ 是相似的，或称 $\boldsymbol{B}$ 是 $\boldsymbol{A}$ 的相似矩阵. 称 $\boldsymbol{P}^{-1}\boldsymbol{A}\boldsymbol{P}$ 为对 $\boldsymbol{A}$ 作相似变换，可逆矩阵 $\boldsymbol{P}$ 称为把 $\boldsymbol{A}$ 变成 $\boldsymbol{B}$ 的相似变换矩阵.

矩阵的相似关系是一种等价关系，即有：

(i) 反身性　$\boldsymbol{A}$ 与 $\boldsymbol{A}$ 相似；

(ii) 对称性　若 $\boldsymbol{A}$ 与 $\boldsymbol{B}$ 相似，则 $\boldsymbol{B}$ 与 $\boldsymbol{A}$ 相似；

(iii) 传递性　若 $\boldsymbol{A}$ 与 $\boldsymbol{B}$ 相似，$\boldsymbol{B}$ 与 $\boldsymbol{C}$ 相似，则 $\boldsymbol{A}$ 与 $\boldsymbol{C}$ 相似.

相似矩阵还具有如下性质：

性质 1　若 $\boldsymbol{A}$ 与 $\boldsymbol{B}$ 相似，则 $R(\boldsymbol{A})=R(\boldsymbol{B})$，且 $|\boldsymbol{A}|=|\boldsymbol{B}|$.

证　若 $\boldsymbol{A}$ 与 $\boldsymbol{B}$ 相似，则存在可逆矩阵 $\boldsymbol{P}$，使 $\boldsymbol{P}^{-1}\boldsymbol{A}\boldsymbol{P}=\boldsymbol{B}$，则 $\boldsymbol{A}$ 与 $\boldsymbol{B}$ 等价，因而 $R(\boldsymbol{A})=R(\boldsymbol{B})$，且

$$|\boldsymbol{B}|=|\boldsymbol{P}^{-1}\boldsymbol{A}\boldsymbol{P}|=|\boldsymbol{P}^{-1}||\boldsymbol{A}||\boldsymbol{P}|=|\boldsymbol{A}|.$$

性质 2　若 $\boldsymbol{A}$ 可逆，且 $\boldsymbol{A}$ 与 $\boldsymbol{B}$ 相似，则 $\boldsymbol{B}$ 可逆，且 $\boldsymbol{A}^{-1}$ 与 $\boldsymbol{B}^{-1}$ 也相似.

证　若 $\boldsymbol{A}$ 与 $\boldsymbol{B}$ 相似，则 $\boldsymbol{A}$ 与 $\boldsymbol{B}$ 等价，又 $\boldsymbol{A}$ 可逆，故 $\boldsymbol{B}$ 可逆. 由

$$\boldsymbol{P}^{-1}\boldsymbol{A}\boldsymbol{P}=\boldsymbol{B},$$

得

$$(\boldsymbol{P}^{-1}\boldsymbol{A}\boldsymbol{P})^{-1}=\boldsymbol{B}^{-1},$$

即 $\boldsymbol{P}^{-1}\boldsymbol{A}^{-1}\boldsymbol{P}=\boldsymbol{B}^{-1}$，所以 $\boldsymbol{A}^{-1}$ 与 $\boldsymbol{B}^{-1}$ 相似.

性质 3　若 $\boldsymbol{A}$ 与 $\boldsymbol{B}$ 相似，则 $\boldsymbol{A}^k$ 与 $\boldsymbol{B}^k$（k 为整数）相似.

证　若 $\boldsymbol{A}$ 与 $\boldsymbol{B}$ 相似，则由 $\boldsymbol{P}^{-1}\boldsymbol{A}\boldsymbol{P}=\boldsymbol{B}$，

得

$$(\boldsymbol{P}^{-1}\boldsymbol{AP})^{k} = \boldsymbol{B}^{k},$$

而

$$(\boldsymbol{P}^{-1}\boldsymbol{AP})^{k} = (\boldsymbol{P}^{-1}\boldsymbol{AP})(\boldsymbol{P}^{-1}\boldsymbol{AP})\cdots(\boldsymbol{P}^{-1}\boldsymbol{AP}) = \boldsymbol{P}^{-1}\boldsymbol{A}^{k}\boldsymbol{P},$$

所以 $\boldsymbol{A}^k$ 与 $\boldsymbol{B}^k$ 相似.

定理 3　若 n 阶方阵 $\boldsymbol{A}$ 与 $\boldsymbol{B}$ 相似,则 $\boldsymbol{A}$ 与 $\boldsymbol{B}$ 的特征多项式相同,从而 $\boldsymbol{A}$ 与 $\boldsymbol{B}$ 的特征值也相同.

证　设 $\boldsymbol{A}$ 与 $\boldsymbol{B}$ 相似,所以存在可逆矩阵 $\boldsymbol{P}$,使得 $\boldsymbol{P}^{-1}\boldsymbol{AP}=\boldsymbol{B}$,则

$$\begin{aligned}|\boldsymbol{B}-\lambda\boldsymbol{E}| &= |\boldsymbol{P}^{-1}\boldsymbol{AP}-\lambda\boldsymbol{E}| = |\boldsymbol{P}^{-1}\boldsymbol{AP}-\boldsymbol{P}^{-1}(\lambda\boldsymbol{E})\boldsymbol{P}|\\ &= |\boldsymbol{P}^{-1}(\boldsymbol{A}-\lambda\boldsymbol{E})\boldsymbol{P}| = |\boldsymbol{P}^{-1}|\,|\boldsymbol{A}-\lambda\boldsymbol{E}|\,|\boldsymbol{P}|\\ &= |\boldsymbol{A}-\lambda\boldsymbol{E}|,\end{aligned}$$

即 $\boldsymbol{A}$ 与 $\boldsymbol{B}$ 具有相同的特征多项式,从而也具有相同的特征值.

说明:定理 3 的逆命题并不成立,即特征多项式相同的矩阵不一定相似.例如

$$\boldsymbol{A} = \begin{pmatrix}1 & 1\\0 & 1\end{pmatrix},\boldsymbol{E} = \begin{pmatrix}1 & 0\\0 & 1\end{pmatrix},$$

$\boldsymbol{A}$ 与 $\boldsymbol{E}$ 的特征多项式相同,但 $\boldsymbol{A}$ 与 $\boldsymbol{E}$ 不相似,因为单位矩阵只能与自身相似.

推论　若 n 阶方阵 $\boldsymbol{A}$ 与对角矩阵

$$\boldsymbol{\Lambda} = \begin{pmatrix}\lambda_1 & & & \\ & \lambda_2 & & \\ & & \ddots & \\ & & & \lambda_n\end{pmatrix}$$

相似,则 $\lambda_1,\lambda_2,\cdots,\lambda_n$ 是 $\boldsymbol{A}$ 的 n 个特征值.

证　易知 $\lambda_1,\lambda_2,\cdots,\lambda_n$ 是 $\boldsymbol{\Lambda}$ 的 n 个特征值,由定理 3 知 $\lambda_1,\lambda_2,\cdots,\lambda_n$ 也是 $\boldsymbol{A}$ 的 n 个特征值.

5.3.2　矩阵的对角化

在矩阵中,对角矩阵是一种比较简单的矩阵,它的许多性质及运算相对来说都比较明显和简便.如果一个矩阵能够相似于一个对角矩阵,那么就说它可以对角化.利用矩阵的对角化可以把复杂矩阵转化为简单的对角矩阵进行研究.

下面讨论的主要问题是：对 n 阶方阵 $\boldsymbol{A}$，在什么条件下能与一个对角矩阵相似？其相似变换矩阵 $\boldsymbol{P}$ 具有什么样的结构？

定理 4　n 阶方阵 $\boldsymbol{A}$ 与对角矩阵相似的充分必要条件是 $\boldsymbol{A}$ 有 n 个线性无关的特征向量.

证　先证必要性. 设 n 阶方阵 $\boldsymbol{A}$ 与对角矩阵 $\boldsymbol{\Lambda}$ 相似，记

$$\boldsymbol{\Lambda}=\begin{pmatrix}\lambda_1 & & & \\ & \lambda_2 & & \\ & & \ddots & \\ & & & \lambda_n\end{pmatrix},\lambda_1,\lambda_2,\cdots,\lambda_n \text{ 为 } \boldsymbol{\Lambda} \text{ 的 } n \text{ 个特征值.}$$

由 $\boldsymbol{P}^{-1}\boldsymbol{AP}=\boldsymbol{\Lambda}$，得 $\boldsymbol{AP}=\boldsymbol{P\Lambda}$，

将 $\boldsymbol{P}$ 按列分块，记 $\boldsymbol{P}=(\boldsymbol{p}_1,\boldsymbol{p}_2,\cdots,\boldsymbol{p}_n)$，则上式写为

$$\boldsymbol{A}(\boldsymbol{p}_1,\boldsymbol{p}_2,\cdots,\boldsymbol{p}_n)=(\lambda_1\boldsymbol{p}_1,\lambda_2\boldsymbol{p}_2,\cdots,\lambda_n\boldsymbol{p}_n),$$

于是，

$$\boldsymbol{Ap}_1=\lambda_1\boldsymbol{p}_1,\boldsymbol{Ap}_2=\lambda_2\boldsymbol{p}_2,\cdots,\boldsymbol{Ap}_n=\lambda_n\boldsymbol{p}_n,$$

则 $\lambda_1,\lambda_2,\cdots,\lambda_n$ 为 $\boldsymbol{A}$ 的特征值，$\boldsymbol{p}_1,\boldsymbol{p}_2,\cdots,\boldsymbol{p}_n$ 为 $\boldsymbol{A}$ 的分别属于特征值 $\lambda_1,\lambda_2,\cdots,\lambda_n$ 的特征向量，由于 $\boldsymbol{P}$ 可逆，所以 $\boldsymbol{p}_1,\boldsymbol{p}_2,\cdots,\boldsymbol{p}_n$ 线性无关.

再证充分性. 若 $\boldsymbol{A}$ 有 n 个线性无关的特征向量 $\boldsymbol{p}_1,\boldsymbol{p}_2,\cdots,\boldsymbol{p}_n$，假设它们对应的特征值分别为 $\lambda_1,\lambda_2,\cdots,\lambda_n$，则

$$\boldsymbol{Ap}_i=\lambda_i\boldsymbol{p}_i(i=1,2,\cdots,n),$$

即有

$$\boldsymbol{A}(\boldsymbol{p}_1,\boldsymbol{p}_2,\cdots,\boldsymbol{p}_n)=(\boldsymbol{Ap}_1,\boldsymbol{Ap}_2,\cdots,\boldsymbol{Ap}_n)=(\lambda_1\boldsymbol{p}_1,\lambda_2\boldsymbol{p}_2,\cdots,\lambda_n\boldsymbol{p}_n)$$

$$=(\boldsymbol{p}_1,\boldsymbol{p}_2,\cdots,\boldsymbol{p}_n)\begin{pmatrix}\lambda_1 & & & \\ & \lambda_2 & & \\ & & \ddots & \\ & & & \lambda_n\end{pmatrix},$$

因为 $\boldsymbol{p}_1,\boldsymbol{p}_2,\cdots,\boldsymbol{p}_n$ 线性无关，则 $\boldsymbol{P}=(\boldsymbol{p}_1,\boldsymbol{p}_2,\cdots,\boldsymbol{p}_n)$ 为可逆矩阵，从而

$$P^{-1}AP=\begin{pmatrix}\lambda_1 & & & \\ & \lambda_2 & & \\ & & \ddots & \\ & & & \lambda_n\end{pmatrix}=\Lambda.$$

在5.2节例5.4、例5.5、例5.6中，我们发现例5.4、例5.5中的矩阵可以对角化，而例5.6中三阶方阵$\boldsymbol{A}$最多只能找到两个线性无关的特征向量，所以不能对角化.

由5.2节的性质5，可得如下推论：

推论 若n阶方阵$\boldsymbol{A}$有n个互不相同的特征值，则$\boldsymbol{A}$与对角矩阵相似.

再比较例5.5和例5.6，发现例5.6不能对角化的原因是其特征值中二重根1对应的齐次线性方程组$(\boldsymbol{A}-\boldsymbol{E})\boldsymbol{x}=\boldsymbol{0}$的基础解系中，只有一个线性无关的解向量，而例5.5的特征值中的二重根2对应的齐次线性方程组$(\boldsymbol{A}-2\boldsymbol{E})\boldsymbol{x}=\boldsymbol{0}$的基础解系中，却有两个线性无关的解向量. 由此，可得如下定理：

定理5 若对于n阶方阵$\boldsymbol{A}$的任一k重特征值λ，有$R(\boldsymbol{A}-\lambda\boldsymbol{E})=n-k$，则$\boldsymbol{A}$可对角化.

证 对$\boldsymbol{A}$的任一k重特征值，$R(\boldsymbol{A}-\lambda\boldsymbol{E})=n-k$，则齐次线性方程组$(\boldsymbol{A}-\lambda\boldsymbol{E})\boldsymbol{x}=\boldsymbol{0}$的基础解系中解向量的个数为$k$，则必对应$k$个线性无关的特征向量，则$\boldsymbol{A}$必有$n$个线性无关的特征向量，故$\boldsymbol{A}$可对角化.

例5.9 设矩阵$\boldsymbol{A}$与$\boldsymbol{B}$相似，其中

$$\boldsymbol{A}=\begin{pmatrix}-2 & 0 & 0\\ 2 & x & 2\\ 3 & 1 & 1\end{pmatrix},\boldsymbol{B}=\begin{pmatrix}-1 & 0 & 0\\ 0 & -2 & 0\\ 0 & 0 & y\end{pmatrix},$$

求x与y的值.

解 $\boldsymbol{A}$的特征多项式为

$$|\boldsymbol{A}-\lambda\boldsymbol{E}|=\begin{vmatrix}-2-\lambda & 0 & 0\\ 2 & x-\lambda & 2\\ 3 & 1 & 1-\lambda\end{vmatrix}=(-\lambda-2)[\lambda^2-(x+1)\lambda+x-2],$$

显然，$\boldsymbol{B}$的特征值为$-1,-2,y$，由于$\boldsymbol{A}$与$\boldsymbol{B}$相似，所以$-1,-2,y$也应是$\boldsymbol{A}$的特征值，将$\lambda=-1$代入$\boldsymbol{A}$的特征方程得$x=0$，则$\boldsymbol{A}$的特征多项式为

$$(-\lambda-2)(\lambda^2-\lambda-2),$$

则 $\boldsymbol{A}$ 的特征值为 $-1,-2,2$，所以 $y=2$.

例 5.10　设方阵

$$\boldsymbol{A}=\begin{pmatrix}-2&1&1\\0&2&0\\-4&1&3\end{pmatrix},$$

微课：例 5.10

问 $\boldsymbol{A}$ 是否可对角化？若能对角化，找一可逆矩阵 $\boldsymbol{P}$，使 $\boldsymbol{P}^{-1}\boldsymbol{AP}$ 为对角矩阵.

解　$\boldsymbol{A}$ 的特征多项式为

$$|\boldsymbol{A}-\lambda\boldsymbol{E}|=\begin{vmatrix}-2-\lambda&1&1\\0&2-\lambda&0\\-4&1&3-\lambda\end{vmatrix}=-(\lambda+1)(\lambda-2)^2,$$

所以 $\boldsymbol{A}$ 的特征值为 $\lambda_1=-1,\lambda_2=\lambda_3=2$.

当 $\lambda_1=-1$ 时，解齐次线性方程组 $(\boldsymbol{A}+\boldsymbol{E})\boldsymbol{x}=\boldsymbol{0}$，由

$$\boldsymbol{A}+\boldsymbol{E}=\begin{pmatrix}-1&1&1\\0&3&0\\-4&1&4\end{pmatrix}\overset{r}{\sim}\begin{pmatrix}1&0&-1\\0&1&0\\0&0&0\end{pmatrix},$$

得基础解系为

$$\boldsymbol{p}_1=\begin{pmatrix}1\\0\\1\end{pmatrix}.$$

当 $\lambda_2=\lambda_3=2$ 时，解齐次线性方程组 $(\boldsymbol{A}-2\boldsymbol{E})\boldsymbol{x}=\boldsymbol{0}$，由

$$\boldsymbol{A}-2\boldsymbol{E}=\begin{pmatrix}-4&1&1\\0&0&0\\-4&1&1\end{pmatrix}\overset{r}{\sim}\begin{pmatrix}-4&1&1\\0&0&0\\0&0&0\end{pmatrix},$$

得基础解系为

$$\boldsymbol{p}_2=\begin{pmatrix}0\\1\\-1\end{pmatrix},\boldsymbol{p}_3=\begin{pmatrix}1\\0\\4\end{pmatrix}.$$

因为 $\boldsymbol{p}_1,\boldsymbol{p}_2,\boldsymbol{p}_3$ 线性无关，即 $\boldsymbol{A}$ 有 3 个线性无关的特征向量，故 $\boldsymbol{A}$ 可对角化.

令 $\boldsymbol{P}=(\boldsymbol{p}_1,\boldsymbol{p}_2,\boldsymbol{p}_3)=\begin{pmatrix}1&0&1\\0&1&0\\1&-1&4\end{pmatrix}$,则 $\boldsymbol{P}$ 为可逆矩阵,且有

$$\boldsymbol{P}^{-1}\boldsymbol{A}\boldsymbol{P}=\begin{pmatrix}-1&&\\&2&\\&&2\end{pmatrix}.$$

例 5.11 设方阵

$$\boldsymbol{A}=\begin{pmatrix}0&0&1\\1&1&x\\1&0&0\end{pmatrix},$$

问 x 为何值时,$\boldsymbol{A}$ 可对角化.

解 $\boldsymbol{A}$ 的特征多项式为

$$|\boldsymbol{A}-\lambda\boldsymbol{E}|=\begin{vmatrix}-\lambda&0&1\\1&1-\lambda&x\\1&0&-\lambda\end{vmatrix}=-(\lambda+1)(\lambda-1)^2,$$

所以 $\boldsymbol{A}$ 的特征值为 $\lambda_1=-1,\lambda_2=\lambda_3=1$.

对应单根 $\lambda_1=-1$,可求得线性无关的特征向量恰有 1 个,现要使 $\boldsymbol{A}$ 可对角化,则二重根 $\lambda_2=\lambda_3=1$ 要有两个线性无关的特征向量,即线性方程组 $(\boldsymbol{A}-\boldsymbol{E})\boldsymbol{x}=\boldsymbol{0}$ 的基础解系中有两个解向量,亦即 $R(\boldsymbol{A}-\boldsymbol{E})=1$.

由
$$\boldsymbol{A}-\boldsymbol{E}=\begin{pmatrix}-1&0&1\\1&0&x\\1&0&-1\end{pmatrix}\overset{r}{\sim}\begin{pmatrix}1&0&-1\\0&0&x+1\\0&0&0\end{pmatrix},$$

要使 $R(\boldsymbol{A}-\boldsymbol{E})=1$,则 $x=-1$.

所以,当 $x=-1$ 时,$\boldsymbol{A}$ 可对角化.

例 5.12 设方阵

$$\boldsymbol{A}=\begin{pmatrix}1&4&2\\0&-3&4\\0&4&3\end{pmatrix},$$

求 $\boldsymbol{A}^n(n\in\mathbf{N})$.

解 $\boldsymbol{A}$ 的特征多项式为

$$|\boldsymbol{A}-\lambda\boldsymbol{E}|=\begin{vmatrix}1-\lambda & 4 & 2\\ 0 & -3-\lambda & 4\\ 0 & 4 & 3-\lambda\end{vmatrix}=(1-\lambda)(\lambda-5)(\lambda+5),$$

所以 $\boldsymbol{A}$ 的特征值为 $\lambda_1=1,\lambda_2=5,\lambda_3=-5$,它们对应的特征向量分别为

$$\boldsymbol{p}_1=\begin{pmatrix}1\\0\\0\end{pmatrix},\boldsymbol{p}_2=\begin{pmatrix}2\\1\\2\end{pmatrix},\boldsymbol{p}_3=\begin{pmatrix}1\\-2\\1\end{pmatrix},$$

令

$$\boldsymbol{P}=(\boldsymbol{p}_1,\boldsymbol{p}_2,\boldsymbol{p}_3)=\begin{pmatrix}1 & 2 & 1\\ 0 & 1 & -2\\ 0 & 2 & 1\end{pmatrix},$$

则

$$\boldsymbol{P}^{-1}\boldsymbol{A}\boldsymbol{P}=\begin{pmatrix}1 & 0 & 0\\ 0 & 5 & 0\\ 0 & 0 & -5\end{pmatrix}=\boldsymbol{\Lambda},$$

所以 $\boldsymbol{A}=\boldsymbol{P}\boldsymbol{\Lambda}\boldsymbol{P}^{-1}$,
可求得

$$\boldsymbol{P}^{-1}=\begin{pmatrix}1 & 0 & -1\\ 0 & \frac{1}{5} & \frac{2}{5}\\ 0 & -\frac{2}{5} & \frac{1}{5}\end{pmatrix},$$

所以

$$\boldsymbol{A}^n=\boldsymbol{P}\boldsymbol{\Lambda}^n\boldsymbol{P}^{-1}=\begin{pmatrix}1 & 2 & 1\\ 0 & 1 & -2\\ 0 & 2 & 1\end{pmatrix}\begin{pmatrix}1 & 0 & 0\\ 0 & 5^n & 0\\ 0 & 0 & (-5)^n\end{pmatrix}\begin{pmatrix}1 & 0 & -1\\ 0 & \frac{1}{5} & \frac{2}{5}\\ 0 & -\frac{2}{5} & \frac{1}{5}\end{pmatrix}$$

$$=\begin{pmatrix}1 & 2\times5^{n-1}(1+(-1)^{n+1}) & 5^{n-1}(4+(-1)^n)-1\\ 0 & 5^{n-1}(1+4(-1)^n) & 2\times5^{n-1}(1+(-1)^{n+1})\\ 0 & 2\times5^{n-1}(1+(-1)^{n+1}) & 5^{n-1}(4+(-1)^n)\end{pmatrix}.$$

5.4 实对称矩阵的对角化

由 5.3 节可知,不是所有的方阵都可对角化. 那么一个 n 阶方阵要具备什么条件才能对角化? 这是一个比较复杂的问题,对此不进行一般性的讨论,而仅讨论 n 阶方阵 $\boldsymbol{A}$ 为实对称矩阵的情形.

定理 6 实对称矩阵的特征值为实数.

证 假设复数 λ 为实对称矩阵 $\boldsymbol{A}$ 的特征值,复向量 $\boldsymbol{x}$ 为对应的特征向量,即 $\boldsymbol{A}\boldsymbol{x}=\lambda\boldsymbol{x},\boldsymbol{x}\neq\boldsymbol{0}$.

用 $\overline{\lambda}$ 表示 λ 的共轭复数,$\overline{\boldsymbol{x}}$ 表示 $\boldsymbol{x}$ 的共轭复向量,而 $\boldsymbol{A}$ 为实矩阵,有 $\overline{\boldsymbol{A}}=\boldsymbol{A}$,则

$$\boldsymbol{A}\overline{\boldsymbol{x}}=\overline{\boldsymbol{A}}\,\overline{\boldsymbol{x}}=\overline{(\boldsymbol{A}\boldsymbol{x})}=\overline{\lambda\boldsymbol{x}}=\overline{\lambda}\,\overline{\boldsymbol{x}},$$

于是有

$$\overline{\boldsymbol{x}}^{\mathrm{T}}\boldsymbol{A}\boldsymbol{x}=\overline{\boldsymbol{x}}^{\mathrm{T}}(\boldsymbol{A}\boldsymbol{x})=\overline{\boldsymbol{x}}^{\mathrm{T}}\lambda\boldsymbol{x}=\lambda\overline{\boldsymbol{x}}^{\mathrm{T}}\boldsymbol{x},$$

及

$$\overline{\boldsymbol{x}}^{\mathrm{T}}\boldsymbol{A}\boldsymbol{x}=(\overline{\boldsymbol{x}}^{\mathrm{T}}\boldsymbol{A})\boldsymbol{x}=(\boldsymbol{A}\,\overline{\boldsymbol{x}})^{\mathrm{T}}x=\overline{\lambda}\,\overline{\boldsymbol{x}}^{\mathrm{T}}\boldsymbol{x}.$$

两式相减得

$$(\lambda-\overline{\lambda})\overline{\boldsymbol{x}}^{\mathrm{T}}\boldsymbol{x}=0,$$

因为 $\boldsymbol{x}\neq\boldsymbol{0}$,所以

$$\overline{\boldsymbol{x}}^{\mathrm{T}}\boldsymbol{x}=\sum_{i=1}^{n}\overline{x}_i x_i=\sum_{i=1}^{n}|x_i|^2\neq 0,$$

则 $\lambda-\overline{\lambda}=0$,即 $\lambda=\overline{\lambda}$,说明 λ 为实数.

显然,当特征值 λ_i 为实数时,齐次线性方程组

$$(\boldsymbol{A}-\lambda_i\boldsymbol{E})\boldsymbol{x}=\boldsymbol{0}$$

是实系数方程组,则必有实的基础解系,所以对应的特征向量可以取实向量.

定理 7 实对称矩阵不同特征值对应的特征向量正交.

证 设 λ_1,λ_2 是实对称矩阵 $\boldsymbol{A}$ 的两个不同特征值,$\boldsymbol{x}_1,\boldsymbol{x}_2$ 是对应的特征向量,则

$$\boldsymbol{A}\boldsymbol{x}_1=\lambda_1\boldsymbol{x}_1,\boldsymbol{A}\boldsymbol{x}_2=\lambda_2\boldsymbol{x}_2.$$

因 $\boldsymbol{A}$ 是对称矩阵,故

$$\lambda_1\boldsymbol{x}_1^{\mathrm{T}}=(\lambda_1\boldsymbol{x}_1)^{\mathrm{T}}=(\boldsymbol{A}\boldsymbol{x}_1)^{\mathrm{T}}=\boldsymbol{x}_1^{\mathrm{T}}\boldsymbol{A},$$

于是

$$\lambda_1 \boldsymbol{x}_1^{\mathrm{T}} \boldsymbol{x}_2 = \boldsymbol{x}_1^{\mathrm{T}} \boldsymbol{A} \boldsymbol{x}_2 = \boldsymbol{x}_1^{\mathrm{T}} (\lambda_2 \boldsymbol{x}_2) = \lambda_2 \boldsymbol{x}_1^{\mathrm{T}} \boldsymbol{x}_2,$$

即

$$(\lambda_1 - \lambda_2) \boldsymbol{x}_1^{\mathrm{T}} \boldsymbol{x}_2 = 0.$$

由于 $\lambda_1 \neq \lambda_2$，故 $\boldsymbol{x}_1^{\mathrm{T}} \boldsymbol{x}_2 = [\boldsymbol{x}_1, \boldsymbol{x}_2] = 0$，即 $\boldsymbol{x}_1$ 与 $\boldsymbol{x}_2$ 正交.

定理8　$\boldsymbol{A}$ 为 n 阶实对称矩阵，则必存在正交矩阵 $\boldsymbol{P}$，使得 $\boldsymbol{P}^{-1}\boldsymbol{A}\boldsymbol{P} = \boldsymbol{P}^{\mathrm{T}}\boldsymbol{A}\boldsymbol{P} = \boldsymbol{\Lambda}$，其中 $\boldsymbol{\Lambda}$ 是以 $\boldsymbol{A}$ 的 n 个特征值为对角线元素的对角矩阵.（证明略）

推论　设 $\boldsymbol{A}$ 为 n 阶实对称矩阵，λ 是 $\boldsymbol{A}$ 的 k 重特征值，则 $R(\boldsymbol{A} - \lambda\boldsymbol{E}) = n - k$，从而对应特征值 λ 恰有 k 个线性无关的特征向量.

证　由定理8可知对称矩阵 $\boldsymbol{A}$ 与对角矩阵 $\boldsymbol{\Lambda} = \mathrm{diag}(\lambda_1, \lambda_2, \cdots, \lambda_n)$ 相似，即存在正交矩阵 $\boldsymbol{P}$，使得

$$\boldsymbol{P}^{-1}\boldsymbol{A}\boldsymbol{P} = \boldsymbol{\Lambda},$$

于是

$$\boldsymbol{P}^{-1}(\boldsymbol{A} - \lambda\boldsymbol{E})\boldsymbol{P} = \boldsymbol{P}^{-1}\boldsymbol{A}\boldsymbol{P} - \lambda\boldsymbol{E} = \boldsymbol{\Lambda} - \lambda\boldsymbol{E},$$

因此

$$R(\boldsymbol{A} - \lambda\boldsymbol{E}) = R(\boldsymbol{\Lambda} - \lambda\boldsymbol{E}).$$

当 λ 是 $\boldsymbol{A}$ 的 k 重特征值时，$\lambda_1, \lambda_2, \cdots, \lambda_n$ 这 n 个特征值中有 k 个等于 λ，有 $n-k$ 个不等于 λ，从而对角矩阵 $\boldsymbol{\Lambda} - \lambda\boldsymbol{E}$ 的对角线上恰有 k 个元素等于0，$n-k$ 个不等于0，所以 $R(\boldsymbol{A} - \lambda\boldsymbol{E}) = R(\boldsymbol{\Lambda} - \lambda\boldsymbol{E}) = n - k$. 因此齐次线性方程组 $(\boldsymbol{A} - \lambda\boldsymbol{E})\boldsymbol{x} = \boldsymbol{0}$ 的基础解系中含有 k 个解向量，故对应特征值 λ 恰有 k 个线性无关的特征向量.

根据定理8及其推论，现将实对称矩阵 $\boldsymbol{A}$ 对角化的步骤归纳如下：

(i) 求出 $\boldsymbol{A}$ 的全部互不相等的特征值 $\lambda_1, \lambda_2, \cdots, \lambda_s$，它们的重数依次为 $k_1, k_2, \cdots, k_s$ $(k_1 + k_2 + \cdots + k_s = n)$；

(ii) 对每个 k_i 重特征值 λ_i，求出线性方程组 $(\boldsymbol{A} - \lambda_i\boldsymbol{E})\boldsymbol{x} = \boldsymbol{0}$ 的基础解系，得 k_i 个线性无关的特征向量；

(iii) 将每个 λ_i 对应的 k_i 个线性无关的特征向量正交化、单位化，得 k_i 个两两正交的单位特征向量（若对应 λ_i 只有一个线性无关的特征向量，则只需要单位化即可. 由于 $k_1 + k_2 + \cdots + k_s = n$，故总共可得 n 个两两正交的单位特征向量）；

(iv) 以这 n 个两两正交的单位特征向量为列向量构成的矩阵，即为要求的

正交矩阵 $\boldsymbol{P}$,且有 $\boldsymbol{P}^{-1}\boldsymbol{A}\boldsymbol{P}=\boldsymbol{\Lambda}$ 为对角矩阵. 注意对角矩阵 $\boldsymbol{\Lambda}$ 中对角线上元素的排列顺序应与矩阵 $\boldsymbol{P}$ 中列向量的排列顺序保持一致.

例 5.13 设 $\boldsymbol{A}=\begin{pmatrix}0&-1&1\\-1&0&1\\1&1&0\end{pmatrix}$,求一个正交矩阵 $\boldsymbol{P}$,使 $\boldsymbol{P}^{-1}\boldsymbol{A}\boldsymbol{P}=\boldsymbol{\Lambda}$ 为对角阵.

微课:例 5.13

解 $\boldsymbol{A}$ 的特征多项式为

$$|\boldsymbol{A}-\lambda\boldsymbol{E}|=\begin{vmatrix}-\lambda&-1&1\\-1&-\lambda&1\\1&1&-\lambda\end{vmatrix}=-(\lambda-1)^2(\lambda+2),$$

所以 $\boldsymbol{A}$ 的特征值为 $\lambda_1=-2,\lambda_2=\lambda_3=1$.

当 $\lambda_1=-2$ 时,解齐次线性方程组 $(\boldsymbol{A}+2\boldsymbol{E})\boldsymbol{x}=\boldsymbol{0}$,由

$$\boldsymbol{A}+2\boldsymbol{E}=\begin{pmatrix}2&-1&1\\-1&2&1\\1&1&2\end{pmatrix}\overset{r}{\sim}\begin{pmatrix}1&0&1\\0&1&1\\0&0&0\end{pmatrix},$$

得基础解系为

$$\boldsymbol{\xi}_1=\begin{pmatrix}-1\\-1\\1\end{pmatrix},$$

将 $\boldsymbol{\xi}_1$ 单位化,得 $\boldsymbol{p}_1=\frac{1}{\sqrt{3}}\begin{pmatrix}-1\\-1\\1\end{pmatrix}$.

当 $\lambda_2=\lambda_3=1$ 时,解齐次线性方程组 $(\boldsymbol{A}-\boldsymbol{E})\boldsymbol{x}=\boldsymbol{0}$,由

$$\boldsymbol{A}-\boldsymbol{E}=\begin{pmatrix}-1&-1&1\\-1&-1&1\\1&1&-1\end{pmatrix}\overset{r}{\sim}\begin{pmatrix}1&1&-1\\0&0&0\\0&0&0\end{pmatrix},$$

得基础解系为

$$\boldsymbol{\xi}_2=\begin{pmatrix}-1\\1\\0\end{pmatrix},\boldsymbol{\xi}_3=\begin{pmatrix}1\\0\\1\end{pmatrix}.$$

将 $\boldsymbol{\xi}_2,\boldsymbol{\xi}_3$ 正交化:取 $\boldsymbol{\eta}_2=\boldsymbol{\xi}_2$,

$$\boldsymbol{\eta}_3=\boldsymbol{\xi}_3-\frac{[\boldsymbol{\eta}_2,\boldsymbol{\xi}_3]}{[\boldsymbol{\eta}_2,\boldsymbol{\eta}_2]}\boldsymbol{\eta}_2=\begin{pmatrix}1\\0\\1\end{pmatrix}+\frac{1}{2}\begin{pmatrix}-1\\1\\0\end{pmatrix}=\frac{1}{2}\begin{pmatrix}1\\1\\2\end{pmatrix},$$

再将 $\boldsymbol{\eta}_2,\boldsymbol{\eta}_3$ 单位化，得 $\boldsymbol{p}_2=\frac{1}{\sqrt{2}}\begin{pmatrix}-1\\1\\0\end{pmatrix},\boldsymbol{p}_3=\frac{1}{\sqrt{6}}\begin{pmatrix}1\\1\\2\end{pmatrix}$.

于是得正交矩阵

$$\boldsymbol{P}=(\boldsymbol{p}_1,\boldsymbol{p}_2,\boldsymbol{p}_3)=\begin{pmatrix}-\frac{1}{\sqrt{3}} & -\frac{1}{\sqrt{2}} & \frac{1}{\sqrt{6}}\\ -\frac{1}{\sqrt{3}} & \frac{1}{\sqrt{2}} & \frac{1}{\sqrt{6}}\\ \frac{1}{\sqrt{3}} & 0 & \frac{2}{\sqrt{6}}\end{pmatrix},$$

且有

$$\boldsymbol{P}^{-1}\boldsymbol{A}\boldsymbol{P}=\boldsymbol{\Lambda}=\begin{pmatrix}-2 & & \\ & 1 & \\ & & 1\end{pmatrix}.$$

小　结

1. 向量内积

设向量

$$\boldsymbol{x}=\begin{pmatrix}x_1\\x_2\\\vdots\\x_n\end{pmatrix},\boldsymbol{y}=\begin{pmatrix}y_1\\y_2\\\vdots\\y_n\end{pmatrix},$$

(1) 称 $x_1y_1+x_2y_2+\cdots+x_ny_n$ 为向量 $\boldsymbol{x}$ 与 $\boldsymbol{y}$ 的内积，记作 $[\boldsymbol{x},\boldsymbol{y}]$ 或 $\boldsymbol{x}^{\mathrm{T}}\boldsymbol{y}$.

(2) 若 $[\boldsymbol{x},\boldsymbol{y}]=0$，则称 $\boldsymbol{x}$ 与 $\boldsymbol{y}$ 正交.

(3) 称 $\|\boldsymbol{x}\|=\sqrt{[\boldsymbol{x},\boldsymbol{x}]}=\sqrt{x_1^2+x_2^2+\cdots+x_n^2}$ 为向量 $\boldsymbol{x}$ 的长度.

(4)若$\|\boldsymbol{x}\|=1$,则称$\boldsymbol{x}$为单位向量.

(5)性质:

(i)$[\boldsymbol{x},\boldsymbol{y}]=[\boldsymbol{y},\boldsymbol{x}]$;

(ii)$[\lambda\boldsymbol{x},\boldsymbol{y}]=\lambda[\boldsymbol{x},\boldsymbol{y}]$;

(iii)$[\boldsymbol{x}+\boldsymbol{y},\boldsymbol{z}]=[\boldsymbol{x},\boldsymbol{z}]+[\boldsymbol{y},\boldsymbol{z}]$;

(iv)$[\boldsymbol{x},\boldsymbol{x}]\geqslant 0$,当且仅当$\boldsymbol{x}=\boldsymbol{0}$时,$[\boldsymbol{x},\boldsymbol{x}]=0$;

(v)柯西-施瓦茨(Cauchy-Schwarz)不等式:$[\boldsymbol{x},\boldsymbol{y}]^2\leqslant[\boldsymbol{x},\boldsymbol{x}][\boldsymbol{y},\boldsymbol{y}]$,当且仅当$\boldsymbol{x}$与$\boldsymbol{y}$线性相关时等号成立;

(vi)$\|\lambda\boldsymbol{x}\|=|\lambda|\|\boldsymbol{x}\|$,$\lambda$为任意实数;

(vii)$\|\boldsymbol{x}+\boldsymbol{y}\|\leqslant\|\boldsymbol{x}\|+\|\boldsymbol{y}\|$.

2. 正交向量组

(1)正交向量组:若非零向量组$\boldsymbol{a}_1,\boldsymbol{a}_2,\cdots,\boldsymbol{a}_m$两两正交,则称$\boldsymbol{a}_1,\boldsymbol{a}_2,\cdots,\boldsymbol{a}_m$为正交向量组.

(2)规范正交基:设n维向量组$\boldsymbol{e}_1,\boldsymbol{e}_2,\cdots,\boldsymbol{e}_r$是向量空间$V(V\subset R^n)$的一个基,$\boldsymbol{e}_1,\boldsymbol{e}_2,\cdots,\boldsymbol{e}_r$两两正交,且都是单位向量,则称$\boldsymbol{e}_1,\boldsymbol{e}_2,\cdots,\boldsymbol{e}_r$是$V$的一个规范正交基.

(3)若向量组$\boldsymbol{a}_1,\boldsymbol{a}_2,\cdots,\boldsymbol{a}_m$是正交向量组,则$\boldsymbol{a}_1,\boldsymbol{a}_2,\cdots,\boldsymbol{a}_m$线性无关.

3. 施密特(Schimidt)正交化过程

向量组$\boldsymbol{a}_1,\boldsymbol{a}_2,\cdots,\boldsymbol{a}_r$是向量空间$V$的一个基,取

$$\boldsymbol{b}_1=\boldsymbol{a}_1;$$

$$\boldsymbol{b}_2=\boldsymbol{a}_2-\frac{[\boldsymbol{b}_1,\boldsymbol{a}_2]}{[\boldsymbol{b}_1,\boldsymbol{b}_1]}\boldsymbol{b}_1;$$

$$\vdots$$

$$\boldsymbol{b}_r=\boldsymbol{a}_r-\frac{[\boldsymbol{b}_1,\boldsymbol{a}_r]}{[\boldsymbol{b}_1,\boldsymbol{b}_1]}\boldsymbol{b}_1-\frac{[\boldsymbol{b}_2,\boldsymbol{a}_r]}{[\boldsymbol{b}_2,\boldsymbol{b}_2]}\boldsymbol{b}_2-\cdots-\frac{[\boldsymbol{b}_{r-1},\boldsymbol{a}_r]}{[\boldsymbol{b}_{r-1},\boldsymbol{b}_{r-1}]}\boldsymbol{b}_{r-1}.$$

则$\boldsymbol{b}_1,\boldsymbol{b}_2,\cdots,\boldsymbol{b}_r$两两正交,且$\boldsymbol{b}_1,\boldsymbol{b}_2,\cdots,\boldsymbol{b}_r$与$\boldsymbol{a}_1,\boldsymbol{a}_2,\cdots,\boldsymbol{a}_r$等价.

然后再对$\boldsymbol{b}_1,\boldsymbol{b}_2,\cdots,\boldsymbol{b}_r$单位化,得

$$\boldsymbol{e}_1=\frac{1}{\|\boldsymbol{b}_1\|}\boldsymbol{b}_1,\boldsymbol{e}_2=\frac{1}{\|\boldsymbol{b}_2\|}\boldsymbol{b}_2,\cdots,\boldsymbol{e}_r=\frac{1}{\|\boldsymbol{b}_r\|}\boldsymbol{b}_r,$$

即为V的一个规范正交基.

4. 正交矩阵

(1)若 n 阶方阵 $\boldsymbol{A}$ 满足 $\boldsymbol{A}^{\mathrm{T}}\boldsymbol{A}=\boldsymbol{E}$(或 $\boldsymbol{A}\boldsymbol{A}^{\mathrm{T}}=\boldsymbol{E}$),则称 $\boldsymbol{A}$ 为正交矩阵,简称正交阵.

(2)n 阶方阵 $\boldsymbol{A}$ 为正交阵的充分必要条件是 $\boldsymbol{A}$ 的 n 个列(行)向量都是单位向量,且两两正交.

(3)正交矩阵的性质:

(i)若 $\boldsymbol{A}$ 为正交矩阵,则 $\boldsymbol{A}$ 可逆,且 $\boldsymbol{A}^{-1}=\boldsymbol{A}^{\mathrm{T}}$;

(ii)若 $\boldsymbol{A}$ 为正交矩阵,则 $|\boldsymbol{A}|=\pm 1$;

(iii)若 $\boldsymbol{A}$ 与 $\boldsymbol{B}$ 均为正交矩阵,则 $\boldsymbol{AB}$ 也是正交矩阵;

(iv)若 $\boldsymbol{A}$ 为正交矩阵,则 $\boldsymbol{A}^{\mathrm{T}}$,$\boldsymbol{A}^{-1}$,$\boldsymbol{A}^{k}$($k$ 为整数)也是正交矩阵.

5. 特征值、特征向量的基本概念

(1)设 $\boldsymbol{A}$ 为 n 阶方阵,若存在数 λ 和非零 n 维列向量 $\boldsymbol{x}$,使得 $\boldsymbol{Ax}=\lambda\boldsymbol{x}$ 成立,则称数 λ 为方阵 $\boldsymbol{A}$ 的特征值,非零向量 $\boldsymbol{x}$ 称为 $\boldsymbol{A}$ 的对应于特征值 λ 的特征向量. 方程 $|\boldsymbol{A}-\lambda\boldsymbol{E}|=0$ 称为 $\boldsymbol{A}$ 的特征方程,$|\boldsymbol{A}-\lambda\boldsymbol{E}|$ 称为 $\boldsymbol{A}$ 的特征多项式.

(2)求 n 阶方阵 $\boldsymbol{A}$ 的特征值和特征向量的步骤:

第一步:求出 $\boldsymbol{A}$ 的特征多项式 $|\boldsymbol{A}-\lambda\boldsymbol{E}|$;

第二步:求解特征方程 $|\boldsymbol{A}-\lambda\boldsymbol{E}|=0$,得到 $\boldsymbol{A}$ 的 n 个特征值 $\lambda_1,\lambda_2,\cdots,\lambda_n$;

第三步:对于 $\boldsymbol{A}$ 的每一个特征值 λ_i,求出齐次线性方程组 $(\boldsymbol{A}-\lambda_i\boldsymbol{E})\boldsymbol{x}=\boldsymbol{0}$ 的一个基础解系 $\boldsymbol{\xi}_1,\boldsymbol{\xi}_2,\cdots,\boldsymbol{\xi}_s$,则 $\boldsymbol{A}$ 的对应于特征值 λ_i 的全部特征向量为 $\boldsymbol{p}_i=c_1\boldsymbol{\xi}_1+c_2\boldsymbol{\xi}_2+\cdots+c_s\boldsymbol{\xi}_s$,其中,$c_1,c_2,\cdots,c_s$ 为不全为零的任意实数.

6. 特征值、特征向量的性质

(1)一个特征向量只能属于一个特征值(相同的看成一个).

(2)若 λ 是方阵 $\boldsymbol{A}$ 的特征值,$\boldsymbol{x}$ 是属于 λ 的特征向量,则:

(i)$\mu\lambda$ 是 $\mu\boldsymbol{A}$ 的特征值,$\boldsymbol{x}$ 是属于 $\mu\lambda$ 的特征向量(μ 是常数);

(ii)λ^k 是 $\boldsymbol{A}^k$ 的特征值,$\boldsymbol{x}$ 是属于 λ^k 的特征向量(k 是正整数);

(iii) 当 $|\boldsymbol{A}|\neq 0$ 时,λ^{-1} 是 $\boldsymbol{A}^{-1}$ 的特征值,$\lambda^{-1}|\boldsymbol{A}|$ 为 $\boldsymbol{A}^*$ 的特征值,且 $\boldsymbol{x}$ 为对应的特征向量;

(iv)$\varphi(\lambda)$ 是 $\varphi(\boldsymbol{A})$ 的特征值(其中 $\varphi(\lambda)=a_0+a_1\lambda+\cdots+a_m\lambda^m$ 是 λ 的多项式,$\varphi(\boldsymbol{A})=a_0\boldsymbol{E}+a_1\boldsymbol{A}+\cdots+a_m\boldsymbol{A}^m$ 是方阵 $\boldsymbol{A}$ 的多项式).

(3)$\boldsymbol{A}$ 与 $\boldsymbol{A}^{\mathrm{T}}$ 有相同的特征值;

(4)设 n 阶方阵 $\boldsymbol{A}=(a_{ij})$ 的 n 个特征值为 $\lambda_1,\lambda_2,\cdots,\lambda_n$,则:

(i) $\sum_{i=1}^{n} \lambda_i = \sum_{i=1}^{n} a_{ii} = \mathrm{tr}(\boldsymbol{A})$；

(ii) $\lambda_1 \lambda_2 \cdots \lambda_n = |\boldsymbol{A}|$.

(5)设 $\lambda_1, \lambda_2, \cdots, \lambda_m$ 是方阵 $\boldsymbol{A}$ 的 m 个特征值，$\boldsymbol{p}_1, \boldsymbol{p}_2, \cdots, \boldsymbol{p}_m$ 是依次与之对应的特征向量. 若 $\lambda_1, \lambda_2, \cdots, \lambda_m$ 互不相等，则 $\boldsymbol{p}_1, \boldsymbol{p}_2, \cdots, \boldsymbol{p}_m$ 线性无关.

7. 相似矩阵与矩阵对角化

(1)设 $\boldsymbol{A}, \boldsymbol{B}$ 都是 n 阶方阵，若存在一个 n 阶可逆矩阵 $\boldsymbol{P}$，使 $\boldsymbol{P}^{-1}\boldsymbol{A}\boldsymbol{P} = \boldsymbol{B}$，则称 $\boldsymbol{A}$ 与 $\boldsymbol{B}$ 是相似的，或称 $\boldsymbol{B}$ 是 $\boldsymbol{A}$ 的相似矩阵. 称 $\boldsymbol{P}^{-1}\boldsymbol{A}\boldsymbol{P}$ 为对 $\boldsymbol{A}$ 作相似变换，可逆矩阵 $\boldsymbol{P}$ 称为把 $\boldsymbol{A}$ 变成 $\boldsymbol{B}$ 的相似变换矩阵.

(2)相似矩阵的性质：

(i)若 $\boldsymbol{A}$ 与 $\boldsymbol{B}$ 相似，则 $R(\boldsymbol{A}) = R(\boldsymbol{B})$，且 $|\boldsymbol{A}| = |\boldsymbol{B}|$；

(ii)若 $\boldsymbol{A}$ 可逆，且 $\boldsymbol{A}$ 与 $\boldsymbol{B}$ 相似，则 $\boldsymbol{B}$ 可逆，且 $\boldsymbol{A}^{-1}$ 与 $\boldsymbol{B}^{-1}$ 也相似；

(iii)若 $\boldsymbol{A}$ 与 $\boldsymbol{B}$ 相似，则 $\boldsymbol{A}^k$ 与 $\boldsymbol{B}^k$(k 为整数)相似；

(iv)若 n 阶方阵 $\boldsymbol{A}$ 与 $\boldsymbol{B}$ 相似，则 $\boldsymbol{A}$ 与 $\boldsymbol{B}$ 的特征多项式相同，从而 $\boldsymbol{A}$ 与 $\boldsymbol{B}$ 的特征值也相同.

(3)对角化的条件：

(i)n 阶方阵 $\boldsymbol{A}$ 与对角矩阵相似的充分必要条件是 $\boldsymbol{A}$ 有 n 个线性无关的特征向量；

(ii)若 n 阶方阵 $\boldsymbol{A}$ 有 n 个互不相同的特征值，则 $\boldsymbol{A}$ 与对角矩阵相似；

(iii)若对于 n 阶方阵 $\boldsymbol{A}$ 的任一 k 重特征值 λ，有 $R(\boldsymbol{A} - \lambda\boldsymbol{E}) = n - k$，则 $\boldsymbol{A}$ 可对角化.

8. 实对称矩阵的性质

(1)实对称矩阵的特征值为实数.

(2)实对称矩阵不同特征值对应的特征向量正交.

(3)$\boldsymbol{A}$ 为 n 阶实对称矩阵，则必存在正交矩阵 $\boldsymbol{P}$，使得 $\boldsymbol{P}^{-1}\boldsymbol{A}\boldsymbol{P} = \boldsymbol{P}^{\mathrm{T}}\boldsymbol{A}\boldsymbol{P} = \boldsymbol{\Lambda}$，其中 $\boldsymbol{\Lambda}$ 是以 $\boldsymbol{A}$ 的 n 个特征值为对角线元素的对角矩阵.

(4)设 $\boldsymbol{A}$ 为 n 阶实对称矩阵，λ 是 $\boldsymbol{A}$ 的 k 重特征值，则 $R(\boldsymbol{A} - \lambda\boldsymbol{E}) = n - k$，从而对应特征值 λ 恰有 k 个线性无关的特征向量.

习题 5

拓展阅读

1. 计算下列向量 $\boldsymbol{\alpha}, \boldsymbol{\beta}$ 的内积：

(1) $\boldsymbol{\alpha}=(-1,0,3,-5)^{\mathrm{T}}, \boldsymbol{\beta}=(4,-2,0,1)^{\mathrm{T}}$;

(2) $\boldsymbol{\alpha}=\left(\frac{\sqrt{3}}{2},-\frac{1}{2},\frac{\sqrt{3}}{4},-1\right)^{\mathrm{T}}, \boldsymbol{\beta}=\left(-\frac{\sqrt{3}}{2},-2,\sqrt{3},\frac{2}{3}\right)^{\mathrm{T}}$.

2. 设 $\boldsymbol{a}=(1,0,-2)^{\mathrm{T}}, \boldsymbol{b}=(-4,2,3)^{\mathrm{T}}, \boldsymbol{c}$ 与 $\boldsymbol{a}$ 正交，$\boldsymbol{b}=\lambda\boldsymbol{a}+\boldsymbol{c}$，求 $\lambda, \boldsymbol{c}$.

3. 证明如果向量 $\boldsymbol{\beta}$ 与向量 $\boldsymbol{\alpha}_1, \boldsymbol{\alpha}_2$ 都正交，则 $\boldsymbol{\beta}$ 与 $\boldsymbol{\alpha}_1, \boldsymbol{\alpha}_2$ 的任一线性组合也正交.

4. 证明如果 $\boldsymbol{R}^n$ 中向量 $\boldsymbol{\alpha}$ 与 $\boldsymbol{R}^n$ 中任意向量都正交，则 $\boldsymbol{\alpha}$ 必是零向量.

5. 把下列向量组规范正交化：

(1) $\boldsymbol{\alpha}_1=(1,-2,-2)^{\mathrm{T}}, \boldsymbol{\alpha}_2=(-1,0,1)^{\mathrm{T}}, \boldsymbol{\alpha}_3=(5,-3,7)^{\mathrm{T}}$;

(2) $\boldsymbol{\alpha}_1=(1,1,1,1)^{\mathrm{T}}, \boldsymbol{\alpha}_2=(3,3,-1,1)^{\mathrm{T}}, \boldsymbol{\alpha}_3=(-2,0,6,8)^{\mathrm{T}}$.

6. 判断下列矩阵是否为正交矩阵：

(1) $\begin{pmatrix} \frac{\sqrt{3}}{2} & -\frac{1}{2} \\ \frac{1}{2} & \frac{\sqrt{3}}{2} \end{pmatrix}$;　　(2) $\begin{pmatrix} \frac{1}{3} & \frac{2}{3} & \frac{2}{3} \\ \frac{2}{3} & \frac{1}{3} & -\frac{2}{3} \\ \frac{2}{3} & -\frac{2}{3} & \frac{1}{3} \end{pmatrix}$.

7. 求下列方阵的特征值和特征向量：

(1) $\begin{pmatrix} 1 & 2 \\ -1 & 4 \end{pmatrix}$;　　(2) $\begin{pmatrix} 1 & 0 & 0 \\ 6 & 2 & 0 \\ -1 & 3 & 2 \end{pmatrix}$;

(3) $\begin{pmatrix} 2 & 0 & 0 \\ 0 & 1 & 0 \\ 0 & -2 & 0 \end{pmatrix}$;　　(4) $\begin{pmatrix} 2 & -2 & 0 \\ -2 & 1 & -2 \\ 0 & -2 & 0 \end{pmatrix}$.

8. 设 n 阶矩阵 $\boldsymbol{A}, \boldsymbol{B}$ 满足 $R(\boldsymbol{A})+R(\boldsymbol{B})<n$，证明 $\boldsymbol{A}$ 与 $\boldsymbol{B}$ 有公共的特征值，有公共的特征向量.

9. 已知 $\boldsymbol{A}^2+2\boldsymbol{A}-3\boldsymbol{E}=\boldsymbol{0}$，证明 $\boldsymbol{A}$ 的特征值只可能为 -3 或 1.

10. 设 $\boldsymbol{A}$ 为正交矩阵，且 $|\boldsymbol{A}|=-1$，证明 $\lambda=-1$ 是 $\boldsymbol{A}$ 的特征值.

11. 设 λ 是 m 阶矩阵 $\boldsymbol{A}_{m\times n}\boldsymbol{B}_{n\times m}$ 的特征值，证明 λ 也是 n 阶矩阵 $\boldsymbol{BA}$ 的特征值.

12. 已知 3 阶矩阵 $\boldsymbol{A}$ 的特征值为 1,2,3，求 $|\boldsymbol{A}^3-5\boldsymbol{A}^2+7\boldsymbol{A}|$.

13. 已知 3 阶矩阵 $\boldsymbol{A}$ 的特征值为 $1,-1,2$，求 $|\boldsymbol{A}^*-2\boldsymbol{A}+3\boldsymbol{E}|$.

14. 设矩阵 $\boldsymbol{A}=\begin{pmatrix}2&0&1\\3&1&x\\4&0&5\end{pmatrix}$ 可相似对角化，求 x.

15. 已知 $\boldsymbol{p}=\begin{pmatrix}1\\1\\-1\end{pmatrix}$ 是矩阵 $\boldsymbol{A}=\begin{pmatrix}2&-1&2\\5&a&3\\-1&b&-2\end{pmatrix}$ 的一个特征向量，

(1) 求参数 a,b 及特征向量 $\boldsymbol{p}$ 所对应的特征值；

(2) 问 $\boldsymbol{A}$ 能不能相似对角化？并说明理由.

16. 试求一个正交的相似变换矩阵，将下列对称矩阵化为对角矩阵：

(1) $\begin{pmatrix}2&-2&0\\-2&1&-2\\0&-2&0\end{pmatrix}$；　　(2) $\begin{pmatrix}2&2&-2\\2&5&-4\\-2&-4&5\end{pmatrix}$.

17. 设矩阵 $\boldsymbol{A}=\begin{pmatrix}1&-2&-4\\-2&x&-2\\-4&-2&1\end{pmatrix}$ 与 $\boldsymbol{\Lambda}=\begin{pmatrix}5&&\\&-4&\\&&y\end{pmatrix}$ 相似，求 x,y；并求一个正交矩阵 $\boldsymbol{P}$，使 $\boldsymbol{P}^{-1}\boldsymbol{AP}=\boldsymbol{\Lambda}$.

18. 设 3 阶矩阵 $\boldsymbol{A}$ 的特征值为 $\lambda_1=2,\lambda_2=-2,\lambda_3=1$；对应的特征向量依次为

$$\boldsymbol{p}_1=\begin{pmatrix}0\\1\\1\end{pmatrix},\boldsymbol{p}_2=\begin{pmatrix}1\\1\\1\end{pmatrix},\boldsymbol{p}_3=\begin{pmatrix}1\\1\\0\end{pmatrix},$$

求 $\boldsymbol{A}$.

19. 设 $\boldsymbol{A}=\begin{pmatrix}1&4&2\\0&-3&4\\0&4&3\end{pmatrix}$，求 $\boldsymbol{A}^{100}$.

第 6 章
二次型

本章导学

在解析几何中,以坐标原点为中心的二次曲线方程为

$$ax^2+bxy+cy^2=1,$$

上式左端是变量 x,y 的一个二次齐次多项式. 为了便于研究它的几何性质,可以选择适当的坐标旋转变换,把方程化为标准形

$$mx'^2+ny'^2=1.$$

从代数学的角度看,化标准形的过程就是通过变量的线性变换化简一个二次齐次多项式,使它只含平方项. 这样一个问题在许多理论和实际领域中常会遇到,我们把它一般化,讨论 n 个变量的二次齐次多项式的化简问题.

6.1 二次型及其标准形

6.1.1 二次型的概念及其矩阵表示

定义 1 含有 n 个变量 $x_1,x_2,\cdots,x_n$ 的二次齐次函数

$$f(x_1,x_2,\cdots,x_n)=a_{11}x_1^2+a_{22}x_2^2+\cdots+a_{nn}x_n^2+ 2a_{12}x_1x_2+2a_{13}x_1x_3+\cdots+2a_{n-1,n}x_{n-1}x_n \tag{6.1}$$

称为二次型.

当 a_{ij} 都为实数时，称 f 为实二次型；当 a_{ij} 为复数时，称 f 为复二次型. 这里，我们只讨论实二次型.

取 $a_{ij}=a_{ji}$，则 $2a_{ij}x_ix_j=a_{ij}x_ix_j+a_{ji}x_jx_i$，于是二次型式(6.1)可以写成

$$\begin{aligned} f=&a_{11}x_1^2+a_{12}x_1x_2+\cdots+a_{1n}x_1x_n+\\ &a_{21}x_2x_1+a_{22}x_2^2+\cdots+a_{2n}x_2x_n+\\ &\cdots+a_{n1}x_nx_1+a_{n2}x_nx_2+\cdots+a_{nn}x_n^2\\ =&\sum_{i,j=1}^{n}a_{ij}x_ix_j. \end{aligned}$$

利用矩阵，二次型又可表示为

微课:利用矩阵表示二次型

$$\begin{aligned} f=&x_1(a_{11}x_1+a_{12}x_2+\cdots+a_{1n}x_n)+\\ &x_2(a_{21}x_1+a_{22}x_2+\cdots+a_{2n}x_n)+\cdots+\\ &x_n(a_{n1}x_1+a_{n2}x_2+\cdots+a_{nn}x_n)\\ =&(x_1,x_2,\cdots,x_n)\begin{pmatrix} a_{11}x_1+a_{12}x_2+\cdots+a_{1n}x_n\\ a_{21}x_1+a_{22}x_2+\cdots+a_{2n}x_n\\ \vdots\\ a_{n1}x_1+a_{n2}x_2+\cdots+a_{nn}x_n \end{pmatrix}\\ =&(x_1,x_2,\cdots,x_n)\begin{pmatrix} a_{11}&a_{12}&\cdots&a_{1n}\\ a_{21}&a_{22}&\cdots&a_{2n}\\ \vdots&\vdots&&\vdots\\ a_{n1}&a_{n2}&\cdots&a_{nn} \end{pmatrix}\begin{pmatrix} x_1\\ x_2\\ \vdots\\ x_n \end{pmatrix}. \end{aligned}$$

记

$$\boldsymbol{A}=\begin{pmatrix} a_{11}&a_{12}&\cdots&a_{1n}\\ a_{21}&a_{22}&\cdots&a_{2n}\\ \vdots&\vdots&&\vdots\\ a_{n1}&a_{n2}&\cdots&a_{nn} \end{pmatrix},\boldsymbol{x}=\begin{pmatrix} x_1\\ x_2\\ \vdots\\ x_n \end{pmatrix},$$

则二次型可记作

$$f=\boldsymbol{x}^{\mathrm{T}}\boldsymbol{A}\boldsymbol{x}. \tag{6.2}$$

因为 $a_{ij}=a_{ji}(i,j=1,2,\cdots,n)$，即 $\boldsymbol{A}^{\mathrm{T}}=\boldsymbol{A}$，所以 $\boldsymbol{A}$ 为对称矩阵，且 $\boldsymbol{A}$ 的主对角线上的元素恰好是二次型中平方项的系数，而 $a_{ij}(i\neq j)$ 恰好是二次型中 x_ix_j 的系数的一半.

由此可知，任给一个二次型，就唯一地确定一个对称矩阵；反之，任给一个对称矩阵，也可唯一地确定一个二次型. 这样，二次型与对称矩阵之间存在一一对应关系. 因此，可以用对称矩阵讨论二次型，称对称阵 $\boldsymbol{A}$ 为二次型 f 的矩阵，也称 f 为对称阵 $\boldsymbol{A}$ 的二次型. 矩阵 $\boldsymbol{A}$ 的秩就称为二次型 f 的秩.

例如，二次型 $f(x_1,x_2,x_3)=x_1^2+2x_1x_2-6x_1x_3+2x_2^2-4x_2x_3$ 的矩阵为

$$\boldsymbol{A}=\begin{pmatrix}1 & 1 & -3\\ 1 & 2 & -2\\ -3 & -2 & 0\end{pmatrix},$$

而对称阵

$$\boldsymbol{A}=\begin{pmatrix}1 & -1 & 0\\ -1 & 1 & 3\\ 0 & 3 & 2\end{pmatrix}$$

对应的二次型为 $f=x_1^2-2x_1x_2+x_2^2+6x_2x_3+2x_3^2$.

定义2　设 $\boldsymbol{A},\boldsymbol{B}$ 为 n 阶方阵，如果存在 n 阶可逆矩阵 $\boldsymbol{C}$，使

$$\boldsymbol{C}^{\mathrm{T}}\boldsymbol{A}\boldsymbol{C}=\boldsymbol{B},$$

则称 $\boldsymbol{A}$ 与 $\boldsymbol{B}$ 合同.

显然，$\boldsymbol{C}$ 可逆一定有 $\boldsymbol{C}^{\mathrm{T}}$ 可逆，因此，合同矩阵一定是等价矩阵. 于是合同矩阵具有以下性质：

(i)反身性　$\boldsymbol{A}$ 与 $\boldsymbol{A}$ 合同；

(ii)对称性　若 $\boldsymbol{A}$ 与 $\boldsymbol{B}$ 合同，则 $\boldsymbol{B}$ 与 $\boldsymbol{A}$ 合同；

(iii)传递性　若 $\boldsymbol{A}$ 与 $\boldsymbol{B}$ 合同，$\boldsymbol{B}$ 与 $\boldsymbol{C}$ 合同，则 $\boldsymbol{A}$ 与 $\boldsymbol{C}$ 合同；

(iv)若 $\boldsymbol{A}$ 与 $\boldsymbol{B}$ 合同，则 $R(\boldsymbol{A})=R(\boldsymbol{B})$.

6.1.2　二次型的标准形

对于二次型，我们讨论的主要问题是：寻求可逆的线性变换

$$\begin{cases} x_1 = c_{11}y_1 + c_{12}y_2 + \cdots + c_{1n}y_n, \\ x_2 = c_{21}y_1 + c_{22}y_2 + \cdots + c_{2n}y_n, \\ \vdots \\ x_n = c_{n1}y_1 + c_{n2}y_2 + \cdots + c_{nn}y_n, \end{cases} \tag{6.3}$$

使二次型只含平方项,也就是用(6.3)代入(6.1),可得

$$f = k_1y_1^2 + k_2y_2^2 + \cdots + k_ny_n^2.$$

这种只含平方项的二次型,称为二次型的标准形.

记 $\boldsymbol{C} = (c_{ij})$,可逆变换(6.3)记作

$$\boldsymbol{x} = \boldsymbol{C}\boldsymbol{y},$$

代入(6.2)式,有 $f = \boldsymbol{x}^{\mathrm{T}}\boldsymbol{A}\boldsymbol{x} = (\boldsymbol{C}\boldsymbol{y})^{\mathrm{T}}\boldsymbol{A}\boldsymbol{C}\boldsymbol{y} = \boldsymbol{y}^{\mathrm{T}}(\boldsymbol{C}^{\mathrm{T}}\boldsymbol{A}\boldsymbol{C})\boldsymbol{y}$.

由此可知,要使二次型 f 经可逆变换 $\boldsymbol{x} = \boldsymbol{C}\boldsymbol{y}$ 变成标准形,就是要使

$$\boldsymbol{y}^{\mathrm{T}}(\boldsymbol{C}^{\mathrm{T}}\boldsymbol{A}\boldsymbol{C})\boldsymbol{y} = k_1y_1^2 + k_2y_2^2 + \cdots + k_ny_n^2 = (y_1, y_2, \cdots, y_n)\begin{pmatrix} k_1 & & & \\ & k_2 & & \\ & & \ddots & \\ & & & k_n \end{pmatrix}\begin{pmatrix} y_1 \\ y_2 \\ \vdots \\ y_n \end{pmatrix},$$

也就是要使 $\boldsymbol{C}^{\mathrm{T}}\boldsymbol{A}\boldsymbol{C}$ 成为对角矩阵. 因此,我们的主要问题就是:对于对称矩阵 $\boldsymbol{A}$,寻找可逆矩阵 $\boldsymbol{C}$,使 $\boldsymbol{C}^{\mathrm{T}}\boldsymbol{A}\boldsymbol{C}$ 为对角矩阵.

由第 5 章定理 8 知,任给对称矩阵 $\boldsymbol{A}$,总有正交矩阵 $\boldsymbol{P}$,使 $\boldsymbol{P}^{-1}\boldsymbol{A}\boldsymbol{P} = \boldsymbol{P}^{\mathrm{T}}\boldsymbol{A}\boldsymbol{P} = \boldsymbol{\Lambda}$. 把此结论用于二次型,即有

定理 1 任给二次型 $f = \boldsymbol{x}^{\mathrm{T}}\boldsymbol{A}\boldsymbol{x}$,总有正交变换 $\boldsymbol{x} = \boldsymbol{P}\boldsymbol{y}$,使 f 化为标准形

$$f = \lambda_1y_1^2 + \lambda_2y_2^2 + \cdots + \lambda_ny_n^2,$$

其中,$\lambda_1, \lambda_2, \cdots, \lambda_n$ 为 f 的矩阵 $\boldsymbol{A}$ 的特征值.

例 6.1 求一个正交变换 $\boldsymbol{x} = \boldsymbol{P}\boldsymbol{y}$,将二次型

$$f(x_1, x_2, x_3) = 2x_1^2 + 5x_2^2 + 5x_3^2 + 4x_1x_2 - 4x_1x_3 - 8x_2x_3,$$

化为标准形.

微课:例 6.1

解 二次型的矩阵为

$$\boldsymbol{A} = \begin{pmatrix} 2 & 2 & -2 \\ 2 & 5 & -4 \\ -2 & -4 & 5 \end{pmatrix},$$

它的特征多项式为

$$|\boldsymbol{A}-\lambda\boldsymbol{E}|=\begin{pmatrix}2-\lambda & 2 & -2\\ 2 & 5-\lambda & -4\\ -2 & -4 & 5-\lambda\end{pmatrix}=(1-\lambda)^2(10-\lambda),$$

得 $\boldsymbol{A}$ 的特征值为 $\lambda_1=\lambda_2=1,\lambda_3=10.$

当 $\lambda_1=\lambda_2=1$ 时，解齐次线性方程组 $(\boldsymbol{A}-\boldsymbol{E})\boldsymbol{x}=\boldsymbol{0}$，由

$$\boldsymbol{A}-\boldsymbol{E}=\begin{pmatrix}1 & 2 & -2\\ 2 & 4 & -4\\ -2 & -4 & 4\end{pmatrix}\overset{r}{\sim}\begin{pmatrix}1 & 2 & -2\\ 0 & 0 & 0\\ 0 & 0 & 0\end{pmatrix},$$

得正交基础解系

$$\boldsymbol{\xi}_1=\begin{pmatrix}2\\1\\2\end{pmatrix},\boldsymbol{\xi}_2=\begin{pmatrix}-2\\2\\1\end{pmatrix}.$$

当 $\lambda_3=10$ 时，解齐次线性方程组 $(\boldsymbol{A}-10\boldsymbol{E})\boldsymbol{x}=\boldsymbol{0}$，由

$$\boldsymbol{A}-10\boldsymbol{E}=\begin{pmatrix}-8 & 2 & -2\\ 2 & -5 & -4\\ -2 & -4 & -5\end{pmatrix}\overset{r}{\sim}\begin{pmatrix}2 & 0 & 1\\ 0 & 1 & 1\\ 0 & 0 & 0\end{pmatrix},$$

得基础解系

$$\boldsymbol{\xi}_3=\begin{pmatrix}1\\2\\-2\end{pmatrix}.$$

将 $\boldsymbol{\xi}_1,\boldsymbol{\xi}_2,\boldsymbol{\xi}_3$ 单位化，得

$$\boldsymbol{p}_1=\frac{1}{3}\begin{pmatrix}2\\1\\2\end{pmatrix},\boldsymbol{p}_2=\frac{1}{3}\begin{pmatrix}-2\\2\\1\end{pmatrix},\boldsymbol{p}_3=\frac{1}{3}\begin{pmatrix}1\\2\\-2\end{pmatrix}.$$

令 $\boldsymbol{P}=(\boldsymbol{p}_1,\boldsymbol{p}_2,\boldsymbol{p}_3)=\frac{1}{3}\begin{pmatrix}2 & -2 & 1\\ 1 & 2 & 2\\ 2 & 1 & -2\end{pmatrix}$，则 $\boldsymbol{P}$ 为正交矩阵，且在正交变换 $\boldsymbol{x}=\boldsymbol{P}\boldsymbol{y}$ 下，可将二次型 f 化为标准形

$$f=y_1^2+y_2^2+10y_3^2.$$

6.2 配方法化二次型为标准形

除了用正交变换可以将二次型化为标准形，还可以利用配方法化二次型为标准形. 具体做法是，先通过配方法将所有包含 x_1 的项纳入一个完全平方项中，然后通过配方法将其余项中所有包含 x_2 的项纳入一个完全平方项中，以此类推，即得标准形.

例 6.2 利用配方法将二次型

$$f = x_1^2 + 2x_2^2 + 2x_3^2 + 2x_1x_2 + 2x_1x_3$$

化为标准形，并求出相应的变换矩阵.

微课：例 6.2

解 由于 f 中含 x_1 的平方项，故把所有含 x_1 的项归并起来，配方可得

$$\begin{aligned} f &= x_1^2 + 2x_2^2 + 2x_3^2 + 2x_1x_2 + 2x_1x_3 \\ &= (x_1 + x_2 + x_3)^2 - x_2^2 - x_3^2 - 2x_2x_3 + 2x_2^2 + 2x_3^2 \\ &= (x_1 + x_2 + x_3)^2 + x_2^2 + x_3^2 - 2x_2x_3, \end{aligned}$$

上式右端除第一项外已不再含 x_1，继续配方，可得

$$f = (x_1 + x_2 + x_3)^2 + (x_2 - x_3)^2.$$

令

$$\begin{cases} y_1 = x_1 + x_2 + x_3, \\ y_2 = x_2 - x_3, \\ y_3 = x_3, \end{cases}$$

则

$$\begin{cases} x_1 = y_1 - y_2 - 2y_3, \\ x_2 = y_2 + y_3, \\ x_3 = y_3, \end{cases}$$

就把 f 化为标准形

$$f = y_1^2 + y_2^2,$$

所用变换矩阵为

$$C = \begin{pmatrix} 1 & -1 & -2 \\ 0 & 1 & 1 \\ 0 & 0 & 1 \end{pmatrix}.$$

例 6.3　利用配方法化二次型

$$f = 2x_1x_2 - 2x_1x_3 + 2x_2x_3$$

为标准形，并求相应的线性变换.

解　f 中不含平方项. 故令

$$\begin{cases} x_1 = y_1 + y_2, \\ x_2 = y_1 - y_2, \\ x_3 = y_3, \end{cases}$$

代入可得

$$f = 2y_1^2 - 2y_2^2 + 2y_2y_3,$$

再配方，得

$$f = 2y_1^2 - 2(y_2 + y_3)^2 + 2y_3^2.$$

令

$$\begin{cases} z_1 = y_1, \\ z_2 = y_2 + y_3, \\ z_3 = y_3, \end{cases}$$

即

$$\begin{cases} y_1 = z_1, \\ y_2 = z_2 - z_3, \\ y_3 = z_3, \end{cases}$$

即有 $f = 2z_1^2 - 2z_2^2 + 2z_3^2$. 而对应的线性变换为

$$\boldsymbol{x} = \boldsymbol{C}_1\boldsymbol{y} = \boldsymbol{C}_1(\boldsymbol{C}_2\boldsymbol{z}) = (\boldsymbol{C}_1\boldsymbol{C}_2)\boldsymbol{z} = \boldsymbol{C}\boldsymbol{z},$$

其中

$$\boldsymbol{C} = \boldsymbol{C}_1\boldsymbol{C}_2 = \begin{pmatrix} 1 & 1 & 0 \\ 1 & -1 & 0 \\ 0 & 0 & 1 \end{pmatrix} \cdot \begin{pmatrix} 1 & 0 & 0 \\ 0 & 1 & -1 \\ 0 & 0 & 1 \end{pmatrix} = \begin{pmatrix} 1 & 1 & -1 \\ 1 & -1 & 1 \\ 0 & 0 & 1 \end{pmatrix}.$$

6.3 正定二次型

二次型的标准形显然是不唯一的,但标准形中所含平方项的项数(即二次型的秩)是不变的.不仅如此,在限定变换为实变换时,标准形中正系数个数也是不变的(从而负系数个数不变),也就是有下述结果存在:

定理 2(惯性定理) 设有二次型 $f=\boldsymbol{x}^{\mathrm{T}}\boldsymbol{A}\boldsymbol{x}$,它的秩为 r,有两个可逆线性变换

$$\boldsymbol{x}=\boldsymbol{C}\boldsymbol{y}\text{ 及 }\boldsymbol{x}=\boldsymbol{P}\boldsymbol{z},$$

使

$$f=k_1y_1^2+k_2y_2^2+\cdots+k_ry_r^2(k_i\neq 0,i=1,2,\cdots,r),$$

及

$$f=\lambda_1z_1^2+\lambda_2z_2^2+\cdots+\lambda_rz_r^2(\lambda_i\neq 0,i=1,2,\cdots,r).$$

则 $k_1,k_2,\cdots,k_r$ 中正数的个数与 $\lambda_1,\lambda_2,\cdots,\lambda_r$ 中正数的个数相等.(证明略)

在二次型 f 的标准形中,正系数个数称为二次型 f 的正惯性指数,负系数个数称为二次型 f 的负惯性指数.

在 n 元二次型中,比较常用的是二次型的标准形的 n 个系数全为正或全为负的情形.

定义 3 设二次型 $f=\boldsymbol{x}^{\mathrm{T}}\boldsymbol{A}\boldsymbol{x}$,若对任何非零向量 $\boldsymbol{x}$,都有

(i)若 $f>0$,则称 f 为正定二次型,并称对称矩阵 $\boldsymbol{A}$ 为正定矩阵;若 $f<0$,则称 f 为负定二次型,并称对称矩阵 $\boldsymbol{A}$ 为负定矩阵.

(ii)若 $f\geqslant 0$,则称 f 为半正定二次型,并称对称矩阵 $\boldsymbol{A}$ 为半正定矩阵;若 $f\leqslant 0$,则称 f 为半负定二次型,并称对称矩阵 $\boldsymbol{A}$ 为半负定矩阵.

既不是正定二次型、半正定二次型也不是负定二次型、半负定二次型的二次型称为不定二次型,二次型的正定、半正定、负定、半负定或不定统称为二次型的正定性.

定理 3 二次型 $f=\boldsymbol{x}^{\mathrm{T}}\boldsymbol{A}\boldsymbol{x}$ 为正定二次型的充分必要条件是:它的标准形中 n 个平方项的系数全为正,即它的正惯性指数等于 n.

证 设可逆线性变换 $\boldsymbol{x}=\boldsymbol{C}\boldsymbol{y}$ 使

$$f=k_1y_1^2+k_2y_2^2+\cdots+k_ny_n^2.$$

先证充分性. 设 $k_i>0(i=1,2,\cdots,n)$,任取 $\boldsymbol{x}\neq\boldsymbol{0}$,则 $\boldsymbol{y}=\boldsymbol{C}^{-1}\boldsymbol{x}\neq\boldsymbol{0}$,故

$$f=k_1y_1^2+k_2y_2^2+\cdots+k_ny_n^2>0.$$

再证必要性. 用反证法,设有 $k_t\leqslant 0$,则取 $\boldsymbol{y}=\boldsymbol{e}_t$(单位坐标向量),它的第 t 个坐标分量为 1,有 $f(\boldsymbol{x})=f(\boldsymbol{C}\boldsymbol{e}_t)=k_t\leqslant 0$,这与 f 正定矛盾,故 $k_i>0(i=1,2,\cdots,n)$.

推论　对称矩阵 $\boldsymbol{A}$ 为正定矩阵的充分必要条件是:$\boldsymbol{A}$ 的特征值全为正.

定义 4　设 $\boldsymbol{A}=(a_{ij})_{n\times n}$,称

$$\begin{vmatrix} a_{11} & a_{12} & \cdots & a_{1k} \\ a_{21} & a_{22} & \cdots & a_{2k} \\ \vdots & \vdots & & \vdots \\ a_{k1} & a_{k2} & \cdots & a_{kk} \end{vmatrix}$$

为 $\boldsymbol{A}$ 的 k 阶顺序主子式.

定理 4　对称矩阵 $\boldsymbol{A}=(a_{ij})$ 为正定矩阵的充分必要条件是:$\boldsymbol{A}$ 的各阶顺序主子式都为正,即

$$a_{11}>0,\begin{vmatrix} a_{11} & a_{12} \\ a_{21} & a_{22} \end{vmatrix}>0,\cdots,\begin{vmatrix} a_{11} & a_{12} & \cdots & a_{1n} \\ a_{21} & a_{22} & \cdots & a_{2n} \\ \vdots & \vdots & & \vdots \\ a_{n1} & a_{n2} & \cdots & a_{nn} \end{vmatrix}>0;$$

对称矩阵 $\boldsymbol{A}=(a_{ij})$ 为负定矩阵的充分必要条件是:$\boldsymbol{A}$ 的奇数阶顺序主子式都为负,而偶数阶顺序主子式都为正,即

$$(-1)^r\begin{vmatrix} a_{11} & \cdots & a_{1r} \\ \vdots & & \vdots \\ a_{r1} & \cdots & a_{rr} \end{vmatrix}>0\ (r=1,2,\cdots,n).$$

这个定理称为霍尔维茨(Hurwitz)定理,这里不予证明.

例 6.4　判别二次型

$$f(x_1,x_2,x_3)=-x_1^2-x_2^2-8x_3^2+4x_2x_3$$

的正定性.

微课:例 6.4

解　f 的矩阵为

$$A=\begin{pmatrix}-1&0&0\\0&-1&2\\0&2&-8\end{pmatrix}.$$

A 的各阶主子式为：

$$-1<0,\begin{vmatrix}-1&0\\0&-1\end{vmatrix}=1>0,\begin{vmatrix}-1&0&0\\0&-1&2\\0&2&-8\end{vmatrix}=-4<0,$$

根据定理 4 可知二次型为负定的.

例 6.5 λ 为何值时，二次型

$$f=\lambda(x_1^2+x_2^2+x_3^2)+2x_1x_2+2x_1x_3-2x_2x_3$$

为负定的.

解 f 的矩阵

$$A=\begin{pmatrix}\lambda&1&1\\1&\lambda&-1\\1&-1&\lambda\end{pmatrix},$$

要 f 是负定的，则 **A** 的奇数阶顺序主子式小于零，偶数阶顺序主子式大于零，即

$$\lambda<0,\begin{vmatrix}\lambda&1\\1&\lambda\end{vmatrix}=\lambda^2-1>0,\begin{vmatrix}\lambda&1&1\\1&\lambda&-1\\1&-1&\lambda\end{vmatrix}=(\lambda+1)^2(\lambda-2)<0,$$

则 $\lambda<-1$ 时，f 是负定的.

小　结

1. 基本概念

(1) 二次型：$f(x_1,x_2,\cdots,x_n)=(x_1,x_2,\cdots,x_n)\begin{pmatrix}a_{11}&a_{12}&\cdots&a_{1n}\\a_{21}&a_{22}&\cdots&a_{2n}\\\vdots&\vdots&&\vdots\\a_{n1}&a_{n2}&\cdots&a_{nn}\end{pmatrix}\begin{pmatrix}x_1\\x_2\\\vdots\\x_n\end{pmatrix}=$ $x^{\mathrm{T}}Ax$，称对称阵 **A** 为二次型 f 的矩阵，也称 f 为对称阵 **A** 的二次型. 矩阵 **A** 的秩就称为二次型 f 的秩.

(2)设 $\boldsymbol{A},\boldsymbol{B}$ 为 n 阶方阵,如果存在 n 阶可逆矩阵 $\boldsymbol{C}$,使 $\boldsymbol{C}^{\mathrm{T}}\boldsymbol{A}\boldsymbol{C}=\boldsymbol{B}$,则称 $\boldsymbol{A}$ 与 $\boldsymbol{B}$ 合同.

2. 二次型的标准形

(1)形如 $f=k_1y_1^2+k_2y_2^2+\cdots+k_ny_n^2$ 的只含平方项的二次型,称为二次型的标准形.

(2)任给二次型 $f=\boldsymbol{x}^{\mathrm{T}}\boldsymbol{A}\boldsymbol{x}$,总有正交变换 $\boldsymbol{x}=\boldsymbol{P}\boldsymbol{y}$,把 f 化为标准形

$$f=\lambda_1y_1^2+\lambda_2y_2^2+\cdots+\lambda_ny_n^2,$$

其中,$\lambda_1,\lambda_2,\cdots,\lambda_n$ 为 f 的矩阵 $\boldsymbol{A}$ 的特征值.

(3)化二次型为标准形的方法:

(i)正交变换法;

(ii)配方法.

3. 正定二次型

(1)(惯性定理)　设有二次型 $f=\boldsymbol{x}^{\mathrm{T}}\boldsymbol{A}\boldsymbol{x}$,它的秩为 r,有两个可逆线性变换 $\boldsymbol{x}=\boldsymbol{C}\boldsymbol{y}$ 及 $\boldsymbol{x}=\boldsymbol{P}\boldsymbol{z}$,使 $f=k_1y_1^2+k_2y_2^2+\cdots+k_ry_r^2(k_i\neq0)$ 及 $f=\lambda_1z_1^2+\lambda_2z_2^2+\cdots+\lambda_rz_r^2(\lambda_i\neq0)$,则 $k_1,k_2,\cdots,k_r$ 中正数的个数与 $\lambda_1,\lambda_2,\cdots,\lambda_r$ 中正数的个数相等.

(2)设二次型 $f=\boldsymbol{x}^{\mathrm{T}}\boldsymbol{A}\boldsymbol{x}$,若对任何非零向量 $\boldsymbol{x}$,都有

(i)若 $f>0$,则称 f 为正定二次型,并称对称矩阵 $\boldsymbol{A}$ 为正定矩阵;若 $f<0$,则称 f 为负定二次型,并称对称矩阵 $\boldsymbol{A}$ 为负定矩阵.

(ii)若 $f\geqslant0$,则称 f 为半正定二次型,并称对称矩阵 $\boldsymbol{A}$ 为半正定矩阵;若 $f\leqslant0$,则称 f 为半负定二次型,并称对称矩阵 $\boldsymbol{A}$ 为半负定矩阵.

(3)正定二次型的充分必要条件:

n 元二次型 $f=\boldsymbol{x}^{\mathrm{T}}\boldsymbol{A}\boldsymbol{x}$ 为正定二次型:

$\Leftrightarrow f$ 的正惯性指数为 n;

$\Leftrightarrow\boldsymbol{A}$ 的特征值全为正数;

$\Leftrightarrow\boldsymbol{A}$ 的顺序主子式全大于 0.

(4)负定二次型的充分必要条件:

n 元二次型 $f=\boldsymbol{x}^{\mathrm{T}}\boldsymbol{A}\boldsymbol{x}$ 为负定二次型:

$\Leftrightarrow f$ 的负惯性指数为 n;

$\Leftrightarrow\boldsymbol{A}$ 的特征值全为负数;

$\Leftrightarrow\boldsymbol{A}$ 的奇数阶顺序主子式全小于 0,$\boldsymbol{A}$ 的偶数阶顺序主子式全大于 0.

拓展阅读

习题 6

1. 写出下列二次型的系数矩阵：

(1) $f=x_1^2-2x_1x_3+2x_2^2$;

(2) $f=2x_1x_2+2x_1x_3+4x_2x_3$;

(3) $f=x_1^2+2x_1x_4$.

2. 用正交变换将下列二次型化为标准形，并给出所用的变换：

(1) $f=2x_1^2+5x_2^2+5x_3^2+4x_1x_2-4x_1x_3-8x_2x_3$;

(2) $f=3x_1^2+3x_2^2+6x_3^2+8x_1x_2-4x_1x_3+4x_2x_3$;

(3) $f=2x_1x_2-4x_3x_4$;

(4) $f=x_1^2+4x_2^2+4x_3^2-4x_1x_2+4x_1x_3-8x_2x_3$.

3. 用配方法将下列二次型化为标准形，并写出相应的线性变换：

(1) $f=x_1^2-x_3^2+2x_1x_2+2x_2x_3$;

(2) $f=x_1^2+2x_2^2-3x_3^2+4x_1x_2+2x_2x_3$.

4. 判定下列二次型是否为正定二次型：

(1) $f=5x_1^2+6x_2^2+4x_3^2-4x_1x_2-4x_2x_3$;

(2) $f=3x_1^2+3x_2^2+x_3^2+2x_1x_2$.

5. 证明对称矩阵 $\boldsymbol{A}$ 为正定的充分必要条件是：存在可逆矩阵 $\boldsymbol{U}$，使 $\boldsymbol{A}=\boldsymbol{U}^{\mathrm{T}}\boldsymbol{U}$，即 $\boldsymbol{A}$ 与单位矩阵 $\boldsymbol{E}$ 合同.

6. 设 $\boldsymbol{A}$ 为正定矩阵，且 $\boldsymbol{A}$ 与 $\boldsymbol{B}$ 相似，证明 $\boldsymbol{B}$ 也为正定矩阵.

部分习题参考答案

习题 1

1. (1) -14; (2) 2; (3) $3abc-a^3-b^3-c^3$; (4) $-2(x^3+y^3)$.

2. (1) 3; (2) 14; (3) 5; (4) 18; (5) $\frac{(n-1)n}{2}$; (6) $n(n-1)$.

3. (1) $6,8$; (2) $-a_{11}a_{23}a_{32}a_{44}, a_{11}a_{23}a_{34}a_{42}$; (3) $+, +$;
(4) $a_{13}a_{25}a_{31}a_{44}a_{52}, a_{13}a_{25}a_{32}a_{41}a_{54}, a_{13}a_{25}a_{34}a_{42}a_{51}$.

4. (1) 900; (2) 9; (3) $4abcdef$; (4) x^2y^2.

6. (1) -14; (2) 0; (3) 144.

7. (1) $a^{n-2}(a^2-1)$; (2) $[x-1+(n-1)a](x-1-a)^{n-1}$;
(3) $(a_2a_3\cdots a_n)\left(a_1-\sum_{i=2}^{n}\frac{1}{a_i}\right)$;
(4) $\prod_{i=1}^{n}(a_id_i-b_ic_i)$; (5) $\prod_{n+1\geqslant i>j\geqslant 1}(i-j)$; (6) $a_1a_2\cdots a_n\left(1+\sum_{i=1}^{n}\frac{1}{a_i}\right)$;
(7) $(-1)^{n-1}(n-1)2^{n-2}$.

8. (1) $x=1, y=2, z=3$; (2) $x_1=1, x_2=2, x_3=3, x_4=-1$.

9. 3 或 -3.

习题 2

1. (1) $\begin{pmatrix} 5 & 5 & 4 \\ 9 & 10 & 3 \\ 4 & -1 & -1 \end{pmatrix}$; (2) $\begin{pmatrix} 5 & 9 & 2 \\ 5 & 8 & -1 \\ 2 & 3 & -1 \end{pmatrix}$; (3) $\begin{pmatrix} -20 & -20 & -7 \\ -36 & -31 & -12 \\ -7 & 4 & 4 \end{pmatrix}$;

(4) $\begin{pmatrix} -20 & -36 & -7 \\ -20 & -31 & 4 \\ -7 & -12 & 4 \end{pmatrix}$.

2. (1) 14; (2) $\begin{pmatrix} 1 & 2 & 3 \\ 2 & 4 & 6 \\ 3 & 6 & 9 \end{pmatrix}$; (3) $\begin{pmatrix} 35 \\ 6 \\ 49 \end{pmatrix}$; (4) $\begin{pmatrix} 6 & -7 & 8 \\ 20 & -5 & -6 \end{pmatrix}$;

(5) $a_{11}x^2 + a_{22}y^2 + a_{33}z^2 + 2a_{12}xy + 2a_{13}xz + 2a_{23}yz$;

(6) $\begin{pmatrix} -6 & 29 \\ 5 & 32 \end{pmatrix}$.

3. (1) $\boldsymbol{AB} \neq \boldsymbol{BA}$;

(2) $(\boldsymbol{A}+\boldsymbol{B})^2 \neq \boldsymbol{A}^2 + \boldsymbol{B}^2 + 2\boldsymbol{AB}$;

(3) $(\boldsymbol{A}-\boldsymbol{B})(\boldsymbol{A}+\boldsymbol{B}) \neq \boldsymbol{A}^2 - \boldsymbol{B}^2$;

(4) $(\boldsymbol{AB})^2 \neq \boldsymbol{A}^2\boldsymbol{B}^2$.

4. (1) 取 $\boldsymbol{A} = \begin{pmatrix} 1 & 1 \\ -1 & -1 \end{pmatrix} \neq \boldsymbol{O}$, 而 $\boldsymbol{A}^2 = \boldsymbol{O}$;

(2) 取 $\boldsymbol{A} = \begin{pmatrix} 1 & 0 \\ 0 & 0 \end{pmatrix}$, 有 $\boldsymbol{A} \neq \boldsymbol{O}, \boldsymbol{A} \neq \boldsymbol{E}$, 而 $\boldsymbol{A}^2 = \boldsymbol{A}$;

(3) 取 $\boldsymbol{A} = \begin{pmatrix} 1 & 0 \\ 0 & 0 \end{pmatrix}, \boldsymbol{X} = \begin{pmatrix} 1 & 0 \\ 0 & 0 \end{pmatrix}, \boldsymbol{Y} = \begin{pmatrix} 1 & 0 \\ 0 & 1 \end{pmatrix}$, 有 $\boldsymbol{X} \neq \boldsymbol{Y}$, 而 $\boldsymbol{AX} = \boldsymbol{AY}$.

5. $\boldsymbol{A}^k = \begin{pmatrix} 1 & 0 \\ k\lambda & 1 \end{pmatrix}$.

8. (1) $\begin{pmatrix} -\frac{1}{5} & \frac{2}{5} \\ \frac{3}{5} & -\frac{1}{5} \end{pmatrix}$; (2) $\begin{pmatrix} \cos\theta & \sin\theta \\ -\sin\theta & \cos\theta \end{pmatrix}$; (3) $\begin{pmatrix} \frac{11}{3} & -\frac{7}{3} & \frac{2}{3} \\ \frac{1}{3} & -\frac{2}{3} & \frac{1}{3} \\ \frac{7}{3} & -\frac{5}{3} & \frac{1}{3} \end{pmatrix}$;

(4) $\begin{pmatrix} 1 & 0 & 0 & 0 \\ 0 & \frac{1}{2} & 0 & 0 \\ 0 & 0 & \frac{1}{3} & 0 \\ 0 & 0 & 0 & \frac{1}{4} \end{pmatrix}$.

9. (1) $\boldsymbol{X} = \begin{pmatrix} \frac{3}{5} & -\frac{3}{5} \\ -\frac{4}{5} & \frac{4}{5} \end{pmatrix}$; (2) $\boldsymbol{X} = \begin{pmatrix} -2 & 2 & 1 \\ -\frac{8}{3} & 5 & -\frac{2}{3} \end{pmatrix}$; (3) $\boldsymbol{X} = \begin{pmatrix} 1 & 1 \\ \frac{1}{4} & 0 \end{pmatrix}$;

(4) $\boldsymbol{X} = \begin{pmatrix} 1 & 0 & -2 \\ 3 & -\frac{1}{2} & -\frac{13}{2} \\ 7 & -1 & -16 \end{pmatrix}$.

10. $(\boldsymbol{A} + 3\boldsymbol{E})^{-1} = \frac{1}{2}\boldsymbol{A} - \frac{1}{2}\boldsymbol{E}$.

12. 32.

15. $\boldsymbol{B} = \boldsymbol{A} + \boldsymbol{E} = \begin{pmatrix} 2 & 0 & 1 \\ 0 & 3 & 0 \\ 1 & 0 & 2 \end{pmatrix}$.

16. $\boldsymbol{B} = \begin{pmatrix} 6 & 0 & 0 \\ 0 & 2 & 0 \\ 0 & 0 & 1 \end{pmatrix}$.

17. $\boldsymbol{X} = \begin{pmatrix} 0 & 3 & 3 \\ -1 & 2 & 3 \\ 1 & 1 & 0 \end{pmatrix}$.

18. $\boldsymbol{A}=\begin{pmatrix}1&0&0\\2&0&0\\6&-1&-1\end{pmatrix}$,$\boldsymbol{A}^5=\begin{pmatrix}1&0&0\\2&0&0\\6&-1&-1\end{pmatrix}$.

19. $\boldsymbol{A}(\boldsymbol{A}+\boldsymbol{B})^{-1}\boldsymbol{B}$.

20. $\begin{pmatrix}1&2&5&2\\0&1&2&-4\\0&0&-4&3\\0&0&0&9\end{pmatrix}$.

21. $|\boldsymbol{A}^3|=-(100)^3$;$\boldsymbol{A}^4=\begin{pmatrix}5^4&0&0&0\\0&5^4&0&0\\0&0&2^4&0\\0&0&2^6&2^4\end{pmatrix}$;$\boldsymbol{A}^{-1}=\begin{pmatrix}\frac{3}{25}&\frac{4}{25}&0&0\\\frac{4}{25}&-\frac{3}{25}&0&0\\0&0&\frac{1}{2}&0\\0&0&-\frac{1}{2}&\frac{1}{2}\end{pmatrix}$.

22. (1)$\begin{pmatrix}\boldsymbol{O}&\boldsymbol{B}^{-1}\\\boldsymbol{A}^{-1}&\boldsymbol{O}\end{pmatrix}$; (2)$\begin{pmatrix}\boldsymbol{A}^{-1}&\boldsymbol{O}\\-\boldsymbol{B}^{-1}\boldsymbol{C}\boldsymbol{A}^{-1}&\boldsymbol{B}^{-1}\end{pmatrix}$.

23. (1)$\begin{pmatrix}1&-2&0&0\\-2&5&0&0\\0&0&2&-3\\0&0&-5&8\end{pmatrix}$;(2)$\frac{1}{24}\begin{pmatrix}24&0&0&0\\-12&12&0&0\\-12&-4&8&0\\3&-5&-2&6\end{pmatrix}$.

习题 3

1. (1)$\begin{pmatrix}1&0&0&5\\0&0&1&-3\\0&0&0&0\end{pmatrix}$;　　(2)$\begin{pmatrix}1&0&-\frac{3}{5}&0\\0&1&-\frac{1}{5}&-1\\0&0&0&0\end{pmatrix}$;

(3) $\begin{pmatrix} 1 & -1 & 0 & 2 & -3 \\ 0 & 0 & 1 & -2 & 2 \\ 0 & 0 & 0 & 0 & 0 \\ 0 & 0 & 0 & 0 & 0 \end{pmatrix}$; (4) $\begin{pmatrix} 1 & 0 & 2 & 0 & -2 \\ 0 & 1 & -1 & 0 & 3 \\ 0 & 0 & 0 & 1 & 4 \\ 0 & 0 & 0 & 0 & 0 \end{pmatrix}$.

2. (1) $\begin{pmatrix} -2 & 1 & 0 \\ -13 & 6 & -1 \\ -29 & 13 & -2 \end{pmatrix}$; (2) $\frac{1}{9}\begin{pmatrix} -2 & 4 & 1 \\ 6 & -3 & -3 \\ 1 & -6 & -5 \end{pmatrix}$;

(3) $\begin{pmatrix} 1 & 1 & -2 & -4 \\ 0 & 1 & 0 & -1 \\ -1 & -1 & 3 & 6 \\ 2 & 1 & -6 & -10 \end{pmatrix}$; (4) $\begin{pmatrix} 1 & -3 & 11 & -20 \\ 0 & 1 & -2 & 1 \\ 0 & 0 & 1 & -2 \\ 0 & 0 & 0 & 1 \end{pmatrix}$.

3. (1) $\begin{pmatrix} 10 & 2 \\ -15 & -3 \\ 12 & 4 \end{pmatrix}$; (2) $\begin{pmatrix} 2 & -1 & -1 \\ -4 & 7 & 4 \end{pmatrix}$; (3) $\begin{pmatrix} 0 & 1 & -1 \\ -1 & 0 & 1 \\ 1 & -1 & 0 \end{pmatrix}$.

4. (1) $R=2$, $\begin{vmatrix} 1 & 1 \\ 1 & 2 \end{vmatrix} \neq 0$; (2) $R=3$, $\begin{vmatrix} 3 & 2 & -1 \\ 2 & -1 & -3 \\ 7 & 0 & -8 \end{vmatrix} \neq 0$;

(3) $R=3$, $\begin{vmatrix} 2 & -1 & 1 \\ 1 & 1 & 1 \\ 2 & -3 & -1 \end{vmatrix} \neq 0$; (4) $R=4$, $\begin{vmatrix} 2 & 3 & -1 & -7 \\ 3 & 1 & 2 & -7 \\ 4 & 1 & -3 & 6 \\ 1 & -2 & 5 & -5 \end{vmatrix} \neq 0$.

6. 当 $k=3$ 时，$R(\boldsymbol{A})=2$；当 $k\neq 3$ 时，$R(\boldsymbol{A})=3$.

7. (1) $\begin{pmatrix} x_1 \\ x_2 \\ x_3 \\ x_4 \end{pmatrix} = c_1\begin{pmatrix} -2 \\ 1 \\ 0 \\ 0 \end{pmatrix} + c_2\begin{pmatrix} 1 \\ 0 \\ 0 \\ 1 \end{pmatrix}$; (2) $\begin{pmatrix} x_1 \\ x_2 \\ x_3 \\ x_4 \end{pmatrix} = c\begin{pmatrix} -1 \\ 7 \\ 5 \\ 2 \end{pmatrix}$;

(3) $\begin{pmatrix} x_1 \\ x_2 \\ x_3 \\ x_4 \end{pmatrix} = c_1 \begin{pmatrix} \frac{3}{2} \\ \frac{3}{2} \\ 1 \\ 0 \end{pmatrix} + c_2 \begin{pmatrix} -\frac{3}{4} \\ \frac{7}{4} \\ 0 \\ 1 \end{pmatrix}$; (4) $\begin{pmatrix} x_1 \\ x_2 \\ x_3 \\ x_4 \end{pmatrix} = c_1 \begin{pmatrix} \frac{3}{17} \\ \frac{9}{17} \\ 1 \\ 0 \end{pmatrix} + c_2 \begin{pmatrix} -\frac{13}{17} \\ -\frac{20}{17} \\ 0 \\ 1 \end{pmatrix}$.

8. (1)无解； (2) $\begin{pmatrix} x_1 \\ x_2 \\ x_3 \end{pmatrix} = \begin{pmatrix} 1 \\ 2 \\ 1 \end{pmatrix}$;

(3) $\begin{pmatrix} x_1 \\ x_2 \\ x_3 \end{pmatrix} = c \begin{pmatrix} -1 \\ 1 \\ 1 \end{pmatrix} + \begin{pmatrix} -1 \\ 2 \\ 0 \end{pmatrix}$; (4) $\begin{pmatrix} x_1 \\ x_2 \\ x_3 \\ x_4 \end{pmatrix} = c_1 \begin{pmatrix} -1 \\ 2 \\ 0 \\ 0 \end{pmatrix} + c_2 \begin{pmatrix} 1 \\ 0 \\ 2 \\ 0 \end{pmatrix} + \begin{pmatrix} \frac{1}{2} \\ 0 \\ 0 \\ 0 \end{pmatrix}$.

9. 当 $\lambda = -1$ 时,方程组无解；
当 $\lambda \neq -1$ 且 $\lambda \neq 4$ 时,方程组有唯一解；
当 $\lambda = 4$ 时,方程组有无穷多解.

10. $\lambda = 1$ 时有解 $\begin{pmatrix} x_1 \\ x_2 \\ x_3 \end{pmatrix} = c \begin{pmatrix} 1 \\ 1 \\ 1 \end{pmatrix} + \begin{pmatrix} 1 \\ 0 \\ 0 \end{pmatrix}$, $\lambda = -2$ 时有解 $\begin{pmatrix} x_1 \\ x_2 \\ x_3 \end{pmatrix} = c \begin{pmatrix} 1 \\ 1 \\ 1 \end{pmatrix} + \begin{pmatrix} 2 \\ 2 \\ 0 \end{pmatrix}$.

11. (1) $\lambda \neq 0, -3$；(2) $\lambda = 0$；(3) $\lambda = -3$,通解为 $\begin{pmatrix} x_1 \\ x_2 \\ x_3 \end{pmatrix} = c \begin{pmatrix} 1 \\ 1 \\ 1 \end{pmatrix} + \begin{pmatrix} -1 \\ -2 \\ 0 \end{pmatrix}$.

习题 4

1. $\begin{pmatrix} -4 \\ 9 \\ 0 \\ 3 \end{pmatrix}$.

2. (1) $\boldsymbol{\xi} = \begin{pmatrix} \frac{23}{5} \\ -5 \\ 1 \end{pmatrix}$; (2) $\boldsymbol{\xi} = \begin{pmatrix} 2 \\ -1 \\ \frac{2}{3} \end{pmatrix}$, $\boldsymbol{\eta} = \begin{pmatrix} 3 \\ -2 \\ \frac{1}{3} \end{pmatrix}$.

3. 当 $a \neq 1$ 时, $\boldsymbol{\beta} = \frac{b-a+2}{a-1}\boldsymbol{\alpha}_1 + \frac{a-2b-3}{a-1}\boldsymbol{\alpha}_2 + \frac{b+1}{a-1}\boldsymbol{\alpha}_3$;

当 $a=1$ 且 $b \neq -1$ 时, $\boldsymbol{\beta}$ 不能由 $\boldsymbol{\alpha}_1, \boldsymbol{\alpha}_2, \boldsymbol{\alpha}_3$ 线性表示;

当 $a=1$ 且 $b=-1$ 时, $\boldsymbol{\beta} = (-1+c)\boldsymbol{\alpha}_1 + (1-2c)\boldsymbol{\alpha}_2 + c\boldsymbol{\alpha}_3$ (c 为任意常数).

6. (1)线性相关;(2)线性无关.

10. (1)秩为 3, $\boldsymbol{a}_1, \boldsymbol{a}_2, \boldsymbol{a}_3$ 为最大无关组, $\boldsymbol{a}_4 = \boldsymbol{a}_1 + 3\boldsymbol{a}_2 - \boldsymbol{a}_3$, $\boldsymbol{a}_5 = -\boldsymbol{a}_2 + \boldsymbol{a}_3$;

(2)秩为 2, $\boldsymbol{a}_1, \boldsymbol{a}_2$ 为最大无关组, $\boldsymbol{a}_3 = \frac{3}{2}\boldsymbol{a}_1 - \frac{7}{2}\boldsymbol{a}_2$, $\boldsymbol{a}_4 = \boldsymbol{a}_1 + 2\boldsymbol{a}_2$;

(3)秩为 2, $\boldsymbol{a}_1, \boldsymbol{a}_2$ 为最大无关组, $\boldsymbol{a}_3 = \boldsymbol{a}_1 + 3\boldsymbol{a}_2$, $\boldsymbol{a}_4 = 2\boldsymbol{a}_1 - \boldsymbol{a}_2$, $\boldsymbol{a}_5 = -2\boldsymbol{a}_1 - \boldsymbol{a}_2$.

11. $a=2, b=5$.

16. (1) $\boldsymbol{B} = \begin{pmatrix} 0 & 0 & 0 \\ 1 & 0 & 3 \\ 0 & 1 & -1 \end{pmatrix}$; (2) $|\boldsymbol{A}| = 0$.

17. (1) $\boldsymbol{\xi}_1 = \begin{pmatrix} 0 \\ 1 \\ 0 \\ 4 \end{pmatrix}$, $\boldsymbol{\xi}_2 = \begin{pmatrix} -4 \\ 0 \\ 1 \\ -3 \end{pmatrix}$; (2) $\boldsymbol{\xi}_1 = \begin{pmatrix} 1 \\ 7 \\ 0 \\ 19 \end{pmatrix}$, $\boldsymbol{\xi}_2 = \begin{pmatrix} 0 \\ 0 \\ 1 \\ 2 \end{pmatrix}$.

18. (1) $\boldsymbol{\xi}_1 = (5, -3, 1, 0)^{\mathrm{T}}$, $\boldsymbol{\xi}_2 = (-3, 2, 0, 1)^{\mathrm{T}}$;

(2) $a=-1$, $\boldsymbol{x} = k_1(2, -1, 1, 1)^{\mathrm{T}} + k_2(-1, 2, 4, 7)^{\mathrm{T}}$ (k_1, k_2 不全为零).

19. $\boldsymbol{B}=\begin{pmatrix}1&0\\5&2\\8&1\\0&1\end{pmatrix}$.

20. $\begin{cases}x_1-2x_2+x_3=0,\\2x_1-3x_2+x_4=0.\end{cases}$

23. (1)$\boldsymbol{x}=c_1\begin{pmatrix}1\\-2\\0\\1\\0\end{pmatrix}+c_2\begin{pmatrix}5\\-6\\0\\0\\1\end{pmatrix}+\begin{pmatrix}-16\\23\\0\\0\\0\end{pmatrix}$;(2)$\boldsymbol{x}=c\begin{pmatrix}-1\\-1\\0\\-1\\2\end{pmatrix}+\begin{pmatrix}0\\-1\\0\\-1\\0\end{pmatrix}$.

24. (1)当 $a=0$,b 为任意常数时,$\boldsymbol{\beta}$ 不能由 $\boldsymbol{\alpha}_1,\boldsymbol{\alpha}_2,\boldsymbol{\alpha}_3$ 线性表示;

(2)当 $a\neq0$,且 $a\neq b$ 时,$\boldsymbol{\beta}$ 可由 $\boldsymbol{\alpha}_1,\boldsymbol{\alpha}_2,\boldsymbol{\alpha}_3$ 唯一的线性表示,其表示式为

$$\boldsymbol{\beta}=\left(1-\frac{1}{a}\right)\boldsymbol{\alpha}_1+\frac{1}{a}\boldsymbol{\alpha}_2;$$

(3)当 $a=b\neq0$ 时,$\boldsymbol{\beta}$ 可由 $\boldsymbol{\alpha}_1,\boldsymbol{\alpha}_2,\boldsymbol{\alpha}_3$ 线性表示,但表示不唯一,其表示式为

$$\boldsymbol{\beta}=\left(1-\frac{1}{a}\right)\boldsymbol{\alpha}_1+\left(\frac{1}{a}+k\right)\boldsymbol{\alpha}_2+k\boldsymbol{\alpha}_3\text{(}k\text{ 为任意常数)}.$$

25. $\boldsymbol{x}=c\begin{pmatrix}1\\-2\\1\\0\end{pmatrix}+\begin{pmatrix}1\\1\\1\\1\end{pmatrix}$.

30. $\boldsymbol{b}_1=2\boldsymbol{a}_1+3\boldsymbol{a}_2-\boldsymbol{a}_3,\boldsymbol{b}_2=3\boldsymbol{a}_1-3\boldsymbol{a}_2-2\boldsymbol{a}_3$.

习题 5

1. (1) -9;(2)$\frac{1}{3}$.

2. $\lambda=-2,\boldsymbol{c}=(-2,2,-1)^{\mathrm{T}}$.

5. (1)$\left(\frac{1}{3},-\frac{2}{3},-\frac{2}{3}\right)^{\mathrm{T}},\left(-\frac{2}{3},-\frac{2}{3},\frac{1}{3}\right)^{\mathrm{T}},\left(\frac{2}{3},-\frac{1}{3},\frac{2}{3}\right)^{\mathrm{T}}$;

(2) $\left(\frac{1}{2},\frac{1}{2},\frac{1}{2},\frac{1}{2}\right)^{\mathrm{T}},\left(\frac{3}{2\sqrt{11}},\frac{3}{2\sqrt{11}},-\frac{5}{2\sqrt{11}},-\frac{1}{2\sqrt{11}}\right)^{\mathrm{T}},\left(-\frac{1}{\sqrt{6}},0,-\frac{1}{\sqrt{6}},\frac{2}{\sqrt{6}}\right)^{\mathrm{T}}$.

6. (1)是;(2)是.

7. (1) $\lambda_1=3$,对应特征向量为 $c_1\boldsymbol{p}_1=c_1\begin{pmatrix}1\\1\end{pmatrix}(c_1\neq0)$;$\lambda_2=2$,对应特征向量为 $c_2\boldsymbol{p}_2=c_2\begin{pmatrix}2\\1\end{pmatrix}(c_2\neq0)$.

(2) $\lambda_1=\lambda_2=2$,对应特征向量为 $c_1\boldsymbol{p}_1=c_1\begin{pmatrix}0\\0\\1\end{pmatrix}(c_1\neq0)$;$\lambda_3=1$,对应特征向量为 $c_2\boldsymbol{p}_2=c_2\begin{pmatrix}1\\-6\\19\end{pmatrix}(c_2\neq0)$.

(3) $\lambda_1=2$,对应特征向量为 $c_1\boldsymbol{p}_1=c_1\begin{pmatrix}1\\0\\0\end{pmatrix}(c_1\neq0)$;$\lambda_2=1$,对应特征向量为 $c_2\boldsymbol{p}_2=c_2\begin{pmatrix}0\\-1\\2\end{pmatrix}(c_2\neq0)$;$\lambda_3=0$,对应特征向量为 $c_3\boldsymbol{p}_3=c_3\begin{pmatrix}0\\0\\1\end{pmatrix}(c_3\neq0)$.

(4) $\lambda_1=1$,对应特征向量为 $c_1\boldsymbol{p}_1=c_1\begin{pmatrix}2\\1\\-2\end{pmatrix}(c_1\neq0)$;$\lambda_2=-2$,对应特征向量为 $c_2\boldsymbol{p}_2=c_2\begin{pmatrix}1\\2\\2\end{pmatrix}(c_2\neq0)$;$\lambda_3=4$,对应特征向量为 $c_3\boldsymbol{p}_3=c_3\begin{pmatrix}2\\-2\\1\end{pmatrix}(c_3\neq0)$.

12. 18.

13. 14.

14. $x=3$.

15. (1) $a=-3,b=0,\lambda=-1$. (2)略.

16. (1) $\boldsymbol{P}=\frac{1}{3}\begin{pmatrix}1&2&2\\2&1&-2\\2&-2&1\end{pmatrix},\boldsymbol{P}^{-1}\boldsymbol{AP}=\begin{pmatrix}-2&&\\&1&\\&&4\end{pmatrix}$;

(2) $\boldsymbol{P}=\begin{pmatrix}\frac{1}{3} & 0 & \frac{4}{3\sqrt{2}}\\ \frac{2}{3} & \frac{1}{\sqrt{2}} & -\frac{1}{3\sqrt{2}}\\ -\frac{2}{3} & \frac{1}{\sqrt{2}} & \frac{1}{3\sqrt{2}}\end{pmatrix}$, $\boldsymbol{P}^{-1}\boldsymbol{A}\boldsymbol{P}=\begin{pmatrix}10 & & \\ & 1 & \\ & & 1\end{pmatrix}$.

17. $x=4$, $y=5$, $\boldsymbol{P}=\begin{pmatrix}\frac{1}{\sqrt{2}} & \frac{2}{3} & \frac{1}{3\sqrt{2}}\\ 0 & \frac{1}{3} & -\frac{4}{3\sqrt{2}}\\ -\frac{1}{\sqrt{2}} & \frac{2}{3} & \frac{1}{3\sqrt{2}}\end{pmatrix}$.

18. $\boldsymbol{A}=\begin{pmatrix}-2 & 3 & -3\\ -4 & 5 & -3\\ -4 & 4 & -2\end{pmatrix}$.

19. $\boldsymbol{A}^{100}=\begin{pmatrix}1 & 0 & 5^{100}-1\\ 0 & 5^{100} & 0\\ 0 & 0 & 5^{100}\end{pmatrix}$.

习题 6

1. (1) $\begin{pmatrix}1 & 0 & -1\\ 0 & 2 & 0\\ -1 & 0 & 0\end{pmatrix}$; (2) $\begin{pmatrix}0 & 1 & 1\\ 1 & 0 & 2\\ 1 & 2 & 0\end{pmatrix}$; (3) $\begin{pmatrix}1 & 0 & 0 & 1\\ 0 & 0 & 0 & 0\\ 0 & 0 & 0 & 0\\ 1 & 0 & 0 & 0\end{pmatrix}$.

2. (1) $f = y_1^2 + y_2^2 + 10y_3^2$, $\boldsymbol{x} = \begin{pmatrix} -\frac{2}{\sqrt{5}} & \frac{2}{\sqrt{45}} & \frac{1}{3} \\ \frac{1}{\sqrt{5}} & \frac{4}{\sqrt{45}} & \frac{2}{3} \\ 0 & \frac{5}{\sqrt{45}} & -\frac{2}{3} \end{pmatrix} \boldsymbol{y}$;

(2) $f = -2y_1^2 + 7y_2^2 + 7y_3^2$, $\boldsymbol{x} = \begin{pmatrix} \frac{2}{3} & \frac{1}{\sqrt{2}} & \frac{2}{\sqrt{6}} \\ -\frac{2}{3} & \frac{1}{\sqrt{2}} & -\frac{2}{\sqrt{6}} \\ \frac{1}{3} & 0 & -\frac{2\sqrt{2}}{3} \end{pmatrix} \boldsymbol{y}$;

(3) $f = y_1^2 + 2y_2^2 - y_3^2 - 2y_4^2$, $\boldsymbol{x} = \begin{pmatrix} \frac{1}{\sqrt{2}} & 0 & -\frac{1}{\sqrt{2}} & 0 \\ \frac{1}{\sqrt{2}} & 0 & \frac{1}{\sqrt{2}} & 0 \\ 0 & -\frac{1}{\sqrt{2}} & 0 & \frac{1}{\sqrt{2}} \\ 0 & \frac{1}{\sqrt{2}} & 0 & \frac{1}{\sqrt{2}} \end{pmatrix} \boldsymbol{y}$;

(4) $f = 9y_3^2$, $\boldsymbol{x} = \begin{pmatrix} \frac{2}{\sqrt{5}} & -\frac{2}{\sqrt{45}} & \frac{1}{3} \\ \frac{1}{\sqrt{5}} & \frac{4}{\sqrt{45}} & -\frac{2}{3} \\ 0 & \frac{5}{\sqrt{45}} & \frac{2}{3} \end{pmatrix} \boldsymbol{y}$.

3. (1) $f = y_1^2 - y_2^2$, $\begin{cases} y_1 = x_1 + x_2, \\ y_2 = x_2 - x_3, \\ y_3 = x_3; \end{cases}$

(2) $f=y_1^2-2y_2^2-\frac{5}{2}y_3^2$, $\begin{cases} y_1=x_1+2x_2, \\ y_2=x_2-\frac{1}{2}x_3, \\ y_3=x_3. \end{cases}$

4. (1) 正定;(2) 正定.

参考文献

[1] 同济大学数学系. 工程数学线性代数[M]. 7版. 北京:高等教育出版社,2023.

[2] 王光辉,张天德,孙钦福. 经济数学——线性代数[M]. 北京:人民邮电出版社,2022.

[3] 吴传生. 经济数学——线性代数[M]. 4版. 北京:高等教育出版社,2020.

[4] 胡劲松,王正华. 线性代数[M]. 北京:科学出版社,2009.

[5] 赵树嫄. 线性代数[M]. 6版. 北京:中国人民大学出版社,2021.